# 网络组建与互联（第3版）

主　编　彭文华　李　忠
副主编　支　元
参　编　王登科　王　飞　郭琪瑶　张　冉
主　审　吴访升

北京理工大学出版社
BEIJING INSTITUTE OF TECHNOLOGY PRESS

## 内 容 简 介

本书以路由技术工程、交换机技术工程、网络性能优化工程、无线网络技术工程、企业网络案例综合实施工程等的施工为主线，选取企业典型工作任务，开展基于工作过程的技能训练。全书主要内容包括5个模块、15个项目、43个工单任务。

本书适用于计算机专业相关课程教材，也可供网络爱好者阅读和参考。



**图书在版编目（CIP）数据**

网络组建与互联 / 彭文华，李忠主编. — 3版. —北京：北京理工大学出版社，2019.11

ISBN 978-7-5682-7875-1

Ⅰ.①网…　Ⅱ.①彭…②李…　Ⅲ.①计算机网络-高等学校-教材　Ⅳ.①TP393

中国版本图书馆CIP数据核字（2019）第253482号

出版发行 / 北京理工大学出版社有限责任公司
社　　址 / 北京市海淀区中关村南大街5号
邮　　编 / 100081
电　　话 / （010）68914775（总编室）
（010）82562903（教材售后服务热线）
（010）68948351（其他图书服务热线）
网　　址 / http：//www.bitpress.com.cn
经　　销 / 全国各地新华书店
印　　刷 / 北京国马印刷厂
开　　本 / 787毫米×1092毫米　1/16
印　　张 / 19
字　　数 / 445千字
版　　次 / 2019年11月第3版　2019年11月第1次印刷
定　　价 / 74.00元

责任编辑 / 王玲玲
文案编辑 / 王玲玲
责任校对 / 刘亚男
责任印制 / 施胜娟

图书出现印装质量问题，请拨打售后服务热线，本社负责调换

# 前　言

本教材延续了前面两版的总体设计思路，均体现了中高职衔接的理念和“做中学，学中做”的职业教育教学特色。本教材符合高职计算机网络技术专业教学标准的要求，并结合专业建设及技术与经济发展，在产教融合、适应1+X改革需要、手册式教材开发等方面有所创新。

本教材实现校企“双元”编写，在校教师编写团队与行业企业深度合作，企业人员深度参与编写。教材前面两版采用项目任务式教学编排，第3版突破性地采用了项目工单任务教学编排。基于计算机网络工程岗位/岗位群需求进行教学项目、工单设计。教材在对应职业资格或技能等级相关要求上进行了卓有成效的设计，教材内容及工单设计与CCNA或HCNE等企业网络工程师的认证内容对接，与实际项目施工内容紧密相联。

本教材以交换机技术工程、路由技术工程、网络性能优化工程、无线网络技术工程、企业网络案例综合实施工程等施工为主线，选取企业典型工作任务，开展基于工作过程的技能训练。全书主要内容包括5个模块、15个项目、43个工单任务。

本教材适应高新技术发展，服务地方经济发展。教材内容体现互联网+技术产业化对高技术技能人才培养的需要，服务江苏及全国通信网络技术的发展。本教材作为高等职业院校计算机网络技术专业的专业课程用书，具有较好的通用性，可用作中职学校、高等职业院校计算机网络技术专业的教学用书，也可用作电子及计算机类等专业的网络类课程的教材或者实验指导用书。前面两版积累的大量的课程资源在第3版中可以继续使用。

《网络组建与互联》一书于2010年10月出版发行第1版，现在已经更新到了第3版。感谢广大选用本教材的老师和同学们的认可，同时，感谢在本教材编写、审核、出版过程中给予支持和帮助的所有专家和老师们。特别感谢常州工程职业技术学院吴访升院长、扬州高等职业技术学校郭琪瑶副教授、徐州财经高等职业技术学校王彬主任、苏州高等职业技术学校陈高祥主任、无锡机电高等职业技术学校赵震奇主任、无锡旅游商贸高等职业技术学校的徐云晴主任。

书中若有不妥之处，恳请同行专家指正。E-mail：120865845@qq.com。

编　者

# 目　录

## 模块一　路由技术



## 模块二　交换机技术

## 模块三　网络性能优化

## 模块四 无线局域网



## 模块五 综合实验

# 模块一　路由技术

# 项目一

# 学习路由器的基本配置

## 工单任务1 规划网络IP地址

### 一、工作准备

【做一做】

右击“网络”属性，右击“本地连接”属性，双击“常规”标签中的“TCP/IP协议”，TCP/IP属性参数设置如图1-1所示。

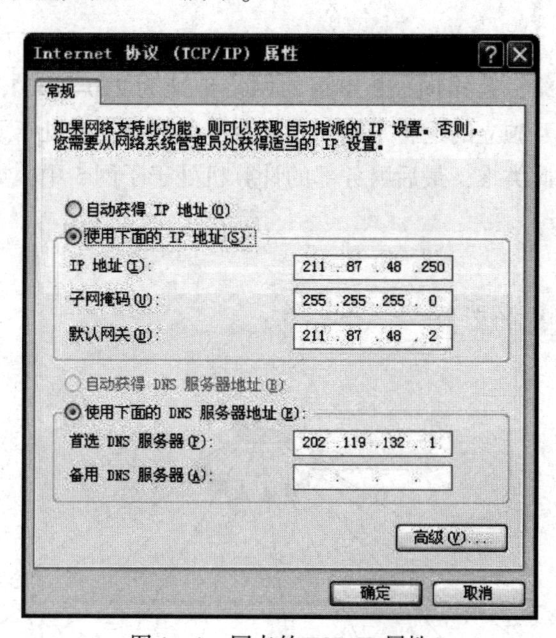


图1-1 网卡的TCP/IP属性

【想一想】

1. 图1-1中给出的IP地址是什么类型？它的网络地址和主机地址各是多少？

2. 图 1－1 中计算机的子网掩码是多少？如果将该计算机的子网掩码修改为 255.255.255.240，那么该主机的网络地址和主机地址又各是多少？

【填一填】

某公司有生产部、技术部、销售部、人事部和财务部 5 个部门，每个部门有 10 台计算机。现需组建内部网络，公司向 ISP 申请的网络地址为 210.85.31.0，为了提高网络性能，将各个部门划分成相互独立的逻辑子网，要求生产部的计算机处于子网 1 中，技术部的计算机处于子网 2 中，依此类推，最后财务部的计算机处于子网 5 中。请回答以下问题：

①该公司申请的 IP 地址为________类地址。

②该公司内部网络的子网掩码应设置为________。

③经理室的 IP 地址范围为 210.85.31.17 ~ ________。

## 二、任务描述

【任务场景】

某公司有生产部、技术部、销售部、人事部和财务部 5 个部门，每个部门有 10 台计算机。现需组建内部网络，公司向 ISP 申请的网络地址为 210.85.31.0，为了提高网络性能，将各个部门划分成相互独立的逻辑子网，要求生产部的计算机处于子网 1 中，技术部的计算机处于子网 2 中，依此类推，最后财务部的计算机处于子网 5 中，如图 1－2 所示。

【施工拓扑】

施工拓扑图如图 1－2 所示。

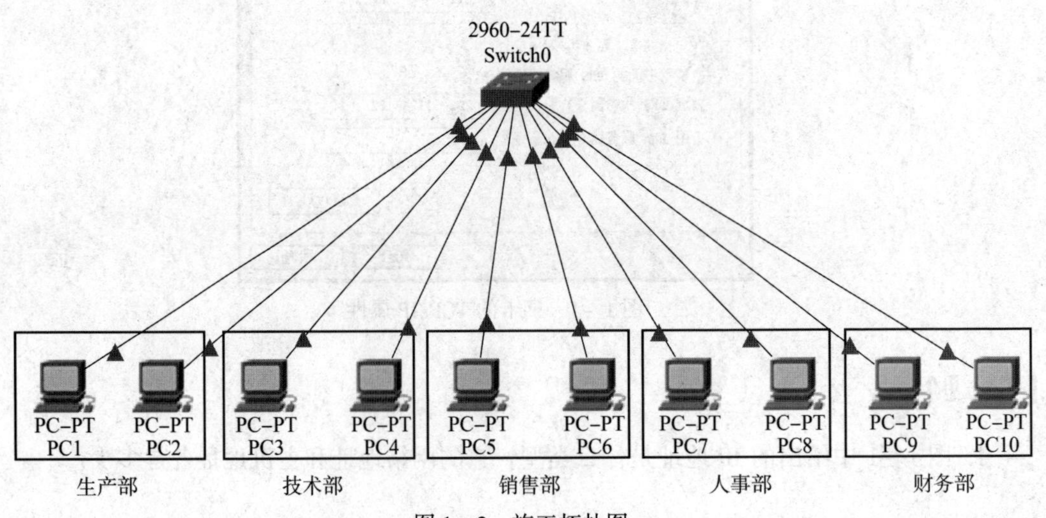


图 1－2　施工拓扑图

【设备环境】

本实验采用 Packet Tracert 进行实验，使用交换机型号为 Switch - 2960，数量为 1 台，计算机 10 台。

## 三、任务实施

①使用 Packet Tracert 搭建好拓扑图，使用交换机的型号为 Switch - 2960。

②规划各主机的 IP 地址。选取每个部门中第一个和最后一个 IP 地址分配给图中各主机。填写表 1 - 1。

表 1 - 1 IP 地址分配表

| 部门 | 网络地址 | IP 地址范围 | 子网掩码 | 广播地址 |
| --- | --- | --- | --- | --- |
| 生产部 | 210.85.31.16 | 210.85.31.17 ~ 210.85.31.30 | 255.255.255.240 | 210.85.31.31 |
| 技术部 | 210.85.31.32 | | | |
| 销售部 | | | | |
| 人事部 | | | | |
| 财务部 | | | | |

③测试。将生产部的 PC1 与同一部门的 PC2 进行连通性测试。

图 1 - 3 说明两台计算机之间实现了测试连接。

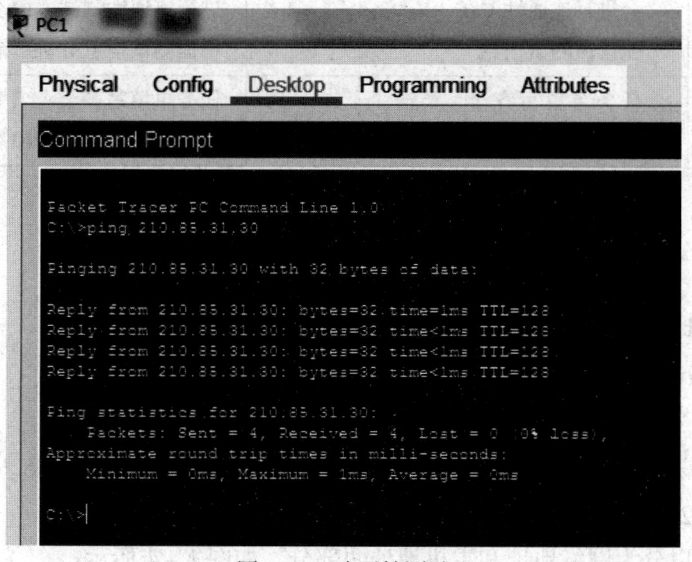


图 1 - 3 连通性测试

【写一写】

测试 PC1 与技术部的 PC3 之间的连通性，观察是否能够连通。写出两台计算机进行连通性测试的结果。

④实验结论。

## 四、任务评价

| 评价项目 | 评价内容 | 参考分 | 评价标准 | 得分 |
|---|---|---|---|---|
| 拓扑图绘制 | 选择正确的连接线<br>选择正确的端口 | 20 | 选择正确的连接线，10 分<br>选择正确的端口，10 分 | |
| IP 地址规划 | 计算各部门的网段地址<br>计算各部门的 IP 范围<br>计算各部门的子网掩码<br>计算各部门的广播地址 | 45 | 计算各部门的网段地址，10 分<br>计算各部门的 IP 范围，15 分<br>计算各部门的子网掩码，10 分<br>计算各部门的广播地址，10 分 | |
| 验证测试 | 会进行连通性测试<br>能读懂测试信息 | 20 | 进行连通性测试，10 分<br>根据测试信息分析结果，10 分 | |
| 职业素养 | 任务单填写齐全、整洁、无误 | 15 | 任务单填写齐全、工整，5 分<br>任务单填写无误，10 分 | |

## 五、相关知识

### 1. IP 地址的格式

从地址 10001110. 01011111. 00010101. 10001000 中能可以看出：

①它由 32 位的无符号二进制数组成。

②用 ×. ×. ×. × 表示，每个 × 为 8 位，对应的十进制取值为 0 ~ 255。所以上述地址用十进制表示为 142. 47. 21. 136。

IP 地址可以分为网络地址和主机地址两部分，如图 1 – 4 所示。

其中网络地址用来标识一个物理网络，主机地址用来标识这个网络中的一台主机。

地址的结构使 IP 网络的寻址分两步进行，这就是：

- 先按地址中的网络 ID（Net – ID）把网络找到；
- 再按主机地址中的主机 ID（Host – ID）把主机找到。

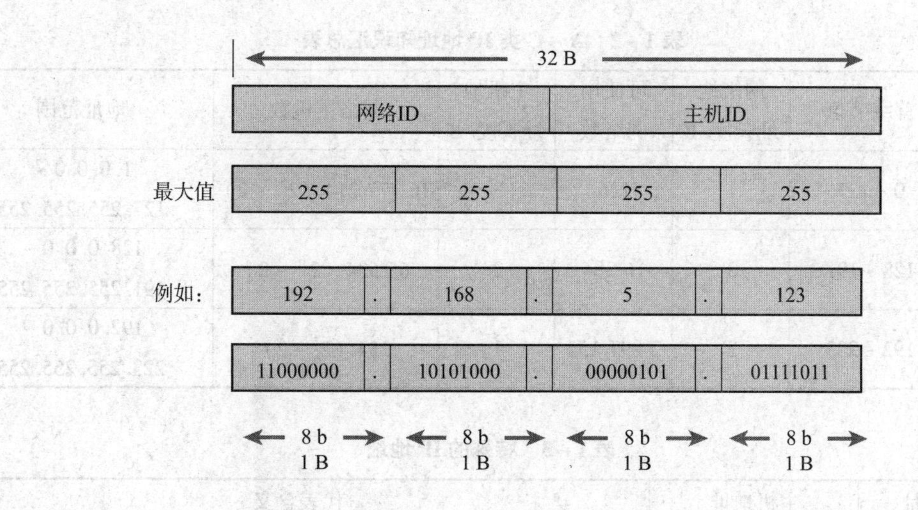


图1－4　IP地址的组成

2. IP地址的类型

如图1－3所示，IP地址分成为5类，即A～E类。

当遇到二进制形式的IP地址时，可以根据图1－5所示的方法即采用二进制“特征位”的方法来判断IP地址的类型，同时获得其他相关信息，但多数情况下看到的IP地址并非二进制的，而是十进制的，这时可以采用表1－2中的十进制的形式快速判断IP地址的类型并获得其他相关信息。

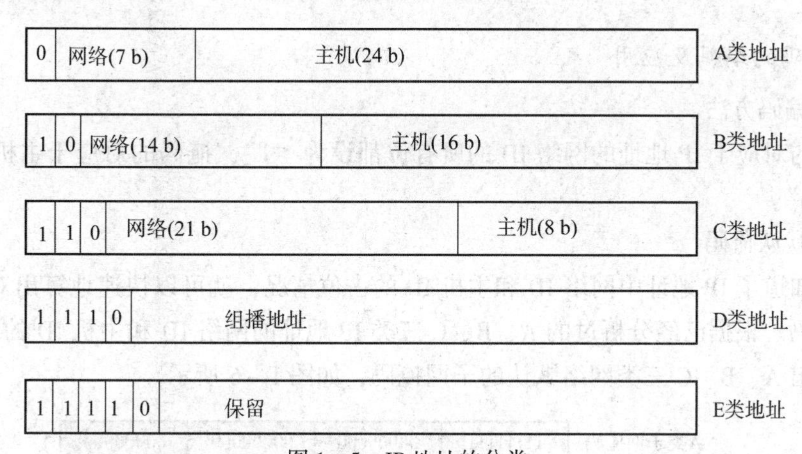


图1－5　IP地址的分类

3. 特殊的地址（保留和限制使用的地址）

在地址中有一些地址被赋予特殊的作用，该类地址不分配给单个主机。特殊形式的地址见表1－3。

由表1－3可知，主机地址全为0，表示该地址不分配给单个主机，而是指网络本身；主机地址全为1，表示定向广播地址；网络地址全为1，表示回送地址，用于网络软件测试和本地进程间通信。

表 1－2　A～C 类 IP 地址知识汇总表

| 类型 | 首字节值 | 网络地址长度/B | 可使用网络数 | 主机地址长度/B | 网络主机数 | 地址范围 |
|---|---|---|---|---|---|---|
| A | 0～127 | 1 | 126 | 3 | 16 777 214（$2^{24}-2$） | 1.0.0.0～127.255.255.255 |
| B | 128～191 | 2 | 16 384 | 2 | 65 534（$2^{16}-2$） | 128.0.0.0～191.255.255.255 |
| C | 192～223 | 3 | 2 097 152 | 1 | 254（$2^{8}-2$） | 192.0.0.0～223.255.255.255 |

表 1－3　特殊的 IP 地址

| 网络地址 | 主机地址 | 代表含义 |
|---|---|---|
| 任意地址 | 全“0” | 是网络本身即网络地址，代表一个网段 |
| 任意地址 | 全“1” | 定向广播地址（特定网段的所有节点） |
| 全“1”，即 255.255.255.255 | | 本地网络广播地址（本网段所有节点） |
| 全“0”，即 0.0.0.0 | | 本网主机地址，通常用于指定默认路由器 |
| 127 | 任意地址 | 回送地址，用于网络软件测试和本地机进程间通信。任何程序使用回送地址发送数据时，计算机的协议软件将该数据返回，不进行任何网络传输 |

4. 掩码的编码及应用

（1）编码方法

掩码的对应于 IP 地址的网络 ID 的所有位都设为“1”，掩码的对应于主机 ID 的所有位都设为“0”。

（2）默认掩码

只要知道了 IP 地址中网络 ID 和主机 ID 的占位情况，就可以快速地算出对应 IP 地址所对应的掩码。根据已经分析过的 A、B、C 三类 IP 地址的网络 ID 和主机 ID 的占位情况，就可以计算出 A、B、C 三类网络默认的子网掩码，如图 1－6 所示。

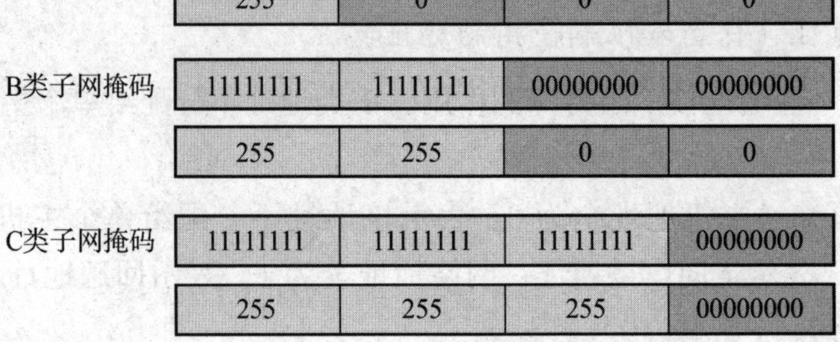

| | | | | |
|---|---|---|---|---|
| A类子网掩码 | 11111111 | 00000000 | 00000000 | 00000000 |
| | 255 | 0 | 0 | 0 |
| B类子网掩码 | 11111111 | 11111111 | 00000000 | 00000000 |
| | 255 | 255 | 0 | 0 |
| C类子网掩码 | 11111111 | 11111111 | 11111111 | 00000000 |
| | 255 | 255 | 255 | 00000000 |

图 1－6　A、B、C 三类网络默认的子网掩码

由图 1 - 6 可知，掩码中连续为“1”的部分定位网络号，连续为“0”的部分定位主机号。

（3）利用 IP 地址和掩码定位设备所在网络

若已知设备的 IP 地址与其掩码，能否定位该设备所在的网络？答案是肯定的。方法是：将二者做与操作就能确定设备所在的网络。即，IP 地址 AND MASK = Net - ID。该方法对于未做子网划分和做过子网划分的情况均适用。

5. 理解子网划分的原理（运用子网掩码划分子网）

（1）分析子网分割的原理（图 1 - 7）

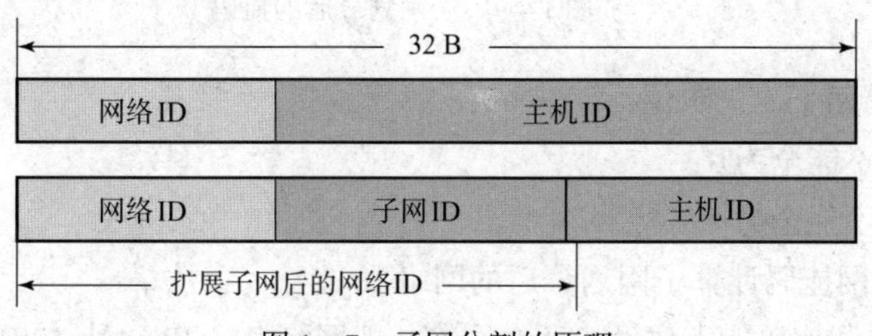


图 1 - 7　子网分割的原理

- 将主机 ID 进一步划分为子网 ID 和主机 ID。
- 通过子网掩码来区分 IP 地址的网络部分和主机部分。

根据新的网络 ID 及主机 ID，可以算出子网划分后对应的子网掩码（Sub - Mask），如图 1 - 8 所示。

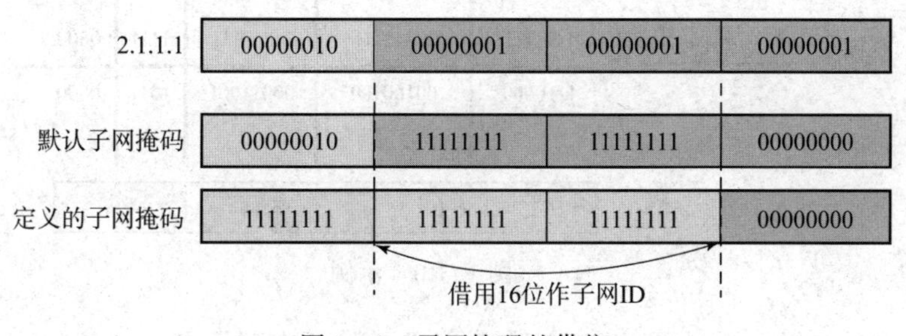


图 1 - 8　子网掩码的借位

**【备注】**子网分割，即把原来的主机地址部分的高位部分分割成子网号，其余位作为主机号。因此，子网分割以后的 IP 地址的组成为：网络地址 + 子网地址 + 主机地址。

（2）子网掩码的表示方法

从图 1 - 9 中可以看到未做子网划分时的子网掩码和做子网划分后的子网掩码的表示。

**【备注】**

“/16”表示子网掩码有 16 位，也就是 255. 255. 0. 0。

“/24”表示子网掩码有 24 位，也就是 255. 255. 255. 0。

（3）理清子网划分的借位原则

- 从主机 ID 高位起划分子网；
- 借位连续；

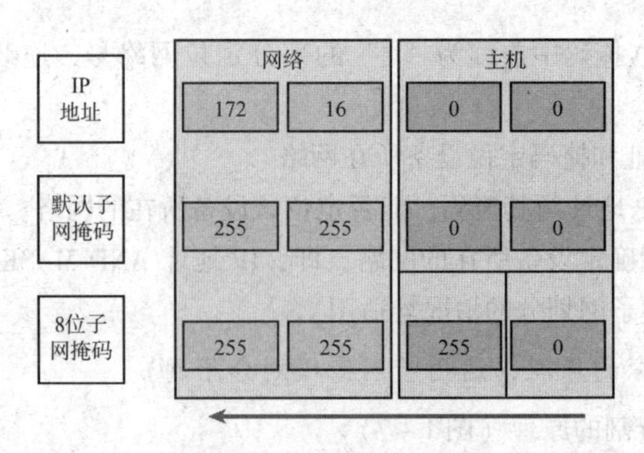

图1-9　子网划分后的掩码

- 至少要借两个二进制位；
- 子网ID不能全为0；
- 子网ID不能全为1。

（4）运用子网掩码计算子网划分后的网络ID

利用IP地址和掩码能定位设备所在网络，即网络ID，IP地址AND MASK = Net - ID。示例如图1-10所示。

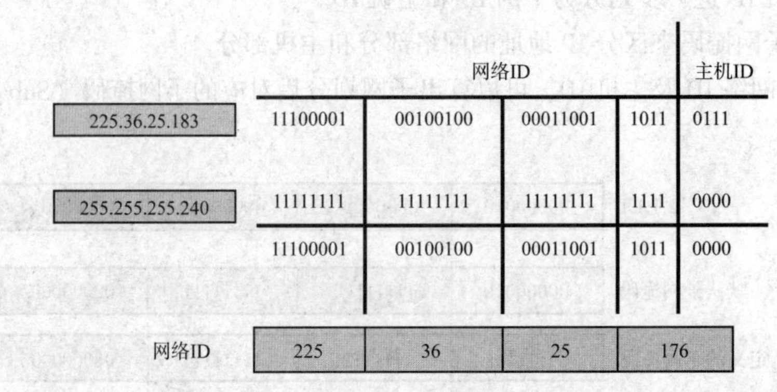

图1-10　示例

划分子网后，可以通过图1-9方法获得IP地址所在的子网。

（5）确定子网划分后的广播地址

子网划分以后，每个子网都有自己的广播地址，可以同时向同一子网所有主机发送报文。如图1-11所示，网络169.10.0.0被划分成4个子网，即169.10.1.0、169.10.2.0、169.10.30和169.10.4.0。

6. ping命令介绍

（1）ping命令的原理

本机创建一个数据包发送给（ping对象）目标IP，目标接收后，返回给本机一个完全一样的数据包。

（2）ping命令的作用

根据ping命令的原理，ping命令常用于检查本地与目标服务器之间的网络是否畅通。

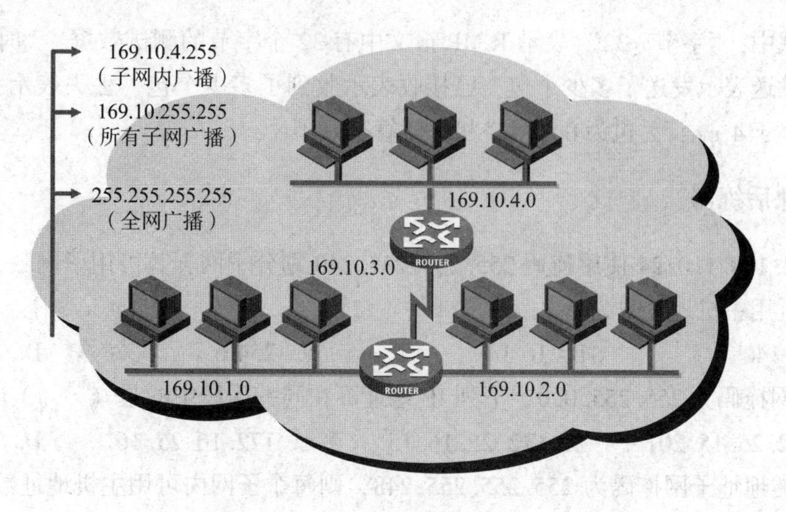


图 1－11 网络 169.10.0.0

（3）ping 命令参数详解（DOS 命令输入 ping 后，按 Enter 键即可调出参数列表）

1）ping －t IP 或域名

#一直 ping 下去。按 Ctrl + Break 组合键会统计当前 ping 的发包数、接包数、丢包数、最长时间、最短时间、平均时间；若要停止，按 Ctrl + C 组合键停止 ping 命令发包。

2）ping －a IP 或域名

#将地址解析成主机名（昵称）。

3）ping －n count IP 或域名

#要发送的回显请求数，count 为正整数，发送数据包的数量。

4）ping －l size IP 或域名

#发送缓冲区大小，size 为发送数据包的大小，单位为字节，范围为 0 ~ 65 500。

5）ping －i TTL IP 或域名

#数据包生存周期（0 ~ 255），数据包传输过程中的经过节点数量，超过该数量，则放弃该数据包。

（4）ping 命令的测试

```
C:\Users\13405 >ping 192.168.200.254
正在 ping 192.168.200.254 具有 32 字节的数据:
来自 192.168.200.254 的回复:字节 =32 时间 =3 ms TTL =255
来自 192.168.200.254 的回复:字节 =32 时间 =4 ms TTL =255
来自 192.168.200.254 的回复:字节 =32 时间 =4 ms TTL =255
来自 192.168.200.254 的回复:字节 =32 时间 =2 ms TTL =255
192.168.200.254 的 ping 统计信息:
数据包:已发送 =4,已接收 =4,丢失 =0(0% 丢失)
往返行程的估计时间(以毫秒为单位):
最短 =2 ms,最长 =4 ms,平均 =3 ms
```

在测试中，“字节 =32”表示 ICMP 报文中有 32 个字节的测试数据，“时间 =”是往返时间。已发送表示发送了多少个包、已接收表示收到了多少个包、丢失表示丢包率是多少。来回时间小于 4 ms，丢包为 0，网络状态就算良好了。

## 六、课后练习

1. 192. 168. 1. 0/24 使用掩码 255. 255. 255. 240 划分子网，其可用子网数为（　　），每个子网内可用主机地址数为（　　）。

A. 14 14　　B. 16 14　　C. 254 6　　D. 14 62

2. 子网掩码为 255. 255. 0. 0，下列 IP 地址不在同一网段中的是（　　）。

A. 172. 25. 15. 201　　B. 172. 25. 16. 15　　C. 172. 16. 25. 16　　D. 172. 25. 201. 15

3. B 类地址子网掩码为 255. 255. 255. 248，则每个子网内可用主机地址数为（　　）。

A. 10　　B. 8　　C. 6　　D. 4

4. 对于 C 类 IP 地址，子网掩码为 255. 255. 255. 248，则能提供子网数为（　　）。

A. 16　　B. 32　　C. 30　　D. 128

# 工单任务 2　配置直连路由

## 一、工作准备

**【想一想】**

1. 直连路由之间使用哪种类型的网线？

2. 用路由器连接的两台主机 IP 地址有哪些特点？

## 二、任务描述

**【任务场景】**

在 R1 路由上配置直连路由实现 PC1 与 PC2 之间的相互通信。设置 R1 路由器的 F0/0 和 F1/0 接口的 IP 地址分别为 192. 168. 10. 1/24 和 192. 168. 20. 1/24，如图 1 – 12 所示。

【施工拓扑】

施工拓扑图如图 1－12 所示。

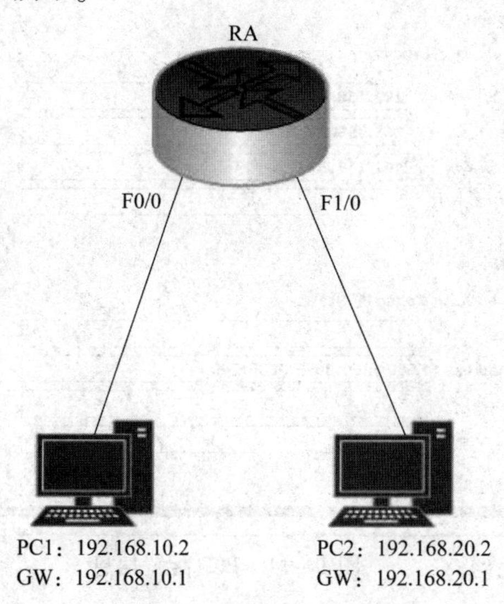


图 1－12　施工拓扑图

【设备环境】

本实验采用 Packet Tracert 进行实验，使用路由器型号为 Router－PT，数量为 1 台，计算机 2 台。

## 三、任务实施

①使用 Packet Tracert 搭建好拓扑图，使用路由器的型号为 Router－PT。

②根据拓扑要求配置 PC1 和 PC2 主机的 IP 地址，如图 1－13 和图 1－14 所示。

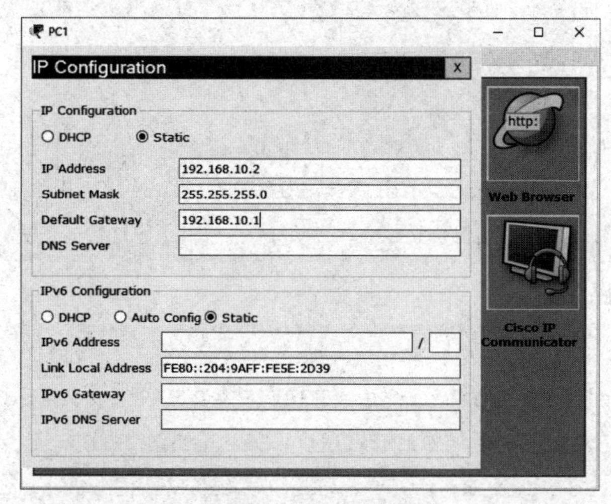


图 1－13　PC1 配置信息

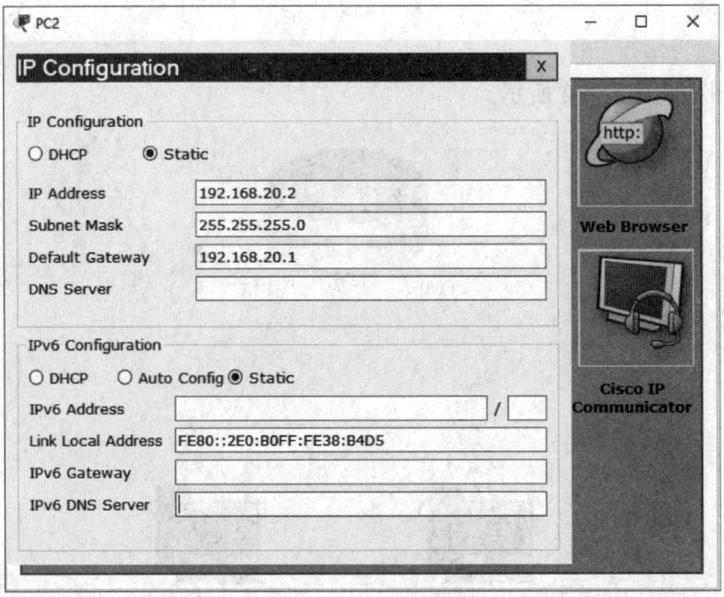

图1－14　PC2配置信息

③对路由器RA进行配置。

路由器设备名称配置：

```
Router >
Router >enable                          #进入特权模式
Router#configure terminal               #进入全局配置模式
Router(config)#hostname RA              #配置设备名称
```

路由器端口的基本配置：

```
RA(config)#interface fastEthernet 0/0
RA(config-if)#ip address 192.168.10.1 255.255.255.0
RA(config-if)#no shutdown
RA(config-if)#exit
RA(config)#interface fastEthernet 1/0
RA(config-if)#ip address 192.168.20.1 255.255.255.0
RA(config-if)#no shutdown
```

查看路由器的路由表：

```
RA#show ip route
Codes:C - connected,S - static,I - IGRP,R - RIP,M - mobile,B - BGP
      D - EIGRP,EX - EIGRP external,O - OSPF,IA - OSPF inter area
      N1 - OSPF NSSA external type 1,N2 - OSPF NSSA external type 2
```

```
     E1 - OSPF external type 1,E2 - OSPF external type 2,E - EGP
     i - IS - IS,L1 - IS - IS level -1,L2 - IS - IS level -2,ia - IS - IS inter area
     * - candidate default,U - per - user static route,o - ODR
     P - periodic downloaded static route

Gateway of last resort is not set

C    192.168.10.0/24 is directly connected,FastEthernet0/0
C    192.168.20.0/24 is directly connected,FastEthernet1/0
```

这里符号“C”表示直连路由，也就是通过开启端口自动生成的路由信息。本台路由的网段分别为192.168.10.0/24和192.168.20.0/24。

④在RA路由器上做ping命令测试。

```
RA#ping 192.168.10.1
Type escape sequence to abort.
Sending 5,100 - byte ICMP Echos to 192.168.10.1,timeout is 2 seconds:
!!!!!
Success rate is 100 percent(5/5),round - trip min/avg/max = 0/4/15 ms
#出现5个感叹号,表示F0/0接口正常开启,通信正常
```

【写一写】

写出在RA路由器上与主机2网关测试连通性的命令：

结论：

⑤在两台PC上使用ping命令做连通测试，如图1-15和图1-16所示。

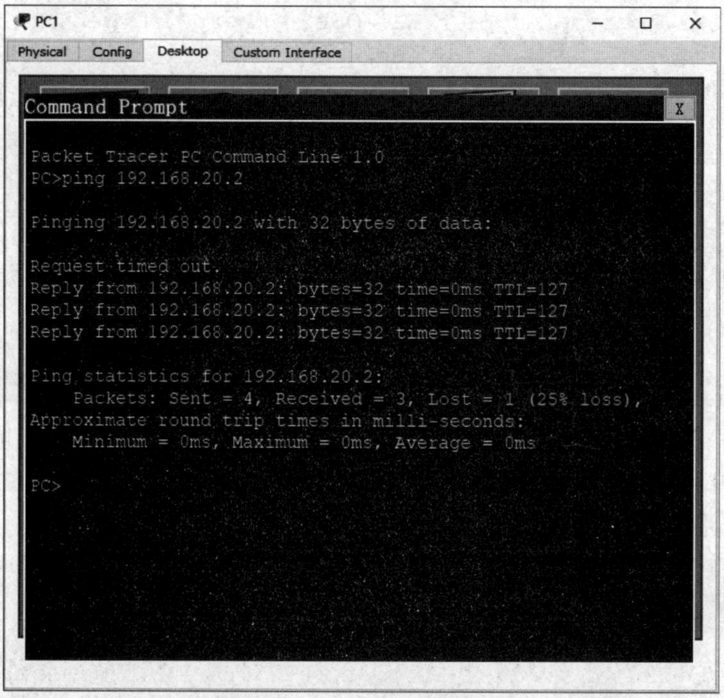

PC1
Physical
Config
Desktop
Custom Interface
Command Prompt
X
Packet Tracer PC Command Line 1.0
PC>ping 192.168.20.2
Pinging 192.168.20.2 with 32 bytes of data:
Request timed out.
Reply from 192.168.20.2: bytes=32 time=0ms TTL=127
Reply from 192.168.20.2: bytes=32 time=0ms TTL=127
Reply from 192.168.20.2: bytes=32 time=0ms TTL=127
Ping statistics for 192.168.20.2:
Packets: Sent = 4, Received = 3, Lost = 1 (25% loss),
Approximate round trip times in milli-seconds:
Minimum = 0ms, Maximum = 0ms, Average = 0ms
PC>

图 1－15　PC1 测试信息

PC2
Physical
Config
Desktop
Custom Interface
Command Prompt
X
Packet Tracer PC Command Line 1.0
PC>ping 192.168.10.2
Pinging 192.168.10.2 with 32 bytes of data:
Reply from 192.168.10.2: bytes=32 time=1ms TTL=127
Reply from 192.168.10.2: bytes=32 time=0ms TTL=127
Reply from 192.168.10.2: bytes=32 time=0ms TTL=127
Reply from 192.168.10.2: bytes=32 time=0ms TTL=127
Ping statistics for 192.168.10.2:
Packets: Sent = 4, Received = 4, Lost = 0 (0% loss),
Approximate round trip times in milli-seconds:
Minimum = 0ms, Maximum = 1ms, Average = 0ms
PC>

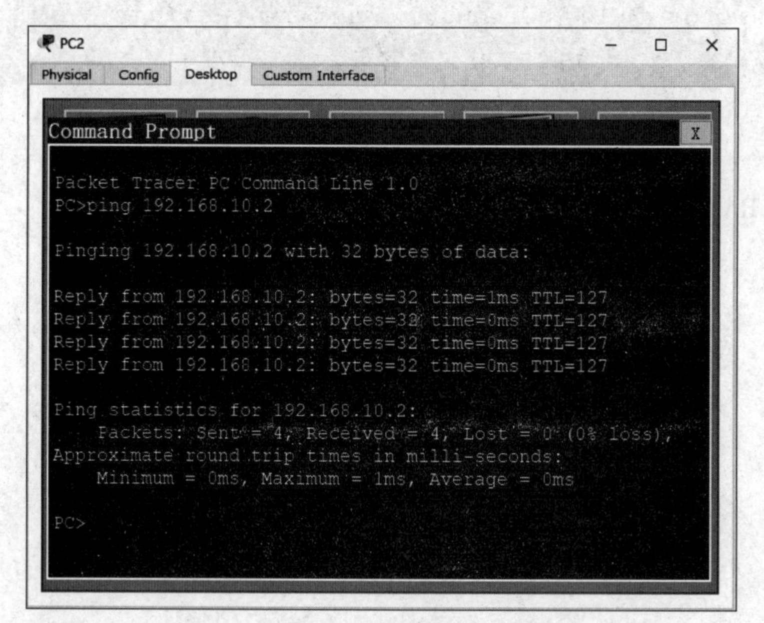

图 1－16　PC2 测试信息

## 四、任务评价

| 评价项目 | 评价内容 | 参考分 | 评价标准 | 得分 |
| --- | --- | --- | --- | --- |
| 拓扑图绘制 | 选择正确的连接线<br>选择正确的端口 | 20 | 选择正确的连接线，10 分<br>选择正确的端口，10 分 | |
| IP 地址设置 | 正确配置两台主机的 IP 和网关地址<br>正确配置路由器端口地址 | 20 | 正确配置两台主机的 IP 和网关地址，10 分<br>正确配置路由器端口地址，10 分 | |
| 路由器命令配置 | 正确配置路由器设备名称<br>正确开启路由器端口 | 20 | 配置路由器设备名称 RA，10 分<br>使用命令开启路由器端口，10 分 | |
| 验证测试 | 会查看路由表<br>能读懂路由表信息<br>会进行连通性测试 | 30 | 使用命令查看路由表，10 分<br>分析路由表信息含义，10 分<br>在设备中进行连通性测试，10 分 | |
| 职业素养 | 任务单填写齐全、整洁、无误 | 10 | 任务单填写齐全、工整，5 分<br>任务单填写无误，5 分 | |

## 五、相关知识

### 1. 路由技术工作原理

所谓路由，就是指通过相互连接的网络把信息从源地点移动到目标地点的活动。一般来说，在路由过程中，信息至少会经过一个或多个中间节点。通常，人们会把路由和交换进行对比，这主要是因为在普通用户看来两者所实现的功能是完全一样的。路由和交换之间的主要区别是交换发生在 OSI 参考模型的第二层（数据链路层），而路由发生在第三层（网络层）。这一区别决定了路由和交换在移动信息的过程中需要使用不同的控制信息，所以两者实现各自功能的方式是不同的。

路由器内部有一个路由表，这个表标明了如果要去某个地方，下一步应该往哪走。路由器从某个端口收到一个数据包，它首先把链路层的包头去掉（拆包），读取目的 IP 地址，然后查找路由表，若能确定下一步往哪儿送，则再加上链路层的包头（打包），把该数据包转发出去；如果不能确定下一步的地址，则向源地址返回一个信息，并把这个数据包丢掉。

路由技术其实是由两项最基本的活动组成的，即决定最优路径和传输数据包。其中，数据包的传输相对较为简单和直接，而路由的确定则更加复杂一些。路由算法在路由表中写入各种不同的信息，路由器会根据数据包所要到达的目的地来选择最佳路径，把数据包发送到可以到达该目的地的下一台路由器处。当下一台路由器接收到该数据包时，也会查看其目标地址，并使用合适的路径继续传送给后面的路由器。依此类推，直到数据包到达最终目的地。

路由器之间可以进行相互通信，并且可以通过传送不同类型的信息维护各自的路由表。

路由更新信息就是这样一种信息，一般由部分或全部路由表组成。通过分析其他路由器发出的路由更新信息，路由器可以掌握整个网络的拓扑结构。链路状态广播是另外一种在路由器之间传递的信息，它可以把信息发送方的链路状态及时地通知给其他路由器。

2. 路由选路原则

先进行最长匹配原则，满足后进行管理距离最小优先，依旧满足后，进行度量值最小优先。

（1）最长匹配原则

最长匹配原则是 Cisco IOS 路由器默认的路由查找方式。当路由器收到一个 IP 数据包时，会将数据包的目的 IP 地址与自己本地路由表中的表项进行逐位查找，直到找到匹配度最长的条目，这叫最长匹配原则。

（2）管理距离 AD 最小优先

可以是多种路由协议的比较，也可以是同种路由协议的比较，比如双线出口所配置的两条默认浮动路由比较。

（3）度量值 metric 最小优先

如果路由协议不同，则度量值不能做比较。比如 rip 度量值为跳数；ospf 度量值为带宽。

3. 路由器的命令行操作

要掌握路由器的配置，必须首先了解路由器的几种操作模式。路由器总的来说有四种配置模式：用户模式、特权模式、全局配置模式、其他配置子模式，如图 1－17 所示。在路由器各个不同的模式下，可以完成不同配置，实现路由器不同的功能。类似地，在 Windows 中打开不同的窗口，就可以进行不同的操作。

```
第一级：用户模式(User EXEC mode)
Router>

第二级：特权模式(Privileged EXEC mode)
在用户模式下先输入"enable"，进入第2级特权模
式。特权模式的系统提示符是"#"

Router>enable
Router#

第3级：全局配置模式(Configuration mode)
在特权模式中输入命令"config terminal"，进入第
3级配置模式，则相应提示符为"(config)#"。如下
所示：

Router#config terminal
Router(config)#
```

图 1－17　路由器常见的几种配置模式

下面介绍一下路由器常见的几种配置模式：

（1）用户 EXEC 模式

这是“只能看”模式，用户只能查看一些路由器的信息，不能更改。

```
Router >
```

（2）特权 EXEC 模式

这种模式支持调试和测试命令，详细检查路由器，配置文件操作和访问配置模式。

```
Rouer >enable
Router# ______________
```

（3）全局配置模式

这种模式实现强大的执行简单配置任务的单行命令。要返回特权模式，输入 exit 命令即可。

```
Rouer#configure terminal
Router(config)# ______________
```

（4）接口模式

属于全局模式的下一级模式，该模式可以配置接口参数。要返回全局模式，输入 exit 命令即可。

```
Router(config)#interface interface - id
```

## 六、课后练习

1. 以下不会在路由表里出现的是（　　）。

A. 下一跳地址　　B. 网络地址　　C. 度量值　　D. MAC 地址

2. 网络管理员需要通过路由器的 FastEthernet 端口直接连接两台路由器，应用（　　）电缆。

A. 直通电缆　　B. 全反电缆

C. 交叉电缆　　D. 串行电缆

3. 在路由器中，决定最佳路由的因素是（　　）。

A. 最小的路由跳数　　B. 最小的时延

C. 最小的 metirc 值　　D. 最大的带宽

4. 数据报文通过查找路由表获知（　　）。

A. 整个报文传输的路径　　B. 下一跳地址

C. 网络拓扑结构　　D. 以上说法均不对

## ——项目小结——

本项目重点介绍了 IP 地址及其分类、特殊 IP 地址、子网掩码、子网划分、私有地址等知识，还介绍了基本的路由器知识及直连路由的配置。这些内容对于后续知识的学习非常重要，如果对本项目不熟悉，需要额外加强学习。

## ——项目实践——

（1）把网络202.112.78.0划分为多个子网（子网掩码是255.255.255.192），则各子网中可用的主机地址总数是________。

（2）一台主机的地址为202.113.224.68，子网掩码为255.255.255.240，那么这台主机的主机号为________。

（3）已知IP地址为172.16.2.160，该主机的子网掩码为255.255.255.192。试分析该网络的子网号、广播地址、首IP地址和末IP地址。

（4）某公司申请了一个C类地址200.200.200.0，公司有生产部门和市场部门需要划分为单独的网络，即需要划分两个子网，每个子网至少支持40台主机，问：

①如何决定子网掩码？

②新的子网网络ID是什么？

③每个子网有多少主机地址？

# 项目二

## 应用静态路由实现园区网的互通

### 工单任务 1　配置静态路由

#### 一、工作准备

**【想一想】**

什么是直连路由？什么是非直连路由？

**【填一填】**

图 1－18 中，R2 路由器的直连网段地址是________________________。
R2 路由器的非直连网段地址是________________________。

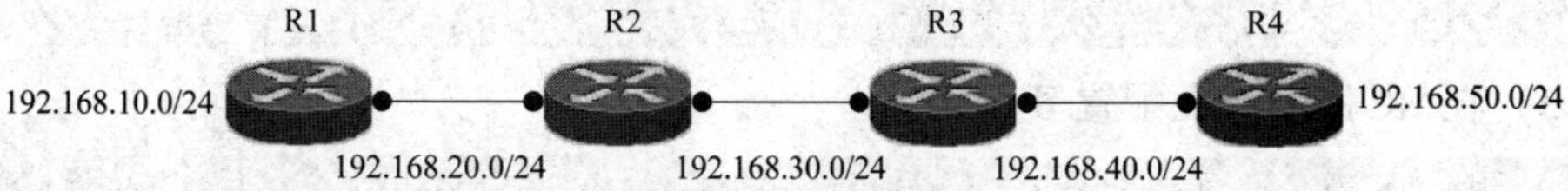

R1
R2
R3
R4
192.168.10.0/24
192.168.50.0/24
192.168.20.0/24
192.168.30.0/24
192.168.40.0/24


图 1－18　静态路由

#### 二、任务描述

**【任务场景】**

在 RA、RB、RC 路由器上配置静态路由，实现全网互通，如图 1－19 所示。

**【施工拓扑】**

施工拓扑图如图 1－19 所示。

RA
RB
RC
RA：
L0：172.16.10.1/24
F0/0
F1/0
F0/0
F1/0
RC：
L0：10.10.10.1/24
RA：
F0/0：192.168.20.1/24
RB：
F0/0：192.168.30.1/24
F1/0：192.168.20.2/24
RC：
F1/0：192.168.30.2/24


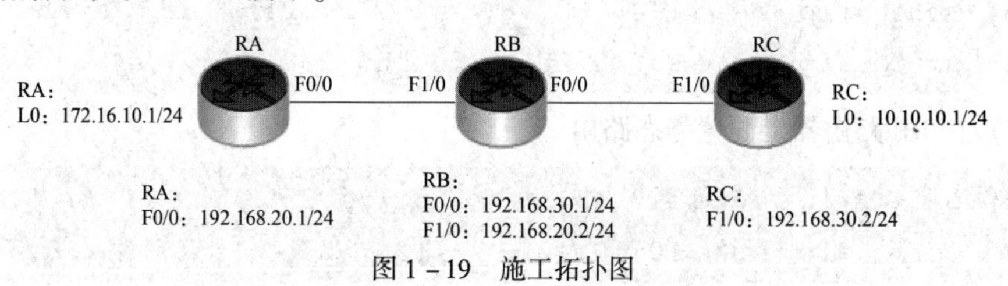

图 1－19　施工拓扑图

【设备环境】

本实验采用 Packet Tracert 进行实验，使用路由器型号为 Router－PT，数量为 3 台。

## 三、任务实施

1. 配置路由器各接口的 IP 地址

(1) 在 RA 路由器上配置 IP 地址

```
RA(config)#interface fastEthernet 0/0
RA(config-if)#ip address 192.168.20.1 255.255.255.0
RA(config-if)#no shutdown
RA(config)#interface loopback 0
RA(config-if)#ip address 172.16.10.1 255.255.255.0
```

(2) 在 RB 路由器上配置 IP 地址

```
RB(config)#interface fastEthernet 1/0
RB(config-if)#ip address 192.168.20.2 255.255.255.0
RB(config-if)#no shutdown
RB(config)#interface fastEthernet 0/0
RB(config-if)#ip address 192.168.30.1 255.255.255.0
RB(config-if)#no shutdown
```

(3) 在 RC 路由器上配置 IP 地址

```
RC(config)#interface fastEthernet 1/0
RC(config-if)#ip address 192.168.30.2 255.255.255.0
RC(config-if)#no shutdown
RC(config)#interface loopback 0
RC(config-if)#ip address 10.10.10.1 255.255.255.0
RC(config-if)#no shutdown
```

2. 配置静态路由

(1) 在 RA 路由器上配置静态路由

```
RA(config)#ip route 192.168.30.0 255.255.255.0 192.168.20.2
RA(config)#ip route 10.10.10.0 255.255.255.0 192.168.20.2
```

(2) 在 RB 路由器上配置静态路由

```
RB(config)#ip route 172.16.10.0 255.255.255.0 192.168.20.1
RB(config)#ip route 10.10.10.0 255.255.255.0 192.168.30.2
```

（3）在 RC 路由器上配置静态路由

```
RC(config)#ip route 172.16.10.0 255.255.255.0
RC(config)#ip route 192.168.20.0 255.255.255.0
```

3. 测试连通性

（1）查看路由表

```
RA#show ip rou
Codes:C - connected,S - static,I - IGRP,R - RIP,M - mobile,B - BGP
     D - EIGRP,EX - EIGRP external,O - OSPF,IA - OSPF inter area
     N1 - OSPF NSSA external type 1,N2 - OSPF NSSA external type 2
     E1 - OSPF external type 1,E2 - OSPF external type 2,E - EGP
     i - IS - IS,L1 - IS - IS level -1,L2 - IS - IS level -2,ia - IS - IS inter area
     * - candidate default,U - per - user static route,o - ODR
     P - periodic downloaded static route
Gateway of last resort is not set
   10.0.0.0/24 is subnetted,1 subnets
S      10.10.10.0[1/0]via 192.168.20.2
   172.16.0.0/24 is subnetted,1 subnets
C      172.16.10.0 is directly connected,Loopback0
C    192.168.20.0/24 is directly connected,FastEthernet0/0
S    192.168.30.0/24[1/0]via 192.168.20.2
```

从 RA 路由器的路由表中可以看到，直连路由网段为 172. 16. 10. 0/24 和 192. 168. 20. 0/24，静态路由网段为 10. 10. 10. 0/24 和 192. 168. 30. 0/24，静态路由的标记为“S”。

（2）测试网络连通性

```
RA#ping 172.16.10.1
Type escape sequence to abort.
Sending 5,100 - byte ICMP Echos to 172.16.10.1,timeout is 2 seconds:
!!!!!
Success rate is 100 percent(5/5),round - trip min/avg/max = 0/3/4 ms

RA#ping 192.168.20.1
Type escape sequence to abort.
Sending 5,100 - byte ICMP Echos to 192.168.20.1,timeout is 2 seconds:
!!!!!
```

```
Success rate is 100 percent(5/5),round-trip min/avg/max=0/2/5 ms

RA#ping 192.168.20.2
Type escape sequence to abort.
Sending 5,100-byte ICMP Echos to 192.168.20.2,timeout is 2 seconds:
!!!!!
Success rate is 100 percent(5/5),round-trip min/avg/max=0/0/1 ms

RA#ping 192.168.30.1
Type escape sequence to abort.
Sending 5,100-byte ICMP Echos to 192.168.30.1,timeout is 2 seconds:
!!!!!
Success rate is 100 percent(5/5),round-trip min/avg/max=0/0/0 ms

RA#ping 192.168.30.2
Type escape sequence to abort.
Sending 5,100-byte ICMP Echos to 192.168.30.2,timeout is 2 seconds:
!!!!!
Success rate is 100 percent(5/5),round-trip min/avg/max=0/0/1 ms

RA#ping 10.10.10.1
Type escape sequence to abort.
Sending 5,100-byte ICMP Echos to 10.10.10.1,timeout is 2 seconds:
!!!!!
Success rate is 100 percent(5/5),round-trip min/avg/max=0/0/3 ms
```

从以上测试反馈的结果来看，各个路由的接口已经都能正常通信，表明RA、RB、RC已经实现了全网通。

## 四、任务评价

| 评价项目 | 评价内容 | 参考分 | 评价标准 | 得分 |
|---|---|---|---|---|
| 拓扑图绘制 | 选择正确的连接线<br>选择正确的端口 | 20 | 选择正确的连接线，10分<br>选择正确的端口，10分 | |
| IP地址设置 | 正确配置路由器端口地址 | 20 | 正确配置各路由器端口地址，15分<br>正确配置Lookback地址，5分 | |

续表

| 评价项目 | 评价内容 | 参考分 | 评价标准 | 得分 |
|---|---|---|---|---|
| 路由器<br>命令配置 | 正确配置路由器设备名称<br>正确开启路由器端口 | 20 | 配置路由器设备名称，10分<br>使用命令开启路由器端口，10分 | |
| 验证测试 | 会查看路由表<br>能读懂路由表信息<br>会进行连通性测试 | 30 | 使用命令查看路由表，10分<br>分析路由表信息含义，10分<br>在设备中进行连通性测试，10分 | |
| 职业素养 | 任务单填写齐全、整洁、无误 | 10 | 任务单填写齐全、工整，5分<br>任务单填写无误，5分 | |

## 五、相关知识

1. 静态路由概述

静态路由是指由网络管理员手工配置的路由信息。当网络的拓扑结构或链路的状态发生变化时，网络管理员需要手工去修改路由表中相关的静态路由信息。

静态路由一般适用于比较简单的网络环境，在这样的环境中，网络管理员易于清楚地了解网络的拓扑结构，便于设置正确的路由信息。

实施静态路由选择的过程如下。

①确定网段的总数。

②标记每台路由器非直连的路由。

③为每台路由配置非直连路由的静态路由。

图1-18所示的拓扑图有4个路由器和5个网段，首先确定5个网段，分别为192.168.10.0/24、192.168.20.0/24、192.168.30.0/24、192.168.40.0/24、192.168.50.0/24，然后分别找出每台路由器的非直连网段。以R1为例，R1的非直连网段192.168.30.0/24、192.168.40.0/24、192.168.50.0/24，最后分别为四台路由配置静态路由。

2. 静态路由的配置

静态路由的配置格式：

```
ip route 目标网段 目标网段掩码 下一跳地址
```

## 六、课后练习

1. 以下路由表项要由网络管理员手动配置的有（　　）。

A. 静态路由　　B. 直接路由

C. 动态路由　　D. 以上说法都不正确

2. 静态路由的优点包括（　　）。

A. 管理简单　　B. 自动更新路由　　C. 提高网络安全性　　D. 节省带宽

3. 在路由器上依次配置了如下两条静态路由，那么关于这两条路由，如下说法正确的是（　　）。

```
ip rout - static 192.168.0.0 255.255.240.0 10.10.102.1 prerence 100
ip rout - static 192.168.0.0 255.255.240.0 10.10.102.1
```

A. 路由表会生成两条去往 192.168.0.0 的路由，两条路由互为备份

B. 路由表会生成两条去往 192.168.0.0 的路由，两条路由互为负载分担

C. 路由表只会生成第二条配置的路由，其优先级为 0

D. 路由表只会生成第二条配置的路由，其优先级为 60

## 工单任务 2　配置特殊的静态路由——默认路由

### 一、工作准备

【想一想】

①什么是本地回环（Lookback）地址？它有什么作用？

②IP 地址 0.0.0.0 代表的含义是什么？

【写一写】

写出在路由器（Router）上创建 Lookback 0 地址（10.10.10.1/24）的命令：

```
Router(config)# ________________
Router(config-if)# ________________
Router(config-if)# ________________
```

### 二、任务描述

【任务场景】

在 RA、RB、RC 上配置静态路由，使用最少数量的静态路由配置全网通，如图 1 - 20 所示。

【施工拓扑】

施工拓扑图如图 1 – 20 所示。

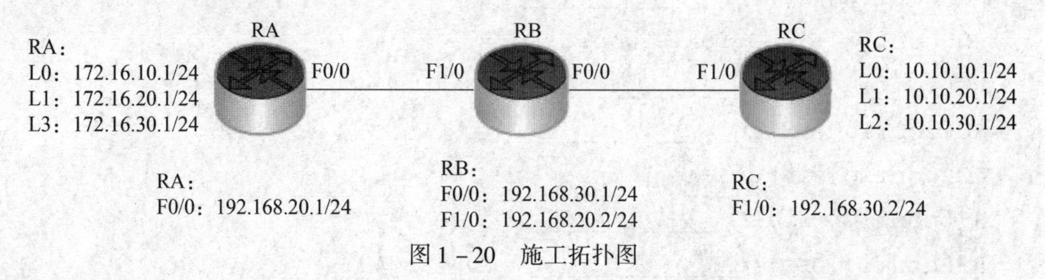


图 1 – 20 施工拓扑图

【设备环境】

本实验采用 Packet Tracert 进行实验，使用路由器型号为 Router – PT，数量为 3 台。

三、任务实施

1. 配置路由器各接口的 IP 地址

（1）在 RA 路由器上配置 IP 地址

```
RA(config)#interface fastEthernet 0/0
RA(config-if)#ip address 192.168.20.1 255.255.255.0
RA(config-if)#no shutdown
RA(config)#interface loopback 0
RA(config-if)#ip address 172.16.10.1 255.255.255.0
RA(config)#interface loopback 1
RA(config-if)#ip address 172.16.20.1 255.255.255.0
RA(config)#interface loopback 2
RA(config-if)#ip address 172.16.30.1 255.255.255.0
```

（2）在 RB 路由器上配置 IP 地址

```
RB(config)#interface fastEthernet 1/0
RB(config-if)#ip address 192.168.20.2 255.255.255.0
RB(config-if)#no shutdown
RB(config)#interface fastEthernet 0/0
RB(config-if)#ip address 192.168.30.1 255.255.255.0
RB(config-if)#no shutdown
```

（3）在 RC 路由器上配置 IP 地址

【写一写】

写出配置 RC 路由器端口地址的命令：

```
RC(config)#interface fastEthernet 1/0
RC(config-if)# ______________
RC(config-if)# ______________
RC(config)#interface loopback 0
RC(config-if)# ______________
RC(config-if)# ______________
RC(config)#interface loopback 1
RC(config-if)# ______________
RC(config-if)# ______________
RC(config)# ______________
RC(config-if)#ip address 10.10.30.1 255.255.255.0
RC(config-if)#no shutdown
```

2. 配置静态路由

（1）在 RA 路由器上配置默认路由

```
RA(config)#ip route 0.0.0.0 0.0.0.0 192.168.20.2
```

（2）在 RB 路由器上配置静态路由

```
RB(config)#ip route 172.16.10.0 255.255.255.0 192.168.20.1
RB(config)# ______________
```

（3）在 RC 路由器上配置默认路由

```
RC(config)# ______________
```

3. 验证配置

（1）查看 RA 路由器

```
RA#show ip rou
Codes:C - connected,S - static,I - IGRP,R - RIP,M - mobile,B - BGP
     D - EIGRP,EX - EIGRP external,O - OSPF,IA - OSPF inter area
     N1 - OSPF NSSA external type 1,N2 - OSPF NSSA external type 2
     E1 - OSPF external type 1,E2 - OSPF external type 2,E - EGP
     i - IS - IS,L1 - IS - IS level -1,L2 - IS - IS level -2,ia - IS - IS inter area
     * - candidate default,U - per - user static route,o - ODR
     P - periodic downloaded static route
Gateway of last resort is 192.168.20.2 to network 0.0.0.0
   172.16.0.0/24 is subnetted,3 subnets
```

```
C       172.16.10.0 is directly connected,Loopback0
C       172.16.20.0 is directly connected,Loopback1
C       172.16.30.0 is directly connected,Loopback2
C    192.168.20.0/24 is directly connected,FastEthernet0/0
S*    0.0.0.0/0[1/0]via 192.168.20.2
```

从 RA 的路由表中可以看到，默认路由前面的标记为“S*”，下一跳地址指向 192.168.20.2。

（2）连通性测试

```
RA#ping 10.10.10.1
Type escape sequence to abort.
Sending 5,100-byte ICMP Echos to 10.10.10.1,timeout is 2 seconds:
!!!!!
Success rate is 100 percent(5/5),round-trip min/avg/max=0/0/0 ms

RA#ping 10.10.20.1
Type escape sequence to abort.
Sending 5,100-byte ICMP Echos to 10.10.20.1,timeout is 2 seconds:
!!!!!
Success rate is 100 percent(5/5),round-trip min/avg/max=0/0/1 ms

RA#ping 10.10.30.1
Type escape sequence to abort.
Sending 5,100-byte ICMP Echos to 10.10.30.1,timeout is 2 seconds:
!!!!!
Success rate is 100 percent(5/5),round-trip min/avg/max=0/0/1 ms
```

从 ping 命令的测试结果来看，各路由器接口的 IP 地址已经全部 ping 通，表明 RA、RB、RC 已经实现了全网通。

## 四、任务评价

| 评价项目 | 评价内容 | 参考分 | 评价标准 | 得分 |
|---|---|---|---|---|
| 拓扑图绘制 | 选择正确的连接线<br>选择正确的端口 | 20 | 选择正确的连接线，10 分<br>选择正确的端口，10 分 | |
| IP 地址设置 | 正确配置路由器端口地址 | 20 | 正确配置各路由器端口地址，10 分<br>正确配置 Lookback 地址，10 分 | |

续表

| 评价项目 | 评价内容 | 参考分 | 评价标准 | 得分 |
| --- | --- | --- | --- | --- |
| 路由器命令配置 | 正确配置路由器设备名称<br>正确开启路由器端口<br>正确配置默认路由 | 20 | 配置路由器设备名称，5 分<br>使用命令开启路由器端口，5 分<br>在 RA 和 RC 路由器上正确配置默认路由地址，10 分 | |
| 验证测试 | 会查看路由表<br>能读懂路由表信息<br>会进行连通性测试 | 30 | 使用命令查看路由表，10 分<br>分析路由表信息含义，10 分<br>在设备中进行连通性测试，10 分 | |
| 职业素养 | 任务单填写齐全、整洁、无误 | 10 | 任务单填写齐全、工整，5 分<br>任务单填写无误，5 分 | |

## 五、相关知识

1. 默认路由概述

默认路由是静态路由的一种。

路由器需要查看路由表才能决定怎么转发数据包，用静态路由一个个地配置，烦琐易错。如果路由器有个邻居知道怎么前往所有的目的地，可以把路由表匹配的任务交给它，省了很多事。

默认路由一般配置在出口设备和区域边界设备上，主要用于把所有的数据包都转发到网关，减少静态路由配置条目。

2. 默认路由配置格式

```
ip route 0.0.0.0 0.0.0.0 下一跳地址
```

3. 默认路由的目标网段和目标掩码都是 0.0.0.0 的原因

匹配 IP 地址时，0 表示 wildcard，任何值都可以。所以 0.0.0.0 和任何目的地址匹配都会成功，达到默认路由要求的效果。

4. 其他查看命令介绍

①在特权模式下输入“show ip route”，用于查看全局路由表。

②在特缺模式下输入“show ip interface brief”，用于查看所有接口的细节。

## 六、课后练习

1. show interface 命令会显示以太网接口的（　　）。

A. IP 地址　　B. MAC 地址　　C. 接口个数　　D. 是否损坏

2. 下面不是静态路由的特性的是（　　）。

A. 降低路由器内存和处理负担　　B. 在路由器上连接末节网络

C. 在到目标网络只有一条路由时使用　　　　　D. 减少配置时间

3. 下面命令显示接口状态的总结信息的是（　　）。

A. show ip route　　　　　B. show interfaces

C. show ip interface brief　　　　　D. show running - config

4. 如图 1 - 21 所示，目的地为 172.16.0.0 网络的数据包的转发方式是（　　）。

```
Router1# show ip route

<省略部分输出>

Gateway of last resort is 0.0.0.0 to network 0.0.0.0

     172.16.0.0/20 is subnetted, 1 subnets
S       172.16.0.0 [1/0] via 192.168.0.2
     192.168.0.0/30 is subnetted, 2 subnets
C       192.168.0.0 is directly connected, Serial0/0
C       192.168.0.8 is directly connected, Serial0/1
S*   0.0.0.0/0 is directly connected, Serial0/2
```

图 1 - 21　172.16.0.0 网络的数据包的转发

A. Router1 会执行递归查找，数据包将从 S0/0 接口发出

B. Router1 会执行递归查找，数据包将从 S0/1 接口发出

C. 没有与 172.16.0.0 网络关联的匹配接口，因此数据包将被丢弃

D. 没有与 172.16.0.0 网络关联的匹配接口，因此数据包将采用“最后选用网关”，从 S0/2 接口发出

# 工单任务 3　配置静态路由实现全网互通

## 一、工作准备

【写一写】

写出图 1 - 22 中各路由器的非直连网段地址：

RA：________________

RB：________________

RC：________________

RD：________________

## 二、任务描述

【任务场景】

按照要求配置网通，PC1 到 PC2 的路径为 PC1 - RA - RD - RC - PC2，PC4 到 PC3 的路径为 PC4 - RA - RB - RC - RC3。配置完成后，使用 Tracert 命令跟踪路径是否按照正确的路由到达指定目的地，如图 1 - 22 所示。

【施工拓扑】

施工拓扑图如图 1－22 所示。

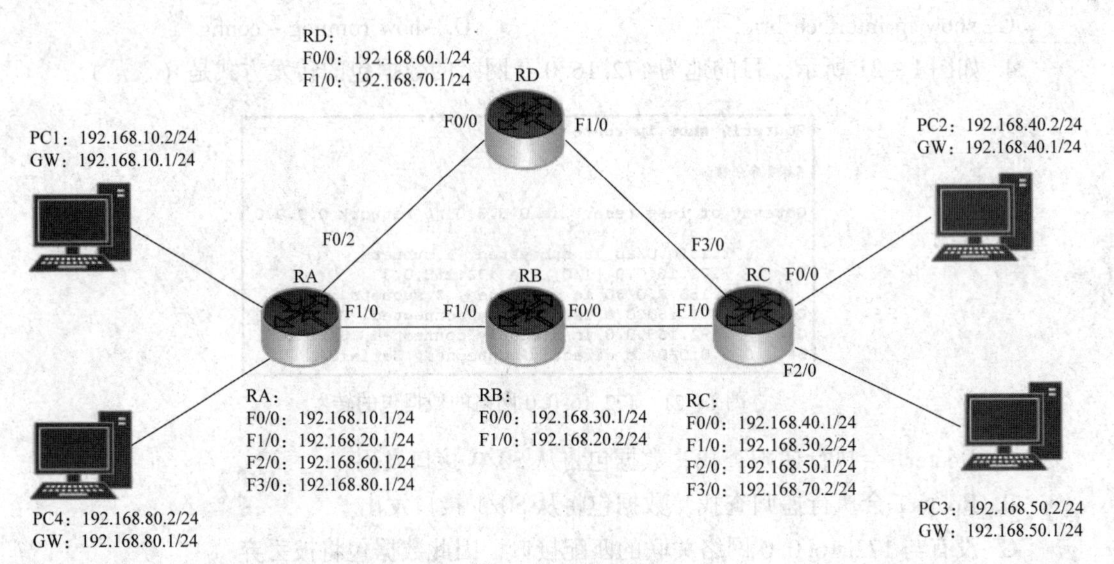


图 1－22　施工拓扑图

【设备环境】

本实验采用 Packet Tracert 进行实验，使用路由器型号为 Router－PT，数量为 4 台，主机 4 台。

## 三、任务实施

1. 配置路由器各接口的 IP 地址

（1）在 RA 路由器上配置 IP 地址

```
RA(config)#interface fastEthernet 0/0
RA(config-if)#ip address 192.168.10.1 255.255.255.0
RA(config-if)#no shutdown
RA(config)#interface fastEthernet 1/0
RA(config-if)#ip address 192.168.20.1 255.255.255.0
RA(config-if)#no shutdown
RA(config)#interface fastEthernet 2/0
RA(config-if)#ip address 192.168.60.2 255.255.255.0
RA(config-if)#no shutdown
RA(config)#interface fastEthernet 3/0
RA(config-if)#ip address 192.168.80.1 255.255.255.0
RA(config-if)#no shutdown
```

（2）在 RB 路由器上配置 IP 地址

```
RB(config)#interface fastEthernet 1/0
______________________________
______________________________
______________________________
```

（3）在 RC 路由器上配置 IP 地址

```
RC(config)#interface fastEthernet 0/0
RC(config-if)#ip address 192.168.40.1 255.255.255.0
RC(config-if)#no shutdown
RC(config)#interface fastEthernet 1/0
RC(config-if)#ip address 192.168.30.2 255.255.255.0
RC(config-if)#no shutdown
RC(config)#interface fastEthernet 2/0
RC(config-if)#ip address 192.168.50.1 255.255.255.0
RC(config-if)#no shutdown
RC(config)#interface fastEthernet 3/0
RC(config-if)#ip address 192.168.70.2 255.255.255.0
RC(config-if)#no shutdown
```

（4）在 RD 路由器上配置 IP 地址

```
RD(config)#interface fastEthernet 0/0
RD(config-if)#ip address 192.168.60.1 255.255.255.0
RD(config-if)#no shutdown
RD(config)#interface fastEthernet 1/0
RD(config-if)#ip address 192.168.70.1 255.255.255.0
RD(config-if)#no shutdown
```

2. 配置静态路由

（1）在 RA 路由器上配置静态路由

```
RA(config)#______________________________
RA(config)#______________________________
RA(config)#______________________________
RA(config)#______________________________
```

（2）在 RB 路由器上配置静态路由

```
RB(config)#ip route 192.168.50.0 255.255.255.0 192.168.30.2
RB(config)#ip route 192.168.80.0 255.255.255.0 192.168.20.1
```

（3）在 RC 路由器上配置静态路由

```
RC(config)#ip route 192.168.60.0 255.255.255.0 192.168.70.1
RC(config)#ip route 192.168.10.0 255.255.255.0 192.168.70.1
RC(config)#ip route 192.168.20.0 255.255.255.0 192.168.30.1
RC(config)#ip route 192.168.80.0 255.255.255.0 192.168.30.1
```

（4）在 RD 路由器上配置静态路由

```
RD(config)#ip route 192.168.10.0 255.255.255.0 192.168.60.2
RD(config)#ip route 192.168.40.0 255.255.255.0 192.168.70.2
```

3. 验证配置

（1）查看 RA 路由器的路由表

```
RA#show ip route
Codes:C - connected,S - static,I - IGRP,R - RIP,M - mobile,B - BGP
      D - EIGRP,EX - EIGRP external,O - OSPF,IA - OSPF inter area
      N1 - OSPF NSSA external type 1,N2 - OSPF NSSA external type 2
      E1 - OSPF external type 1,E2 - OSPF external type 2,E - EGP
      i - IS - IS,L1 - IS - IS level -1,L2 - IS - IS level -2,ia - IS - IS inter area
      * - candidate default,U - per - user static route,o - ODR
      P - periodic downloaded static route
Gateway of last resort is not set
C    192.168.10.0/24 is directly connected,FastEthernet0/0
C    192.168.20.0/24 is directly connected,FastEthernet1/0
S    192.168.30.0/24[1/0]via 192.168.20.2
S    192.168.40.0/24[1/0]via 192.168.60.1
S    192.168.50.0/24[1/0]via 192.168.20.2
C    192.168.60.0/24 is directly connected,FastEthernet2/0
S    192.168.70.0/24[1/0]via 192.168.60.1
C    192.168.80.0/24 is directly connected,FastEthernet3/0
```

**【认一认】**

在 RA 路由表中，分别有几条什么类型的路由表？

（2）查看 RB 路由器的路由表

```
RB#show ip route
Codes:C - connected,S - static,I - IGRP,R - RIP,M - mobile,B - BGP
      D - EIGRP,EX - EIGRP external,O - OSPF,IA - OSPF inter area
      N1 - OSPF NSSA external type 1,N2 - OSPF NSSA external type 2
      E1 - OSPF external type 1,E2 - OSPF external type 2,E - EGP
      i - IS - IS,L1 - IS - IS level -1,L2 - IS - IS level -2,ia - IS - IS inter area
      * - candidate default,U - per - user static route,o - ODR
      P - periodic downloaded static route
Gateway of last resort is not set
C     192.168.20.0/24 is directly connected,FastEthernet1/0
C     192.168.30.0/24 is directly connected,FastEthernet0/0
S     192.168.50.0/24[1/0]via 192.168.30.2
S     192.168.80.0/24[1/0]via 192.168.20.1
```

（3）查看 RC 路由器的路由表

```
RC#show ip route
Codes:C - connected,S - static,I - IGRP,R - RIP,M - mobile,B - BGP
      D - EIGRP,EX - EIGRP external,O - OSPF,IA - OSPF inter area
      N1 - OSPF NSSA external type 1,N2 - OSPF NSSA external type 2
      E1 - OSPF external type 1,E2 - OSPF external type 2,E - EGP
      i - IS - IS,L1 - IS - IS level -1,L2 - IS - IS level -2,ia - IS - IS inter area
      * - candidate default,U - per - user static route,o - ODR
      P - periodic downloaded static route
Gateway of last resort is not set
S     192.168.10.0/24[1/0]via 192.168.70.1
S     192.168.20.0/24[1/0]via 192.168.30.1
C     192.168.30.0/24 is directly connected,FastEthernet1/0
C     192.168.40.0/24 is directly connected,FastEthernet0/0
C     192.168.50.0/24 is directly connected,FastEthernet2/0
S     192.168.60.0/24[1/0]via 192.168.70.1
C     192.168.70.0/24 is directly connected,FastEthernet3/0
S     192.168.80.0/24[1/0]via 192.168.30.1
```

（4）查看 RD 路由器的路由表

```
RD#show ip route
Codes:C - connected,S - static,I - IGRP,R - RIP,M - mobile,B - BGP
```

```
      D - EIGRP,EX - EIGRP external,O - OSPF,IA - OSPF inter area
      N1 - OSPF NSSA external type 1,N2 - OSPF NSSA external type 2
      E1 - OSPF external type 1,E2 - OSPF external type 2,E - EGP
      i - IS - IS,L1 - IS - IS level -1,L2 - IS - IS level -2,ia - IS - IS inter area
      * - candidate default,U - per - user static route,o - ODR
      P - periodic downloaded static route
Gateway of last resort is not set
S    192.168.10.0/24[1/0]via 192.168.60.2
S    192.168.40.0/24[1/0]via 192.168.70.2
C    192.168.60.0/24 is directly connected,FastEthernet0/0
C    192.168.70.0/24 is directly connected,FastEthernet1/0
```

（5）使用 Tracert 命令测试路由路径，如图 1－23 和图 1－24 所示。

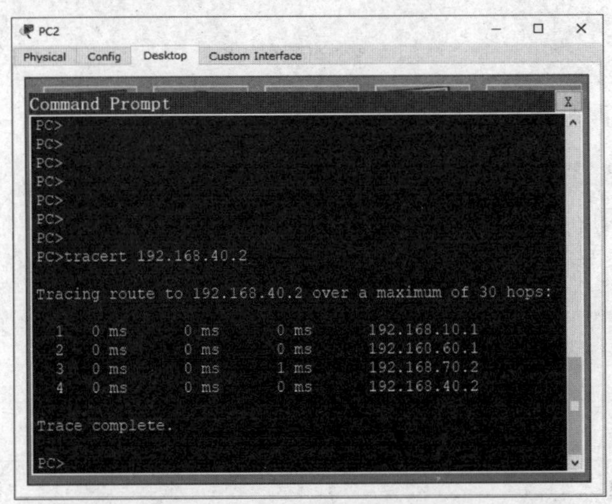


图 1－23　PC1－PC2 测试信息

```
PC4
Physical  Config  Desktop  Custom Interface
Command Prompt

Packet Tracer PC Command Line 1.0
PC>tracert 192.168.50.2

Tracing route to 192.168.50.2 over a maximum of 30 hops:

  1   1 ms      0 ms      0 ms      192.168.80.1
  2   0 ms      0 ms      0 ms      192.168.20.2
  3   1 ms      0 ms      0 ms      192.168.30.2
  4   0 ms      0 ms      0 ms      192.168.50.2

Trace complete.

PC>
```

图 1－24　PC3－PC4 测试信息

通过观察路由走过的每一个网关地址，发现路由路径正常，本实验成功，可以通过静态路由控制路由走向。

## 四、任务评价

| 评价项目 | 评价内容 | 参考分 | 评价标准 | 得分 |
| --- | --- | --- | --- | --- |
| 拓扑图绘制 | 选择正确的连接线<br>选择正确的端口 | 20 | 选择正确的连接线，10 分<br>选择正确的端口，10 分 | |
| IP 地址设置 | 正确配置路由器端口地址 | 10 | 正确、快速配置各路由器端口地址，10 分 | |
| 路由器命令配置 | 正确配置路由器设备名称<br>正确开启路由器端口<br>正确配置静态路由 | 30 | 配置路由器设备名称，5 分<br>使用命令开启路由器端口，5 分<br>在各路由器上正确配置静态路由地址，20 分 | |
| 验证测试 | 会查看路由表<br>能读懂路由表信息<br>会进行连通性测试 | 25 | 使用命令查看路由表，5 分<br>分析路由表信息含义，10 分<br>在设备中进行连通性测试，10 分 | |
| 职业素养 | 任务单填写齐全、整洁、无误 | 15 | 任务单填写齐全、工整，5 分<br>任务单填写无误，10 分 | |

## 五、相关知识

### 路由跟踪

Tracert（跟踪路由）是路由跟踪实用程序，用于确定 IP 数据包访问目标所采取的路径。Tracert 命令使用 IP 生存时间（TTL）字段和 ICMP 错误消息来确定从一个主机到网络上其他主机的路由。

该诊断实用程序将包含不同生存时间（TTL）值的 Internet 控制消息协议（ICMP）回显数据包发送到目标，以决定到达目标所采用的路由。数据包每经过一个路径上的路由器，TTL 都会减 1，所以 TTL 是有效的跃点计数。数据包上的 TTL 到达 0 时，路由器应该将“ICMP 已超时”的消息发送回源系统。Tracert 先发送 TTL 为 1 的回显数据包，并在随后的每次发送过程中将 TTL 递增 1，直到目标响应或 TTL 达到最大值，从而确定路由。路由通过检查中级路由器发送回的“ICMP 已超时”的消息来确定路由。不过，有些路由器悄悄地下传包含过期 TTL 值的数据包，而 Tracert 看不到。

```
tracert[ -d][ -h maximum_hops][ -j computer -list][ -w timeout]target_name
```

## 六、课后练习

1. 当外发接口不可用时，路由表中的静态路由条目的变化为（　　）。

A. 该路由将从路由表中删除

B. 路由器将轮询邻居，以查找替用路由

C. 该路由将保持在路由表中，因为它是静态路由

D. 路由器将重定向该静态路由，以补偿下一跳设备的缺失

2. 以下有关静态路由的叙述中，错误的是（　　）。

A. 静态路由不能动态反映网络拓扑结构

B. 静态路由不仅会占用路由器的 CPU 和 RAM，而且大量占用线路的带宽

C. 如果出于安全的考虑，想隐藏网络的某些部分，可以使用静态路由

D. 在一个小而简单的网络中，常使用静态路由，因为配置静态路由更为简捷

3. 静态路由的优点不包括（　　）。

A. 管理简单

B. 自动更新路由

C. 提高网络安全性

D. 节省宽带

4. 以下命令能显示管理距离的有（　　）。

A. R1# show interface　　B. R1# show ip route

C. R1# show ip interface　　D. R1# debug ip routing

## ——项目小结——

本项目重点介绍了静态路由、特殊的静态路由（缺省路由）的概念和配置。静态路由需要管理员手工指定，缺省路由的格式比较特殊，其目的网段和掩码都为 0. 0. 0. 0。缺省路由一般配置在企业网出口设备上，它可以匹配任何一个网段的路由。但是不管是静态路由还是缺省路由，都不适用于大型网络。大型网络由于结构比较庞大，网络管理员在管理时十分复杂。此外，如果网络拓扑结构发生了变化，维护工作也会变得十分复杂，并且容易产生错误。

## ——项目实践——

使用真实设备完成图 1 – 25 所示的拓扑图配置。

配置要求：

1. 绘制拓扑图，按照图标所示正确连接各个设备。

2. 在所有的路由器上添加静态路由，实现主机 PC0、PC1 和 PC2 之间的互通。

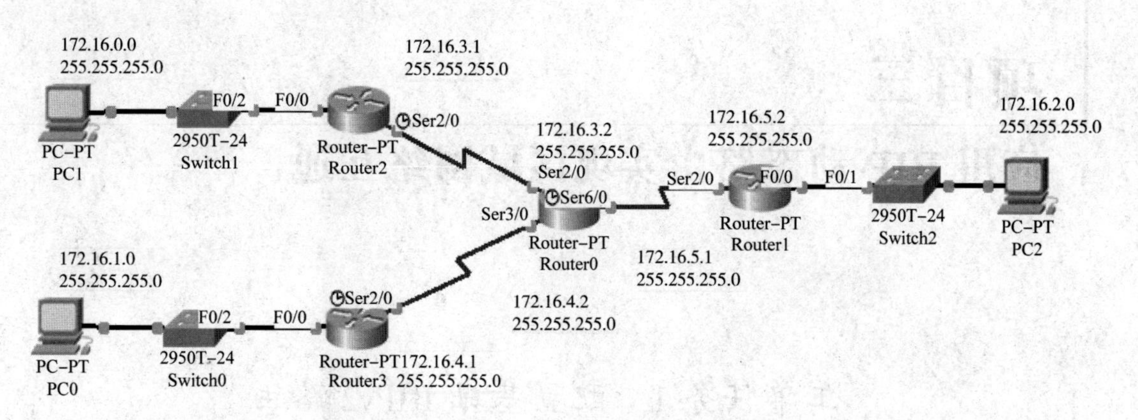
172.16.0.0
255.255.255.0
172.16.3.1
255.255.255.0
172.16.2.0
255.255.255.0
F0/2
F0/0
Ser2/0
PC-PT
PC1
2950T-24
Switch1
Router-PT
Router2
172.16.3.2
255.255.255.0
Ser2/0
Ser6/0
Ser3/0
Router-PT
Router0
172.16.5.2
255.255.255.0
Ser2/0
F0/0
F0/1
Router-PT
Router1
2950T-24
Switch2
PC-PT
PC2
172.16.5.1
255.255.255.0
172.16.1.0
255.255.255.0
Ser2/0
F0/2
F0/0
PC-PT
PC0
2950T-24
Switch0
Router-PT172.16.4.1
Router3 255.255.255.0
172.16.4.2
255.255.255.0

图 1－25　拓扑图

# 项目三

## 应用 RIP 动态路由实现区域网络互通

### 工单任务 1　配置基础 RIPv2 路由

#### 一、工作准备

**【想一想】**

什么是 RIP 动态路由？它与静态路由相比，有哪些好处？

**【写一写】**

1. 写出 RIP 路由配置的命令。

Router（config）#________________　　#创建 RIP 路由进程

Router（config－router）#______________　#配置 RIP 的版本号为 2

Router（config－router）#______________　#定义与发布直连网段进 RIP 路由协议进程

Router（config－router）#______________　#关闭 RIP 路由自动汇总

2. 根据图 1－26 写出 RA 和 RB 路由器的直连网段地址：

RA：________________________

RB：________________________

#### 二、任务描述

**【任务场景】**

在 RA、RB 与 RC 路由器上配置 RIPv2 动态路由，实现全网通，如图 1－26 所示。

**【施工拓扑】**

施工拓扑图如图 1－26 所示。

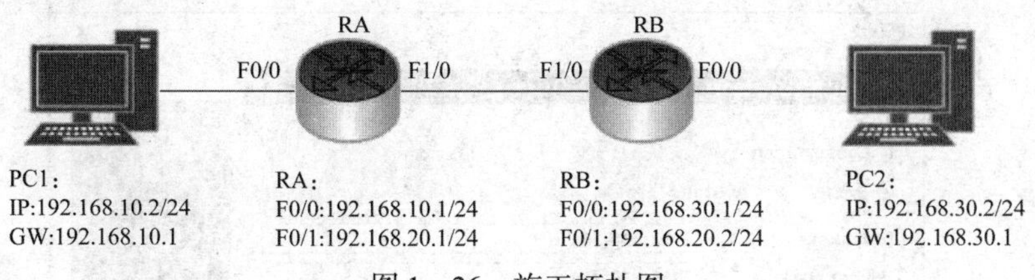


图 1-26 施工拓扑图

【设备环境】

本实验采用 Packet Tracert 进行实验，使用路由器型号为 Router-PT，数量为2台，计算机2台。

## 三、任务实施

①使用 Packet Tracert 搭建好拓扑图，使用路由器的型号为 Router-PT。

②根据拓扑要求配置主机 PC1 和 PC2 的 IP 地址，如图 1-27 和图 1-28 所示。

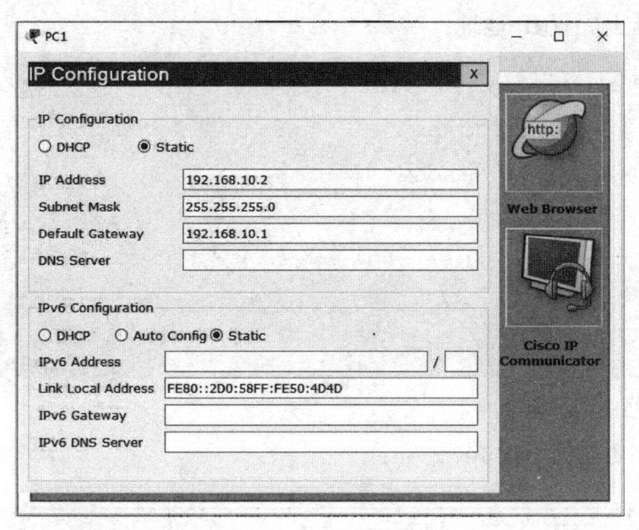


图 1-27 PC1 配置信息

③路由器的端口基本配置。

在 RA 路由器上配置 IP 地址：

```
RA(config)#interface fastEthernet 0/0
RA(config-if)#ip address 192.168.10.1 255.255.255.0
RA(config-if)#no shutdown
RA(config-if)#exit
RA(config)#interface fastEthernet 1/0
RA(config-if)#ip address 192.168.20.1 255.255.255.0
RA(config-if)#no shutdown
```

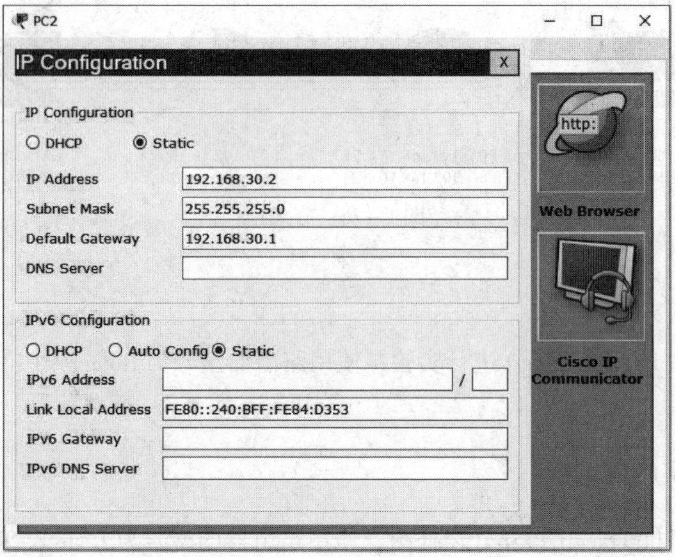

图 1－28　PC2 配置信息

在 RB 路由器上配置 IP 地址：

```
RB(config)#interface fastEthernet 0/0
RB(config-if)#ip address 192.168.30.1 255.255.255.0
RB(config-if)#no shutdown
RB(config-if)#exit
RB(config)#interface fastEthernet 1/0
RB(config-if)#ip address 192.168.20.2 255.255.255.0
RB(config-if)#no shutdown
```

④配置 RIP 路由。

在 RA 路由器上配置 RIP 路由：

```
RA(config)#______________                  #进入 RIP 路由进程
RA(config-router)#______________           #设置 RIP 路由版本号为 2
RA(config-router)#no auto-summary
RA(config-router)#network 192.168.10.0
RA(config-router)#network 192.168.20.0
```

在 RB 路由器上配置 RIP 路由：

```
RB(config)#router rip
RB(config-router)#version 2
RB(config-router)#______________             #关闭 RIP 路由自动汇总
RB(config-router)#______________             #宣告直连网段地址
RB(config-router)#______________
```

⑤验证。

查看 RA 的路由表：

```
RA#show ip rou
Codes:C - connected,S - static,I - IGRP,R - RIP,M - mobile,B - BGP
   D - EIGRP,EX - EIGRP external,O - OSPF,IA - OSPF inter area
   N1 - OSPF NSSA external type 1,N2 - OSPF NSSA external type 2
   E1 - OSPF external type 1,E2 - OSPF external type 2,E - EGP
   i - IS - IS,L1 - IS - IS level -1,L2 - IS - IS level -2,ia - IS - IS inter area
   * - candidate default,U - per - user static route,o - ODR
   P - periodic downloaded static route

Gateway of last resort is not set

C    192.168.10.0/24 is directly connected,FastEthernet0/0
C    192.168.20.0/24 is directly connected,FastEthernet1/0
R    192.168.30.0/24[120/1]via 192.168.20.2,00:00:14,FastEthernet1/0
```

从 RA 路由器的路由表输出结果可以看到，192. 168. 10. 0 和 192. 168. 20. 0 网段是 RA 的直连路由，192. 168. 30. 0 这条路由是通过 RIP 路由协议获取的，前面的标识为“R”。

连通性测试：

```
RA#ping 192.168.10.2
Type escape sequence to abort.
Sending 5,100 - byte ICMP Echos to 192.168.10.2,timeout is 2 seconds:
!!!!!
Success rate is 100 percent(5/5),round - trip min/avg/max = 0/0/0 ms

RA#ping 192.168.20.2
Type escape sequence to abort.
Sending 5,100 - byte ICMP Echos to 192.168.20.2,timeout is 2 seconds:
!!!!!
Success rate is 80 percent(4/5),round - trip min/avg/max = 0/0/0 ms

RA#ping 192.168.30.2
Type escape sequence to abort.
Sending 5,100 - byte ICMP Echos to 192.168.30.2,timeout is 2 seconds:
!!!!!
Success rate is 100 percent(5/5),round - trip min/avg/max = 0/0/0 ms
```

从测试结果来看，所有的节点都已经可以 ping 通，说明 RA、RB、RC 路由器通过

RIPv2 路由协议实现了全网通。

## 四、任务评价

| 评价项目 | 评价内容 | 参考分 | 评价标准 | 得分 |
| --- | --- | --- | --- | --- |
| 拓扑图绘制 | 选择正确的连接线<br>选择正确的端口 | 15 | 选择正确的连接线，5 分<br>选择正确的端口，10 分 | |
| IP 地址设置 | 正确配置路由器端口地址<br>正确开启路由器端口 | 15 | 正确配置各路由器端口地址，10 分<br>使用命令开启路由器端口，5 分 | |
| 路由器命令配置 | 正确配置路由器设备名称<br>正确配置 RIP 路由 | 25 | 配置路由器设备名称，5 分<br>在各路由器上正确配置 RIP 路由，20 分 | |
| 验证测试 | 会查看路由表<br>能读懂路由表信息<br>会进行连通性测试 | 25 | 使用命令查看路由表，5 分<br>分析路由表信息含义，10 分<br>在设备中进行连通性测试，10 分 | |
| 职业素养 | 任务单填写齐全、整洁、无误 | 20 | 任务单填写齐全、工整，10 分<br>任务单填写无误，10 分 | |

## 五、相关知识

1. RIP 路由协议介绍

RIP（Routing Information Protocols，路由信息协议）是使用最广泛的距离向量协议，它是由施乐（Xerox）在 20 世纪 70 年代开发的。当时，RIP 是 XNS（Xerox Network Service，施乐网络）协议簇的一部分。TCP/IP 版本的 RIP 是施乐协议的改进版。RIP 最大的特点是，无论实现原理还是配置方法，都非常简单。

2. RIP 路由算法介绍

RIP 是一种基于距离矢量算法的协议，它使用数据包转发的跳数来衡量到达目标网络的距离，路由器转发至目标网络所经过的路由器就称为跳数。以路由器为基本概念时，不再说主机向另一个主机进行通信，而是主机所在网络与目标主机所在网络进行通信。RIP 协议支持最大的跳数为 15。

3. 度量方法

RIP 的度量是基于跳数（hopscount）的，每经过一台路由器，路径的跳数加一。这样，跳数越多，路径就越长，RIP 算法会优先选择跳数少的路径。RIP 支持的最大跳数是 15，跳数为 16 的网络被认为不可达。

4. 路由更新

RIP 中路由的更新是通过定时广播实现的。缺省情况下，路由器每隔 30 s 向与它相连的网络广播自己的路由表，接到广播的路由器将收到的信息添加至自身的路由表中。每个路由

器都如此广播，最终网络上所有的路由器都会得知全部的路由信息。正常情况下，每 30 s 路由器就可以收到一次路由信息确认，如果经过 180 s，即 6 个更新周期，一个路由项都没有得到确认，那么路由器就认为它已失效了。如果经过 240 s，即 8 个更新周期，路由项仍没有得到确认，它就被从路由表中删除。上面的 30 s、180 s 和 240 s 的延时都是由计时器控制的，它们分别是更新计时器（UpdateTimer）、无效计时器（InvalidTimer）和刷新计时器（FlushTimer）。

5. 路由循环

距离向量类的算法容易产生路由循环，RIP 是距离向量算法的一种，所以它也不例外。如果网络上有路由循环，信息就会循环传递，永远不能到达目的地。为了避免这个问题，RIP 等距离向量算法实现了下面 4 个机制。

（1）水平分割（splithorizon）

水平分割保证路由器记住每一条路由信息的来源，并且不在收到这条信息的端口上再次发送它。这是保证不产生路由循环的最基本措施。

（2）毒性逆转（poisonreverse）

当一条路径信息变为无效之后，路由器并不立即将它从路由表中删除，而是用 16，即不可达的度量值将它广播出去。这样虽然增加了路由表的大小，但对消除路由循环很有帮助，它可以立即清除相邻路由器之间的任何环路。

（3）触发更新（triggerupdate）

当路由表发生变化时，更新报文立即广播给相邻的所有路由器，而不是等待 30 s 的更新周期。同样，当一个路由器刚启动 RIP 时，它广播请求报文。收到此广播的相邻路由器立即应答一个更新报文，而不必等到下一个更新周期。这样，网络拓扑的变化会最快地在网络上传播开，减少了路由循环产生的可能性。

（4）抑制计时（holddowntimer）

一条路由信息无效之后，一段时间内这条路由都处于抑制状态，即在一定时间内不再接收关于同一目的地址的路由更新。如果路由器从一个网段上得知一条路径失效，然后立即在另一个网段上得知这个路由有效，那么这个有效的信息往往是不正确的，抑制计时避免了这个问题，而且，当一条链路频繁起停时，抑制计时减少了路由的浮动，增加了网络的稳定性。

6. 邻居

有些网络是 NBMA（Non - Broadcast Multi Access，非广播多路访问）的，即网络上不允许广播传送数据。对于这种网络，RIP 就不能依赖广播传递路由表了。解决方法有很多，最简单的是指定邻居（neighbor），即指定将路由表发送给某一台特定的路由器。

7. RIP 版本介绍

（1）RIPV1

分类路由，每 30 s 发送一次更新分组，分组中不包含子网掩码信息，不支持 VLSM，默认进行边界自动路由汇总，且不可关闭，所以该路由不能支持非连续网络，不支持身份验证。使用跳数作为度量，管理距离120，每个分组中最多只能包含25个路由信息，使用广播进行路由更新。

（2）RIPv2

无类路由，每30 s发送一次更新分组，发送分组中含有子网掩码信息，支持VLSM，默认该协议开启了自动汇总功能，所以如需向不同主类网络发送子网信息，需要手工关闭自动汇总功能（no auto - summary），RIPv2只支持将路由汇总至主类网络，无法将不同主类网络汇总，所以不支持CIDR。使用多播224.0.0.9进行路由更新，支持身份验证。RIPv1和RIPv2的主要区别：

①RIPv1是有类路由协议，RIPv2是无类路由协议。

②RIPv1不能支持VLSM，RIPv2可以支持VLSM。

③RIPv1在主网络边界不能关闭自动汇总（没有手工汇总的功能），RIPv2可以在关闭自动汇总的前提下，进行手工汇总（v1不支持主网络被分割，v2支持主网络被分割）。

④RIPv1没有认证的功能，RIPv2可以支持认证，并且有明文和MD5两种认证。

⑤RIPv1是广播更新，RIPv2是组播更新。

8. RIP的缺陷

RIP虽然简单易行，并且久经考验，但是也存在着一些很重要的缺陷，主要有以下几点：

①过于简单，以跳数为依据计算度量值，经常得出非最优路由；

②度量值以16为限，不适合大的网络；

③安全性差，接受来自任何设备的路由更新；

④不支持无类IP地址和VLSM（Variable Length Subnet Mask，变长子网掩码）；

⑤收敛缓慢，时间经常大于5 min；

⑥消耗带宽很大。

9. RIP路由配置

在配置路由协议时，如果不配置路由协议的版本，则路由器会默认发送版本1的消息。在配置RIP路由时，需要将直连网段发布进RIP路由协议。

```
Router(config)#router rip                            #创建RIP路由进程
Router(config - router)#version{1 |2}                #配置RIP的版本号
Router(config - router)#network network - number     #定义与发布直连网段进RIP
                                                     路由协议进程
Router(config - router)#no auto - summary            #关闭RIP理由自动汇总
```

## 六、课后练习

1. 以下论述中最能够说明RIPv1是一种有类别（classful）路由选择协议的是（　　）。

A. RIPv1不能在路由选择刷新报文中携带子网掩码（subnet mask）信息

B. RIPv1 衡量路由优劣的度量值是跳数的多少

C. RIPv1 协议规定运行该协议的路由器每隔 30 s 向所有直接相连的邻居广播发送一次路由表刷新报文

D. RIPv1 的路由信息报文是 UDP 报文

2. 在 RIP 协议中，当路由项在（　　）秒内没有任何更新时，定时器超时，该路由项的度量值便为不可达。

A. 30　　B. 60　　C. 120　　D. 180

3. 在距离矢量路由协议中，老化机制作用于（　　）。

A. 直接相邻的路由器的路由信息　　B. 所有路由器的路由信息

C. 优先级低的路由器的路由信息　　D. 优先级高的路由器的路由信息

4. “毒性逆转”是指（　　）。

A. 改变路由更新的时间的报文　　B. 一种路由器运行错误报文

C. 防止路由环的措施　　D. 更改路由器优先级的协议

5. 在 RIP 协议中，计算 metric 值的参数是（　　）。

A. 路由跳数　　B. 带宽　　C. 时延　　D. MTU

## 工单任务 2　RIPv2 路由汇总

### 一、工作准备

**【想一想】**

为什么要进行路由汇总？路由汇总的基本原理是什么？

**【写一写】**

开启 Router 的自动汇总的命令：

```
RA(config)#______________________
RA(config-router)#______________________
```

### 二、任务描述

**【任务场景】**

在 RA、RB 和 RC 上配置 RIPv2 动态路由，实现全网互通。其中在 RA 上分别关闭和开启自动路由汇总功能，观察 RB 路由表的变化情况，如图 1－29 所示。

【施工拓扑】

施工拓扑图如图 1－29 所示。

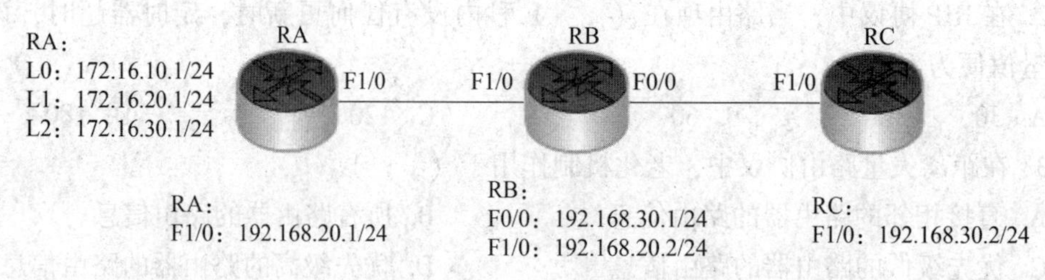


图 1－29 施工拓扑图

【设备环境】

本实验采用 Packet Tracert 进行实验，使用路由器型号为 Router－PT，数量为 3 台。

## 三、任务实施

1. 配置路由器各接口 IP 地址

（1）在 RA 路由器上配置 IP 地址

```
RA(config)#interface fastEthernet 1/0
RA(config-if)#ip address 192.168.20.1 255.255.255.0
RA(config-if)#no shutdown
RA(config)#interface loopback 0
RA(config-if)#ip address 172.16.10.1 255.255.255.0
RA(config)#interface loopback 1
RA(config-if)#ip address 172.16.20.1 255.255.255.0
RA(config)#interface loopback 2
RA(config-if)#ip address 172.16.30.1 255.255.255.0
```

（2）在 RB 路由器上配置 IP 地址

```
RB(config)#interface fastEthernet 1/0
RB(config-if)#ip address 192.168.20.2 255.255.255.0
RB(config-if)#no shutdown
RB(config)#interface fastEthernet 0/0
RB(config-if)#ip address 192.168.30.1 255.255.255.0
RB(config-if)#no shutdown
```

（3）在 RC 路由器上配置 IP 地址

```
RC(config)#interface fastEthernet 1/0
RC(config-if)#ip address 192.168.30.2 255.255.255.0
RC(config-if)#no shutdown
```

2. 配置 RIP 路由

(1) 在 RA 路由器上配置 RIP 路由

```
RA(config)#router rip
RA(config-router)#version 2
RA(config-router)#______________          #关闭路由汇总
RA(config-router)#network 192.168.20.0
RA(config-router)#network 172.16.0.0      #RIP 直接发布主类网络
```

(2) 在 RB 路由器上配置 RIP 路由

```
RB(config)#router rip
RB(config-router)#version 2
RB(config-router)#no auto-summary
RB(config-router)#______________               #宣告直连路由
RB(config-router)#______________
```

(3) 在 RC 路由器上配置 RIP 路由

```
RC(config)#router rip
RC(config-router)#version 2
RC(config-router)#no auto-summary
RC(config-router)#network 192.168.30.0
```

3. 验证配置

(1) 查看 RB 的路由表

```
RB#show ip rou
Codes:C - connected,S - static,I - IGRP,R - RIP,M - mobile,B - BGP
    D - EIGRP,EX - EIGRP external,O - OSPF,IA - OSPF inter area
    N1 - OSPF NSSA external type 1,N2 - OSPF NSSA external type 2
    E1 - OSPF external type 1,E2 - OSPF external type 2,E - EGP
    i - IS-IS,L1 - IS-IS level-1,L2 - IS-IS level-2,ia - IS-IS inter area
    * - candidate default,U - per-user static route,o - ODR
    P - periodic downloaded static route
Gateway of last resort is not set
```

```
    172.16.0.0/24 is subnetted,3 subnets
R     172.16.10.0[120/1]via 192.168.20.1,00:00:05,FastEthernet1/0
R     172.16.20.0[120/1]via 192.168.20.1,00:00:05,FastEthernet1/0
R     172.16.30.0[120/1]via 192.168.20.1,00:00:05,FastEthernet1/0
C   192.168.20.0/24 is directly connected,FastEthernet1/0
C   192.168.30.0/24 is directly connected,FastEthernet0/0
```

从RB看从RA学到三条RIP路由，在RA上关闭自动聚合情况下，显示的是172.16.10.0、172.16.20.0、172.16.30.0，三条明细路由。

（2）开启RA的自动聚合

```
    RA(config)#router rip
    RA(config-router)#auto-summary          #开启RA自动汇总
```

（3）再次观察RB的路由表

```
RB#show ip rou
Codes:C-connected,S-static,I-IGRP,R-RIP,M-mobile,B-BGP
      D-EIGRP,EX-EIGRP external,O-OSPF,IA-OSPF inter area
      N1-OSPF NSSA external type 1,N2-OSPF NSSA external type 2
      E1-OSPF external type 1,E2-OSPF external type 2,E-EGP
      i-IS-IS,L1-IS-IS level-1,L2-IS-IS level-2,ia-IS-IS inter area
      *-candidate default,U-per-user static route,o-ODR
      P-periodic downloaded static route
Gateway of last resort is not set
R     172.16.0.0/16[120/1]via 192.168.20.1,00:00:01,FastEthernet1/0
C     192.168.20.0/24 is directly connected,FastEthernet1/0
C     192.168.30.0/24 is directly connected,FastEthernet0/0
```

从RB的路由表可以看到，在开启自动汇总之后，从RA学习到的三条路由172.16.10.0、172.16.20.0、172.16.30.0变成了一条汇聚路由172.16.0.0/16。

4. 手动路由汇总验证

①在验证配置过程中，关闭RA的自动汇总，在接口上开启手动汇总。

```
    RA(config)#router rip
    RA(config-router)#no auto-summary
    RA(config-router)#exit
    RA(config)#interface fastEthernet 1/0
    RA(config-if)#ip summary-address rip 172.16.0.0 255.255.0.0
```

②再次观察 RB 的路由表，写出 RB 路由器上包括了哪几条路由表：

## 四、任务评价

| 评价项目 | 评价内容 | 参考分 | 评价标准 | 得分 |
|---|---|---|---|---|
| 拓扑图绘制 | 选择正确的连接线<br>选择正确的端口 | 10 | 选择正确的连接线，5 分<br>选择正确的端口，5 分 | |
| IP 地址设置 | 正确配置路由器端口地址<br>正确开启路由器端口 | 15 | 正确配置各路由器端口地址，10 分<br>使用命令开启路由器端口，5 分 | |
| 路由器命令配置 | 正确配置路由器设备名称<br>正确配置 RIP 路由<br>正确配置自动汇总<br>正确配置手动汇总 | 35 | 配置路由器设备名称，5 分<br>在各路由器上正确配置 RIP 路由：10 分<br>正确配置自动汇总，10 分<br>正确配置手动汇总，10 分 | |
| 验证测试 | 会查看路由表<br>能读懂路由表信息<br>会进行连通性测试 | 20 | 使用命令查看路由表，5 分<br>分析路由表信息含义，10 分<br>在设备中进行连通性测试，5 分 | |
| 职业素养 | 任务单填写齐全、整洁、无误 | 20 | 任务单填写齐全、工整，10 分<br>任务单填写无误，10 分 | |

## 五、相关知识

### 1. RIP 路由协议计时器

RIP 一共有 4 种计时器，分别为更新计时器、无效计时器、垃圾计时器、抑制计时器。

更新计时器：RIP 在开启了 RIP 协议的接口是每隔 30 s 发一次更新的，即响应消息。除了那些被水平分割抑制的接口。此更新消息包含我整张路由表信息。但实际上，为了防止更新时的同步，周期性更新时设定了一个随机变量，这随机变量一般是更新时间的 15%，这样实际的更新时间大概是在 25.5 ~ 30 s 之间。当收到更新时，更新计时器会重新计时 180 s。

无效计时器：是说当有一个条目在无效计时时间 180 s 内，即六个更新周期内还没有收到更新，就会标记此路由不可达。

垃圾计时器：刚才说超过无效计时器时间的条目会被标为不可达，但是并没有删除，但是如果超过垃圾计时器的时间，一般设置比无效计时器长 60 s，为 240 s，则会刷新掉此条目。

抑制计时器：默认 180 s，如果 180 s 内没有收到相关新的更新，还是收到这个条目，则更新。并且在抑制期间，这个条目变成不可达，标记为 possible down。

另外，RIP 还支持触发更新。触发更新，只有路由发生了变化才会产生（passive 接口除外），并且不会引起路由重置更新计时器。

2. 路由汇总

路由汇总主要包括自动汇总和手动汇总两种方式，它是把一组路由汇聚为一个单个的路由广播。路由汇聚的最终结果和最明显的好处是缩小网络上的路由表的尺寸。

路由汇总减少了与每一个路由跳有关的延迟，因为由于减少了路由登录项数量，查询路由表的平均时间将加快。由于路由登录项广播的数量减少，路由协议的开销也将显著减少。随着整个网络（以及子网的数量）的扩大，路由汇总将变得更加重要。除了缩小路由表的尺寸之外，路由汇总还能通过在网络连接断开之后限制路由通信的传播来提高网络的稳定性。

假设路由表中存储了如下网络：

172.16.12.0/24

172.16.13.0/24

172.16.14.0/24

172.16.15.0/24

要计算路由器的汇总路由，需判断这些地址最左边的多少位相同的。计算汇总路由的步骤如下。

第一步：将地址转换为二进制格式，并将它们对齐。

第二步：找到所有地址中都相同的最后一位。在它后面划一条竖线可能会有所帮助。

第三步：计算有多少位是相同的。汇总路由为第 1 个 IP 地址加上斜线可能会有所帮助。

172.16.12.0/24 = 172.16.000011 00.00000000

172.16.13.0/24 = 172.16.000011 01.00000000

172.16.14.0/24 = 172.16.000011 10.00000000

172.16.15.0/24 = 172.16.000011 11.00000000

172.16.15.255/24 = 172.16.000011 11.11111111

IP 地址 172.16.12.0 ~ 172.16.15.255 的前 22 位相同，因此最佳的汇总路由为 172.16.12.0/22。

3. 开启 Router 的自动汇总的命令

```
RA(config)#router rip
RA(config-router)#auto-summary
```

## 六、课后练习

1. 路由表中的每一路由项都对应一老化定时器，当路由项在（　　）秒内没有任何更新时，定时器超时，该路由项的度量值变为不可达。

A. 30　　B. 60　　C. 120　　D. 180

2. RIPv2 的多播方式以多播地址（　　）周期发布 RIPv2 报文。

A. 224.0.0.0　　B. 224.0.0.9　　C. 127.0.0.1　　D. 220.0.0.8

3. 在 RIP 的 MD5 认证报文中，经过加密的密钥放在（　　）。

A. 报文的第一个表项中　　B. 报文的最后一个表项中

C. 报文的第二个表项中　　D. 报文头里

4. 以下关于距离矢量路由协议描述中错误的是（　　）。

A. 简单，易管理　　B. 收敛速度快

C. 报文量大　　D. 为避免路由环做特殊处理

5. RIP 是在（　　）之上的一种路由协议。

A. Ethernet　　B. IP　　C. TCP　　D. UDP

# 工单任务 3　RIPv2 路由选择

## 一、工作准备

**【认一认】**

在路由表中，字符“C、S、R、O”分别代表哪种类型的路由？

## 二、任务描述

**【任务场景】**

在 RA、RB、RC 上配置 RIP 路由协议，由于 RIP 本身的算法机制，RA 到 RC 的回环口 192.168.40.0/24 网段走的不是最优路径，现在我们需要通过手动调整，让路由选择最佳路径到目的地，如图 1－30 所示。

**【施工拓扑】**

施工拓扑图如图 1－30 所示。

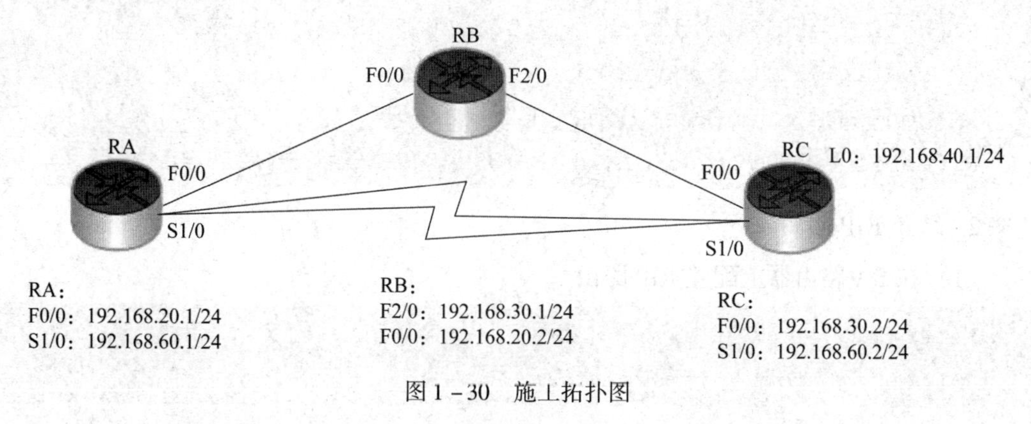


图 1－30　施工拓扑图

【设备环境】

本实验采用GNS3或真实设备进行实验，如使用GNS3进行实验，路由器的IOS编号为c3640，数量为3台。

## 三、任务实施

### 1. 配置路由器各接口IP地址

（1）在RA路由器上配置IP地址

```
RA(config)#interface fastEthernet 0/0
RA(config-if)#ip address 192.168.20.1 255.255.255.0
RA(config-if)#no shutdown
RA(config)#interface serial 1/0
RA(config-if)#ip address 192.168.60.1 255.255.255.0
RA(config-if)#no shutdown
```

（2）在RB路由器上配置IP地址

```
RB(config)#interface fastEthernet 0/0
RB(config-if)#ip address 192.168.20.2 255.255.255.0
RB(config-if)#no shutdown
RB(config)#interface fastEthernet 2/0
RB(config-if)#ip address 192.168.30.1 255.255.255.0
RB(config-if)#no shutdown
```

（3）在RC路由器上配置IP地址

```
RC(config)#interface fastEthernet 0/0
RC(config-if)#ip address 192.168.30.2 255.255.255.0
RC(config-if)#no shutdown
RC(config)#interfaceserial 1/0
RC(config-if)#ip address 192.168.60.2 255.255.255.0
RC(config-if)#no shutdown
RC(config)#interface loopback 1
RC(config-if)#ip address 192.168.40.1 255.255.255.0
```

### 2. 配置RIP路由

（1）在RA路由器上配置RIP路由

```
RA(config)#router rip
RA(config-router)#version 2
```

```
RA(config-router)#no auto-summary
RA(config-router)#network 192.168.20.0
RA(config-router)#network 192.168.60.0
```

（2）在 RB 路由器上配置 RIP 路由

```
RB(config)#router rip
RB(config-router)#version 2
RB(config-router)#no auto-summary
RB(config-router)#network 192.168.20.0
RB(config-router)#network 192.168.30.0
```

（3）在 RC 路由器上配置 RIP 路由

```
RC(config)#router rip
RC(config-router)#version 2
RC(config-router)#no auto-summary
RC(config-router)#network 192.168.60.0
RC(config-router)#network 192.168.40.0
```

3. 验证配置

（1）查看 RA 的路由表

```
RA#show ip rou
Codes:C-connected,S-static,R-RIP,M-mobile,B-BGP
     D-EIGRP,EX-EIGRP external,O-OSPF,IA-OSPF inter area
     N1-OSPF NSSA external type 1,N2-OSPF NSSA external type 2
     E1-OSPF external type 1,E2-OSPF external type 2
     i-IS-IS,su-IS-IS summary,L1-IS-IS level-1,L2-IS-IS level-2
     ia-IS-IS inter area,*-candidate default,U-per-user static route
     o-ODR,P-periodic downloaded static route
Gateway of last resort is not set
R    192.168.30.0/24[120/1]via 192.168.60.2,00:00:09,Serial1/0
                    [120/1]via 192.168.20.2,00:00:07,FastEthernet0/0
C    192.168.60.0/24 is directly connected,Serial1/0
R    192.168.40.0/24[120/1]via 192.168.60.2,00:00:09,Serial1/0
C    192.168.20.0/24 is directly connected,FastEthernet0/0
```

通过观察 RA 的路由表发现，RA 到 192.168.40.0 网段走的路由是________。

（2）使用 offset-ist 修改链路跳数

```
    RA(config)#access-list 1 permit 192.168.40.0 0.0.0.255
#创建一张名称为1的标准ACL列表,用来抓取感兴趣的流量192.168.40.0
    RA(config)#router rip
    RA(config-router)#offset-list 1 in 3 Serial1/0
```

（3）再次查看RA的路由表并比较不同

```
RA#show ip rou
Codes:C-connected,S-static,R-RIP,M-mobile,B-BGP
      D-EIGRP,EX-EIGRP external,O-OSPF,IA-OSPF inter area
      N1-OSPF NSSA external type 1,N2-OSPF NSSA external type 2
      E1-OSPF external type 1,E2-OSPF external type 2
      i-IS-IS,su-IS-IS summary,L1-IS-IS level-1,L2-IS-IS level-2
      ia-IS-IS inter area,*-candidate default,U-per-user static route
      o-ODR,P-periodic downloaded static route
Gateway of last resort is not set
R    192.168.30.0/24[120/1]via 192.168.60.2,00:00:17,Serial1/0
                    [120/1]via 192.168.20.2,00:00:22,FastEthernet0/0
C    192.168.60.0/24 is directly connected,Serial1/0
R    192.168.40.0/24[120/2]via 192.168.20.2,00:00:22,FastEthernet0/0
C    192.168.20.0/24 is directly connected,FastEthernet0/0
```

再次观察RA的路由表，发现到192.168.40.0的路由，RA走的路由是＿＿＿＿＿＿。

## 四、任务评价

| 评价项目 | 评价内容 | 参考分 | 评价标准 | 得分 |
| --- | --- | --- | --- | --- |
| 拓扑图绘制 | 选择正确的连接线<br>选择正确的端口 | 15 | 选择正确的连接线，5分<br>选择正确的端口，10分 | |
| IP地址设置 | 正确配置路由器端口地址<br>正确开启路由器端口 | 15 | 正确配置各路由器端口地址，10分<br>使用命令开启路由器端口，5分 | |
| 路由器命令配置 | 正确配置路由器设备名称<br>正确配置RIP路由<br>正确修改链路跳数 | 30 | 配置路由器设备名称，10分<br>在各路由器上正确配置RIP路由，10分<br>使用offset-ist修改链路跳数，10分 | |
| 验证测试 | 会查看路由表<br>能读懂路由表信息<br>会进行连通性测试 | 20 | 使用命令查看路由表，5分<br>分析路由表信息含义，10分<br>在设备中进行连通性测试，5分 | |
| 职业素养 | 任务单填写齐全、整洁、无误 | 20 | 任务单填写齐全、工整，10分<br>任务单填写无误，10分 | |

## 五、相关知识

1. 在 Packet Tracert 中为路由器增删模块

在 Packet Tracert 中使用路由器时，默认情况下只有两个以太网端口可以使用，但有时会用到更多的端口，在 Packet Tracert 中为路由器增删模块的方法如下：

①打开路由器，在“Physical”选项卡下找到物理电源开关，先将电源关闭，如图 1－31 所示。

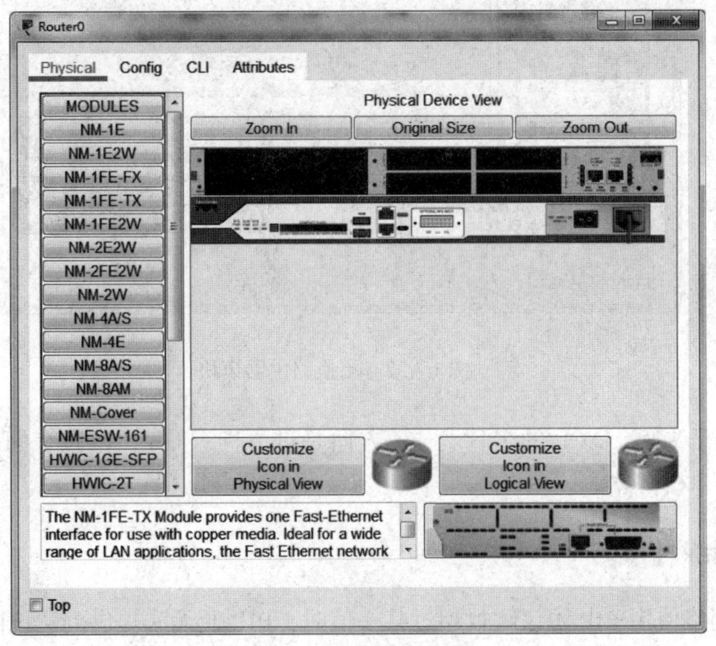


图 1－31　路由器物理模块

②在左侧选择需要的模块，如选择“NM－1FE－TX”（以太网模块），将其拖动到物理设备区，再次打开电源即可，如图 1－32 所示。

③要更换其他模块时，也要先关闭电源，再将欲更换的模块移除。本任务中用到串行接口模块，可以选择“NM－4A/S”类型模块进行安装。在选择传输介质时，可以选用 Serial DTE 或者 Serial DCE 类型的连接线，与路由器的 Serial 端口进行连接即可。

2. 使用 offset－ist 修改链路跳数

```
RA(config)#access－list 1 permit 192.168.40.0 0.0.0.255
#创建一张名称为 1 的标准 ACL 列表,用来抓取感兴趣的流量 192.168.40.0
RA(config)#router rip
RA(config－router)#offset－list 1 in 3 Serial1/0
```

使用 offset－list 来控制最优路径，格式为：

```
offsct  list acl 名称 方向(in|out)增加的跳数 增加跳数的链路
```

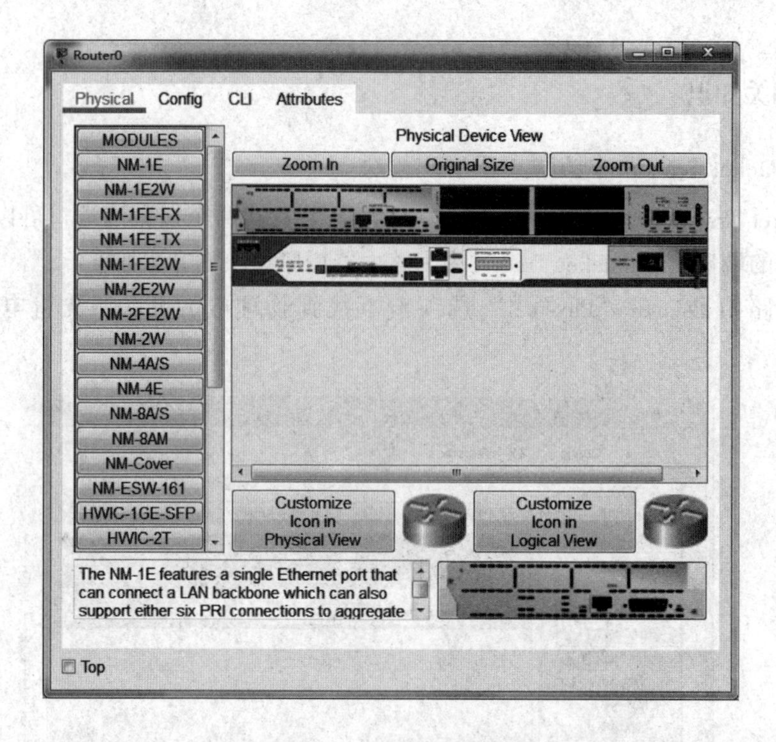


图 1－32　更换路由器模块

以这个例子为例，ACL 的名称为 1，方向是进方向（in），在原有的跳数上增加 3 跳，增加的链路为串口链路。

## 六、课后练习

1. 某一网络使用 RIP 协议跳数超过某一值时，RIP 便无法提供到达该网络的路由，这一跳数是（　　）。

A. 12　　B. 13

C. 14　　D. 15

2. 下列不是距离矢量路由协议的缺点的是（　　）。

A. 实施和维护简单　　B. 收敛速度慢

C. 可扩展性有限　　D. 路由环路

3. 距离矢量路由协议的优点是（　　）。

A. 距离矢量的实施和维护相对较简单　　B. 距离矢量的收敛速度快

C. 距离矢量可扩展性大　　D. 距离矢量不要使用 VLSM

4. 下列有关距离矢量路由协议的描述正确的是（　　）。

A. 所有距离矢量路由协议都定期发送更新

B. 距离矢量路由协议比链路状态路由协议占用更多的内存和带宽

C. 水平分割可以防止将信息从接收信息的接口发出去

D. 思科 IOS 使用带宽作为开放最短路径优先（OSPF）协议

## ——项目小结——

本项目主要介绍了 RIP 动态路由协议的概念和配置，这里主要介绍 RIPv2。RIP 适用于小规模的企业内部网络，因为它只有 15 跳。RIPv2 属于无类路由选择协议，使用距离矢量算法作为选路算法，选择最优路由。

## ——项目实践——

使用真实设备完成图 1－33 所示拓扑图配置。

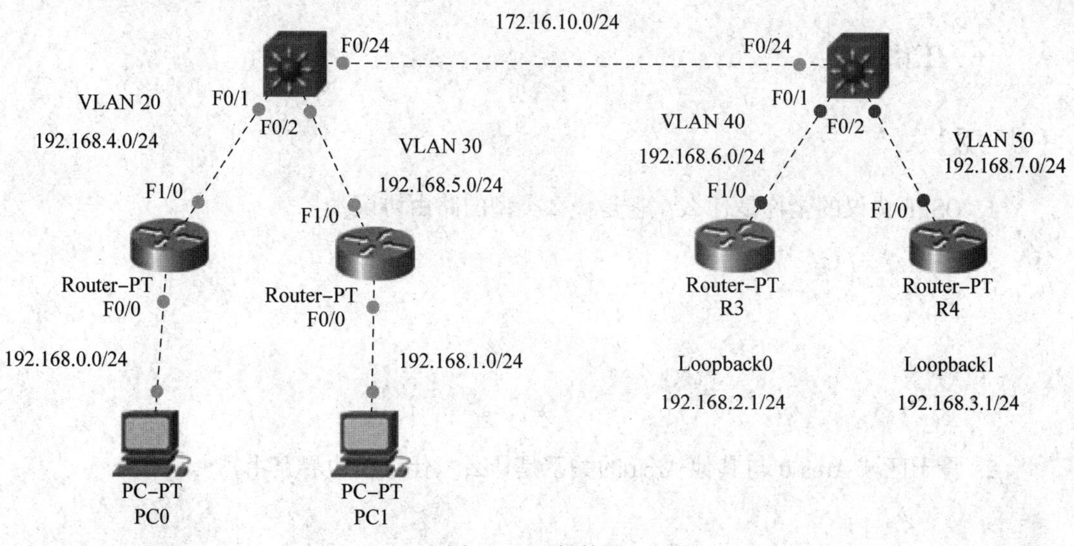


图 1－33　拓扑图

配置要求：

1. 按图 1－33 在 Packet Tracert 中绘制拓扑结构图，设备为两台三层交换机和四台路由器。

2. 在交换机 1 上分别创建 VLAN 10 和 VLAN 30，在交换机 2 上分别创建 VLAN 40 和 VLAN 50。交换机公共端口设置为 Trunk。

3. 所有路由器配置 RIPv2 路由协议，实现全网络的互通。

# 项目四

# 应用 OSPF 路由协议实现区域网络全互联

## 工单任务 1　配置 OSPF 单区域

### 一、工作准备

【想一想】

1. OSPF 协议的全称是什么？它是什么类型的路由协议？

2. 骨干区域 Area 0 与其他 Area 的关系是什么？什么是边界路由器？

3. 基本 OSPF 配置有哪些？

### 二、任务描述

【任务场景】

在 RA、RB 路由器上配置 OSPF 单区域路由，实现全网通，如图 1 – 34 所示。

【施工拓扑】

施工拓扑图如图 1 – 34 所示。

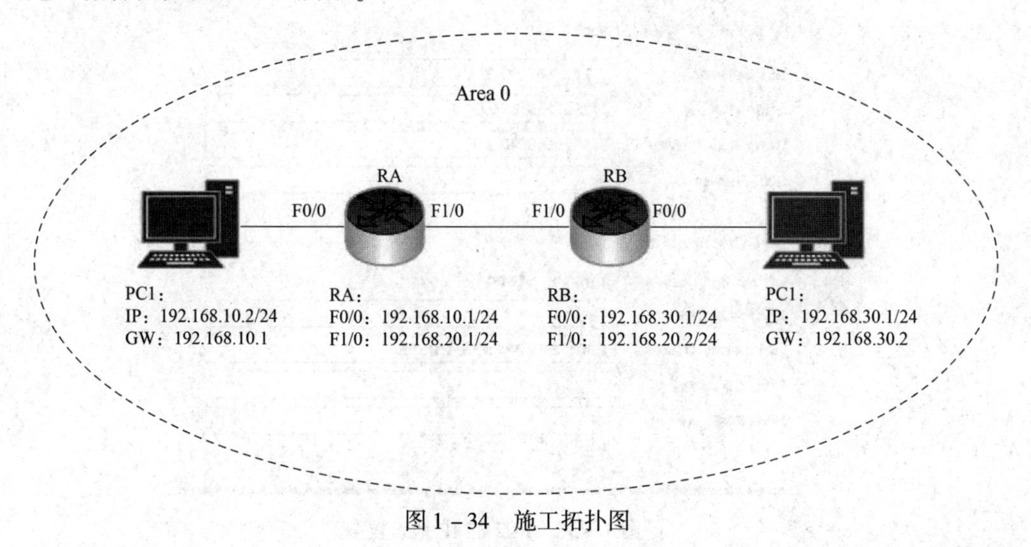


图 1 – 34　施工拓扑图

【设备环境】

本实验采用 Packet Tracert 进行实验，使用路由器型号为 Router – PT，数量为 2 台，计算机 2 台。

## 三、任务实施

①使用 Packet Tracert 搭建好拓扑图，使用路由器的型号为 Router – PT。

②根据拓扑要求配置 PC1 和 PC2 主机的 IP 地址，如图 1 – 35 和图 1 – 36 所示。

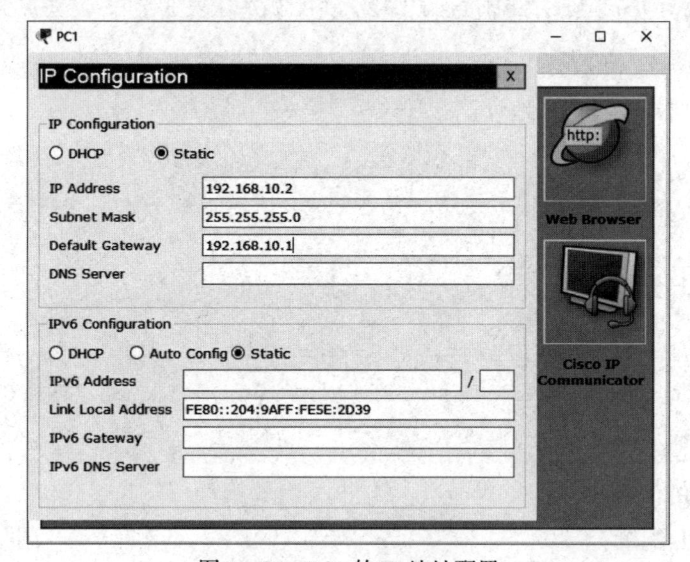


图 1 – 35　PC1 的 IP 地址配置

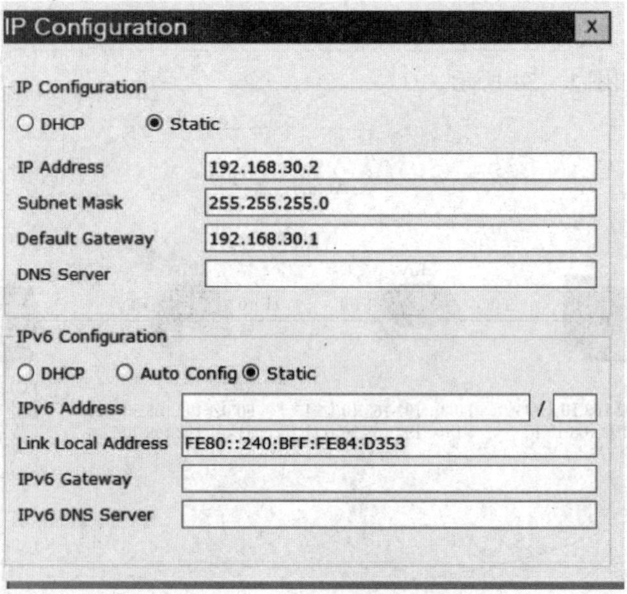

IP Configuration

| IP Configuration | |
|---|---|
| ○ DHCP ◉ Static | |
| IP Address | 192.168.30.2 |
| Subnet Mask | 255.255.255.0 |
| Default Gateway | 192.168.30.1 |
| DNS Server | |

| IPv6 Configuration | |
|---|---|
| ○ DHCP ○ Auto Config ◉ Static | |
| IPv6 Address | / |
| Link Local Address | FE80::240:BFF:FE84:D353 |
| IPv6 Gateway | |
| IPv6 DNS Server | |

图 1－36　PC2 的 IP 地址配置

③配置路由器接口地址。

在 RA 路由器上配置 IP 地址：

```
RA(config)#interface fastEthernet 0/0
RA(config-if)#ip address 192.168.10.1 255.255.255.0
RA(config-if)#no shutdown
RA(config-if)#exit
RA(config)#interface fastEthernet 1/0
RA(config-if)#ip address 192.168.20.1 255.255.255.0
RA(config-if)#no shutdown
```

在 RB 路由器上配置 IP 地址：

```
RB(config)#interface fastEthernet 0/0
RB(config-if)#ip address 192.168.30.1 255.255.255.0
RB(config-if)#no shutdown
RB(config-if)#exit
RB(config)#interface fastEthernet 1/0
RB(config-if)#ip address 192.168.20.2 255.255.255.0
RB(config-if)#no shutdown
```

④配置 OSPF。

RA 的 OSPF 配置：

```
RA(config)#router ospf 100                              #创建 OSPF 进程为 100
RA(config-router)#router-id 1.1.1.1
#将本路由器的 id 配置为 1.1.1.1
RA(config-router)#network 192.168.10.0 0.0.0.255 area 0
                                                        #将直连网段发布进 OSPF
RA(config-router)#network 192.168.20.0 0.0.0.255 area 0
```

RB 的 OSPF 配置：

```
RB(config)#router ospf 100
RB(config-router)#router-id 2.2.2.2
RB(config-router)#network ______________
RB(config-router)#network ______________
```

⑤验证。

查看 RA 的路由表：

```
RA#show ip rou
Codes: C - connected,S - static,I - IGRP,R - RIP,M - mobile,B - BGP
       D - EIGRP,EX - EIGRP external,O - OSPF,IA - OSPF inter area
       N1 - OSPF NSSA external type 1,N2 - OSPF NSSA external type 2
       E1 - OSPF external type 1,E2 - OSPF external type 2,E - EGP
       i - IS-IS,L1 - IS-IS level-1,L2 - IS-IS level-2,ia - IS-IS inter area
       * - candidate default,U - per-user static route,o - ODR
       P - periodic downloaded static route
Gateway of last resort is not set
C    192.168.10.0/24 is directly connected,FastEthernet0/0
C    192.168.20.0/24 is directly connected,FastEthernet1/0
O    192.168.30.0/24[110/2]via 192.168.20.2,00:17:37,FastEthernet1/0
```

从 RA 的路由表可以看出，RA 通过 OSPF 协议学习到了 RB 的 192.168.30.0 网段路由，OSPF 的路由标记为“O”。

查看 RB 的 OSPF 邻居信息：

```
RB#show ip ospf neighbor
Neighbor ID   Pri   State    Dead Time   Address        Interface
1.1.1.1        1    FULL/DR  00:00:32    192.168.20.1   FastEthernet1/0
```

通过 RB 的邻居表可以发现，RA 和 RB 建立了邻接关系，并且 RA 的路由 ID 为 1.1.1.1。

连通性测试：

如图1－37所示，在PC1上通过ping命令测试，发现可以ping通PC2，实验成功。

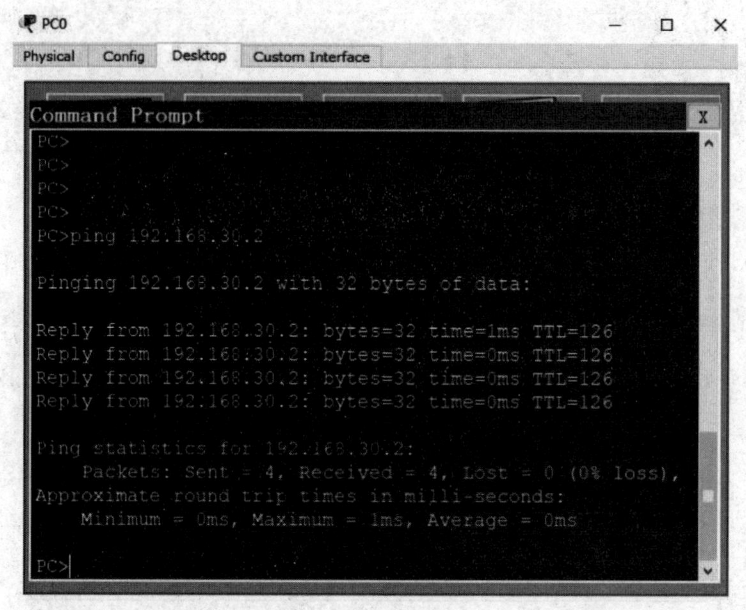


图1－37　连通性测试

【写一写】

写出路由器OSPF相应的配置命令：

结论：

## 四、任务评价

| 评价项目 | 评价内容 | 参考分 | 评价标准 | 得分 |
|---|---|---|---|---|
| 拓扑图绘制 | 选择正确的连接线<br>选择正确的端口 | 20 | 选择正确的连接线，10分<br>选择正确的端口，10分 | |
| IP地址设置 | 正确配置两台主机的IP和网关地址<br>正确配置路由器端口地址 | 20 | 正确配置两台主机的IP和网关地址，10分<br>正确配置路由器端口地址，10分 | |
| OSPF配置 | 正确配置OSPF路由<br>正确开启路由器端口 | 20 | 配置OSPF路由，10分<br>配置路由器端口，10分 | |

续表

| 评价项目 | 评价内容 | 参考分 | 评价标准 | 得分 |
| --- | --- | --- | --- | --- |
| 验证测试 | 会查看路由表<br>能读懂路由表信息<br>会进行连通性测试 | 30 | 使用命令查看路由表，10分<br>分析路由表信息含义，10分<br>进行连通性测试，10分 | |
| 职业素养 | 任务单填写齐全、整洁、无误 | 10 | 任务单填写齐全、工整，5分<br>任务单填写无误，5分 | |

## 五、相关知识

### 1. OSPF协议简介和特点

OSPF是Open Shortest Path First（即“开放最短路由优先协议”）的缩写。它是IETF（Internet Engineering Task Force）组织开发的一个基于链路状态的自治系统内部路由协议（IGP），用于在单一自治系统（Autonomous System，AS）内决策路由。在IP网络上，它通过收集和传递自治系统的链路状态来动态地发现并传播路由。当前OSPF协议使用的是第二版，最新的RFC是2328。

为了弥补距离矢量协议的局限性和缺点，发展了链路状态协议。OSPF链路状态协议有以下优点。

①适应范围：OSPF支持各种规模的网络，最多可支持几百台路由器。

②最佳路径：OSPF是基于带宽来选择路径的。

③快速收敛：如果网络的拓扑结构发生变化，OSPF立即发送更新报文，使这一变化在自治系统中同步。

④无自环：由于OSPF通过收集到的链路状态用最短路径树算法计算路由，因而从算法本身保证了不会生成自环路由。

⑤子网掩码：由于OSPF在描述路由时携带网段的掩码信息，所以OSPF协议不受自然掩码的限制，为VLSM和CIDR提供很好的支持。

⑥区域划分：OSPF协议允许自治系统的网络被划分成区域来管理，区域间传送的路由信息被进一步抽象，从而减少了占用网络的带宽。

⑦等值路由：OSPF支持到同一目的地址的多条等值路由。

⑧路由分级：OSPF使用4类不同的路由，按优先顺序，分别是区域内路由、区域间路由、第一类外部路由、第二类外部路由。

⑨支持验证：它支持基于接口的报文验证，以保证路由计算的安全性。

⑩组播发送：OSPF在有组播发送能力的链路层上以组播地址发送协议报文，既达到了广播的作用，又最大限度地减少了对其他网络设备的干扰。

OSPF链路状态协议有以下两个问题要注意：

①在初始发现过程中，链路－状态路由协议会在网络传输线路上进行洪泛（flood），因此会大大削弱网络传输数据的能力。

②链路－状态路由对存储器容量和处理器处理能力敏感。

2. OSPF 支持的网络类型

OSPF 支持的网络类型如下。

（1）Point－to－Point

链路层协议是 PPP 或 LAPB 时，默认网络类型为点到点网络。无须选举 DR 和 BDR，当只有两个路由器的接口要形成邻接关系时才使用。

（2）Broadcast

链路层协议是 Ethernet、FDDI、Token Ring 时，默认网络类型为广播网，以组播的方式发送协议报文。

（3）NBMA

链路层协议是帧中继、ATM、HDLC 或 X.25 时，默认网络类型为 NBMA。手工指定邻居。

（4）Point－to－Multipoint（P2MP）

没有一种链路层协议会默认为是 Point－to－Multipoint 类型。点到多点必然是由其他网络类型强制更改的，常见的做法是将非全连通的 NBMA 改为点到多点的网络。多播 hello 包自动发现邻居，无须手工指定邻居。

NBMA 与 P2MP 之间的区别：

①在 OSPF 协议中，NBMA 是指那些全连通的、非广播、多点可达网络；而点到多点的网络则并不需要一定是全连通的。

②NBMA 是一种缺省的网络类型。点到多点不是缺省的网络类型，点到多点是由其他网络类型强制更改的。

③NBMA 用单播发送协议报文，需要手工配置邻居；点到多点是可选的，既可以用单播发送报文，也可以用多播发送报文。

④在 NBMA 中需要选举 DR 与 BDR，而在 P2MP 网络中没有 DR 与 BDR。另外，广播网中也需要选举 DR 和 BDR。

3. OSPF 的报文类型

OSPF 的报文类型一共有五种，分别是：

（1）HELLO 报文（Hello Packet）

最常用的一种报文，周期性地发送给本路由器的邻居。内容包括一些定时器的数值、DR、BDR，以及自己已知的邻居。HELLO 报文中包含有 Router ID、Hello/deadintervals、Neighbors、Area－ID、Router priority、DR IPaddress、BDR IP address、Authenticationpassword、Stub area flag 等信息，其中 Hello/deadintervals、Area－ID、Authenticationpassword、Stub area flag 必须一致，相邻路由器才能建立邻居关系。

（2）DBD 报文（Database Description Packet）

两台路由器进行数据库同步时，用 DBD 报文来描述自己的 LSDB，内容包括 LSDB 中每一条 LSA 的摘要（摘要是指 LSA 的 HEAD，通过该 HEAD 可以唯一标识一条 LSA）。这样做是为了减少路由器之间传递信息的量，因为 LSA 的 HEAD 只占一条 LSA 的整个数据量的一小部分，根据 HEAD，对端路由器就可以判断出是否已经有了这条 LSA。

（3）LSR 报文（Link State Request Packet）

两台路由器互相交换 DBD 报文之后，知道对端的路由器有哪些 LSA 是本地 LSDB 所缺少的或是对端更新的，这时需要发送 LSR 报文向对方请求所需的 LSA。内容包括所需要的 LSA 的摘要。

（4）LSU 报文（Link State Update Packet）

用来向对端路由器发送所需要的 LSA，内容是多条 LSA（全部内容）的集合。

（5）LSAck 报文（Link State Acknowledgment Packet）

用来对接收到的 DBD、LSU 报文进行确认。内容是需要确认的 LSA 的 HEAD（一个报文可对多个 LSA 进行确认）。

4. OSPF 路由配置

①创建一个 OSPF 进程，进程号的范围为 1 ~ 65 535。

```
Router(config)#router ospf[process - id]
```

②配置当前路由的 ID，相当于每台路由器在 OSPF 中的名称，同一区域内不能相同，格式和 IP 地址相同，都是点分十进制，取值范围为 0. 0. 0. 0 ~ 255. 255. 255. 255。

```
Router(config - router)#router - id[id - number]
```

③将直连网络发布到 OSPF 中，这里和 RIP 协议不同的地方在于，发布时需要添加所对应网段的反掩码和区域编号。

```
Router(config - router)#network network - address wildcard - mask
area - number
```

## 六、课后练习

1. OSPF 协议适用于基于（　　）的协议。

A. IP　　B. TCP　　C. UDP　　D. ARP

2. 在 OSPF 路由协议中，两个在同一区域内运行 OSPF 的路由器之间的关系是（　　）。

A. Neighbor　　B. Adjacency

C. 没有关系　　D. 以上答案均不正确

3. OSPF 协议以（　　）报文来封装自己的协议报文，协议号是 89。

A. IP 报文　　B. IPX 报文　　C. TCP 报文　　D. UDP 报文

4. 在 OSPF 协议计算出的路由中，（　　）路由的优先级最低。

A. 区域内路由　　B. 区域间路由

C. 第一类外部路由　　D. 第二类外部路由

5. OSPF 路由协议区域间的环路避免是通过（　　）实现的。

A. 分层结构的拓扑　　B. 基于 SPF 计算出的无环路径

C. 基于 area ID　　D. 基于 AS ID

# 工单任务2　配置 OSPF 多区域

## 一、工作准备

【想一想】

1. OSPF 协议的全称是什么？它是什么类型的路由协议？

2. 在规划 OSPF 区域时应注意哪些问题？

## 二、任务描述

【任务场景】

在 RA、RB、RC 三台路由器上配置 OSPF 协议，实现全网互通。其中 RA 的回环口 L0 放在 Area 1 区域，RC 的回环口 L0 放在 Area 2 区域，其余的路由器互连接口全部放在Area 0 区域，如图 1 – 38 所示。

【施工拓扑】

施工拓扑图如图 1 – 38 所示。

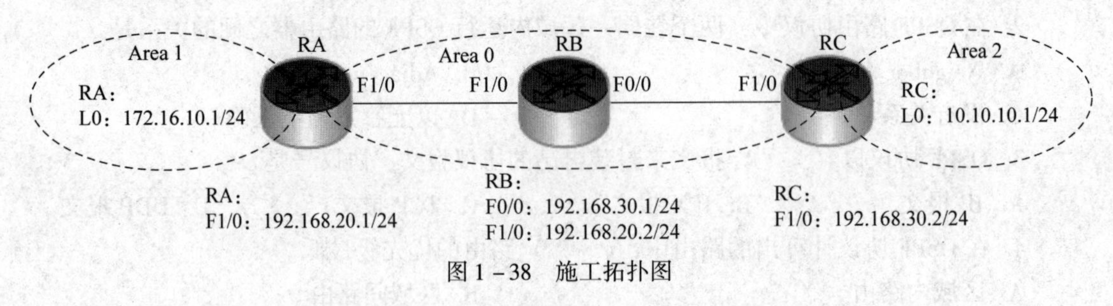


图 1 – 38　施工拓扑图

【设备环境】

本实验采用 Packet Tracert 进行实验，使用路由器型号为 Router – PT，数量为 3 台。

## 三、任务实施

### 1. 配置路由器接口地址

(1) 在RA路由器上配置IP地址

```
RA(config)#interface loopback 0
RA(config-if)#ip address 172.16.10.1 255.255.255.0
RA(config-if)#exit
RA(config)#interface fastEthernet 1/0
RA(config-if)#ip address 192.168.20.1 255.255.255.0
RA(config-if)#no shutdown
```

(2) 在RB路由器上配置IP地址

```
RB(config)#interface fastEthernet 0/0
RB(config-if)#ip address 192.168.30.1 255.255.255.0
RB(config-if)#no shutdown
RB(config-if)#exit
RB(config)#interface fastEthernet 1/0
RB(config-if)#ip address 192.168.20.2 255.255.255.0
RB(config-if)#no shutdown
```

(3) 在RC路由器上配置IP地址

```
RC(config)#interface loopback 0
RC(config-if)#ip address 10.10.10.1 255.255.255.0
RC(config-if)#exit
RC(config)#interface fastEthernet 1/0
RC(config-if)#ip address 192.168.30.2 255.255.255.0
RC(config-if)#no shutdown
```

### 2. 配置OSPF路由协议

(1) RA的OSPF配置

```
RA(config)#router ospf 100
RA(config-router)#router-id 1.1.1.1
RA(config-router)#network 172.16.10.0 0.0.0.255 area ________
RA(config-router)#network 192.168.20.0 0.0.0.255 area ________
```

(2) RB的OSPF配置

```
RB(config)#router ospf 100
```

```
RB(config-router)#router-id 2.2.2.2
RB(config-router)#network ______________
RB(config-router)#network ______________
```

（3）RC 的 OSPF 配置

```
RC(config)#router ospf 100
RC(config-router)#router-id 3.3.3.3
RC(config-router)#network 10.10.10.0 0.0.0.255 area 2
RC(config-router)#network 192.168.30.0 0.0.0.255 area 0
```

3. 验证

（1）在 RA 路由器上查看路由表

```
RA#show ip rou
Codes: C - connected,S - static,I - IGRP,R - RIP,M - mobile,B - BGP
       D - EIGRP,EX - EIGRP external,O - OSPF,IA - OSPF inter area
       N1 - OSPF NSSA external type 1,N2 - OSPF NSSA external type 2
       E1 - OSPF external type 1,E2 - OSPF external type 2,E - EGP
       i - IS - IS,L1 - IS - IS level -1,L2 - IS - IS level -2,ia - IS - IS inter area
       * - candidate default,U - per - user static route,o - ODR
       P - periodic downloaded static route
Gateway of last resort is not set
     10.0.0.0/32 is subnetted,1 subnets
O IA    10.10.10.1[110/3]via 192.168.20.2,00:06:21,FastEthernet1/0
     172.16.0.0/24 is subnetted,1 subnets
C       172.16.10.0 is directly connected,Loopback0
C    192.168.20.0/24 is directly connected,FastEthernet1/0
O    192.168.30.0/24[110/2]via 192.168.20.2,00:06:31,FastEthernet1/0
```

观察 RA 的路由表，发现多了一条标记为“O IA”的路由，这个标记表示这条路由是从别的区域学到的，也称这种路由为域间路由。“O”路由表示本区域内的路由。RA 路由器通过 OSPF 学到了 10.10.10.0 和 192.168.30.0 这两条路由。

（2）在 RB 路由器上查看路由表

```
RB#show ip rou
Codes: C - connected,S - static,I - IGRP,R - RIP,M - mobile,B - BGP
       D - EIGRP,EX - EIGRP external,O - OSPF,IA - OSPF inter area
       N1 - OSPF NSSA external type 1,N2 - OSPF NSSA external type 2
       E1 - OSPF external type 1,E2 - OSPF external type 2,E - EGP
```

```
      i - IS - IS,L1 - IS - IS level -1,L2 - IS - IS level -2,ia - IS - IS inter area
      * - candidate default,U - per - user static route,o - ODR
      P - periodic downloaded static route
Gateway of last resort is not set
     10.0.0.0/32 is subnetted,1 subnets
O IA    10.10.10.1[110/2]via 192.168.30.2,00:13:15,FastEthernet0/0
     172.16.0.0/32 is subnetted,1 subnets
O IA    172.16.10.1[110/2]via 192.168.20.1,00:17:25,FastEthernet1/0
C    192.168.20.0/24 is directly connected,FastEthernet1/0
C    192.168.30.0/24 is directly connected,FastEthernet0/0
```

RB 路由器通过 OSPF 学到了 10. 10. 10. 0 和 172. 16. 10. 0 这两条路由。

（3）在 RC 路由器上查看路由表

```
RC#show ip rou
Codes: C - connected,S - static,I - IGRP,R - RIP,M - mobile,B - BGP
      D - EIGRP,EX - EIGRP external,O - OSPF,IA - OSPF inter area
      N1 - OSPF NSSA external type 1,N2 - OSPF NSSA external type 2
      E1 - OSPF external type 1,E2 - OSPF external type 2,E - EGP
      i - IS - IS,L1 - IS - IS level -1,L2 - IS - IS level -2,ia - IS - IS inter area
      * - candidate default,U - per - user static route,o - ODR
      P - periodic downloaded static route
Gateway of last resort is not set
     10.0.0.0/24 is subnetted,1 subnets
C       10.10.10.0 is directly connected,Loopback0
     172.16.0.0/32 is subnetted,1 subnets
O IA    172.16.10.1[110/3]via 192.168.30.1,00:14:40,FastEthernet1/0
O    192.168.20.0/24[110/2]via 192.168.30.1,00:14:40,FastEthernet1/0
C    192.168.30.0/24 is directly connected,FastEthernet1/0
```

RC 路由器通过 OSPF 学到了 192. 168. 20. 0 和 172. 16. 10. 0 这两条路由。

（4）连通性测试

```
RA#ping 192.168.20.1
Type escape sequence to abort.
Sending 5,100 - byte ICMP Echos to 192.168.20.1,timeout is 2 seconds:
!!!!!
Success rate is 100 percent(5/5),round - trip min/avg/max = 1/5/14 ms
```

```
RA#ping 192.168.20.2
Type escape sequence to abort.
Sending 5,100 -byte ICMP Echos to 192.168.20.2,timeout is 2 seconds:
!!!!!
Success rate is 100 percent(5/5),round -trip min/avg/max = 0/0/0 ms

RA#ping 192.168.30.1
Type escape sequence to abort.
Sending 5,100 -byte ICMP Echos to 192.168.30.1,timeout is 2 seconds:
!!!!!
Success rate is 100 percent(5/5),round -trip min/avg/max = 0/0/1 ms

RA#ping 192.168.30.2
Type escape sequence to abort.
Sending 5,100 -byte ICMP Echos to 192.168.30.2,timeout is 2 seconds:
!!!!!
Success rate is 100 percent(5/5),round -trip min/avg/max = 0/0/1 ms

RA#ping 10.10.10.1
Type escape sequence to abort.
Sending 5,100 -byte ICMP Echos to 10.10.10.1,timeout is 2 seconds:
!!!!!
Success rate is 100 percent(5/5),round -trip min/avg/max = 0/0/1 ms
```

使用ping命令通过RA测试所有节点的连通性，都可以正常通信，实验成功。

【写一写】

写出在路由器OSPF多区域的划分原则：

结论：

## 四、任务评价

| 评价项目 | 评价内容 | 参考分 | 评价标准 | 得分 |
|---|---|---|---|---|
| 拓扑图绘制 | 选择正确的连接线<br>选择正确的端口 | 20 | 选择正确的连接线，10 分<br>选择正确的端口，10 分 | |
| IP 地址设置 | 正确配置两台主机的 IP 和网关地址<br>正确配置路由器端口地址 | 20 | 正确配置两台主机的 IP 和网关地址，10 分<br>正确配置路由器端口地址，10 分 | |
| 路由器命令配置 | 正确配置 OSPF 路由<br>正确开启路由器端口 | 20 | 配置 OSPF 路由，10 分<br>配置路由器端口，10 分 | |
| 验证测试 | 会查看路由表<br>能读懂路由表信息<br>会进行连通性测试 | 30 | 使用命令查看路由表，10 分<br>分析路由表信息含义，10 分<br>进行连通性测试，10 分 | |
| 职业素养 | 任务单填写<br>齐全、整洁、无误 | 10 | 任务单填写齐全、工整，5 分<br>任务单填写无误，5 分 | |

## 五、相关知识

1. OSPF 的邻居状态机

（1）Down

邻居状态机的初始状态，是指在过去的 Dead – Interval 时间内没有收到对方的 HELLO 报文。

（2）Attempt

只适用于 NBMA 类型的接口，处于本状态时，定期向那些手工配置的邻居发送 HELLO 报文。

（3）Init

本状态表示已经收到了邻居的 HELLO 报文，但是该报文中列出的邻居中没有包含“我”的路由 ID（对方并没有收到“我”发的 HELLO 报文）

（4）2 – Way

本状态表示双方互相收到了对端发送的 HELLO 报文，建立了邻居关系。在广播和 NBMA 类型的网络中，如果路由器都配置了优先级为 0，那么这些优先级为 0 的路由器将无法进行指定路由器（DR）和备份指定路由器（BDR）的选举，这会导致路由器停留在 2 – Way 状态，无法进入更高级的状态。其他情况状态机将继续转入高级状态。

（5）ExStart

在此状态下，路由器和它的邻居通过互相交换 DBD 报文（该报文并不包含实际的内容，只包含一些标志位）来决定发送时的主/从关系。建立主/从关系主要是为了保证在后续的

DBD 报文交换中能够有序地发送。

（6）Exchange

路由器将本地的 LSDB 用 DBD 报文来描述，并发给邻居。

（7）Loading

路由器发送 LSR 报文向邻居请求对方的 DBD 报文。

（8）Full

在此状态下，邻居路由器的 LSDB 中所有的 LSA 本路由器全都有了，即本路由器和邻居建立了邻接（adjacency）状态。

2. OSPF LSA（Link - State Advertisement）介绍

OSPF 是基于链路状态算法的路由协议，所有对路由信息的描述都是封装在 LSA 中发送出去的。LSA 根据不同的用途分为不同的种类，目前使用最多的是以下六种 LSA：

（1）Router LSA（类型 1）

本类型是最基本的 LSA 类型，所有运行 OSPF 的路由器都会生成这种 LSA。主要描述本路由器运行 OSPF 的接口的连接状况、花费等信息。对于 ABR，它会为每个区域生成一条 Router LSA。这种类型的 LSA 传递的范围是它所属的整个区域。

（2）Netwrok LSA（类型 2）

本类型的 LSA 由 DR 生成。对于广播和 NBMA 类型的网络，为了减少该网段中路由器之间交换报文的次数而提出了 DR 的概念。一个网段中有了 DR 之后，不仅发送报文的方式有所改变，链路状态的描述也发生了变化。在 DROther 和 BDR 的 Router LSA 中，只描述到 DR 的连接，而 DR 则通过 Network LSA 来描述本网段中所有已经同其建立了邻接关系的路由器（分别列出它们的路由 ID）。同样，这种类型的 LSA 传递的范围是它所属的整个区域。

（3）Network Summary LSA（类型 3）

本类型的 LSA 由 ABR 生成。当 ABR 完成它所属一个区域中的区域内路由计算之后，查询路由表，将本区域内的每一条 OSPF 路由封装成 Network Summary LSA 发送到区域外。LSA 中描述了某条路由的目的地址、掩码、花费值等信息。这种类型的 LSA 传递的范围是 ABR 中除了该 LSA 生成区域之外的其他区域。

（4）ASBR Summary LSA（类型 4）

本类型的 LSA 同样是由 ABR 生成的。内容主要是描述到达本区域内部的 ASBR 的路由。这种 LSA 与类型 3 的 LSA 内容基本一样，只是类型 4 的 LSA 描述的目的地址是 ASBR，是主机路由，所以掩码为 0.0.0.0。这种类型的 LSA 传递的范围与类型 3 的 LSA 相同。

（5）AS External LSA（类型 5）

本类型的 LSA 由 ASBR 生成。主要描述了到自治系统外部路由的信息，LSA 中包含某条路由的目的地址、掩码、花费值等信息。本类型的 LSA 是唯一与区域无关的 LSA 类型，它并不与某一个特定的区域相关。这种类型的 LSA 传递的范围是整个自治系统（STUB 区域除外）。

（6）NSSA External LSA（类型 6）

类型 6 的 LSA 被应用在非完全末节区域中（NSSA）。

3. DR（指定路由器）和BDR（备用指定路由器）介绍

为减少多路访问网络中OSPF的流量，OSPF会选择一个指定路由器（DR）和一个备份指定路由器（BDR）。当多路访问网络发生变化时，DR负责更新其他所有OSPF路由器。BDR会监控DR的状态，并在当前DR发生故障时接替其角色。

在多路访问网络上，可能存在多个路由器，为了避免路由器之间建立完全相邻关系而引起的大量开销，OSPF要求在区域中选举一个DR。每个路由器都与之建立完全相邻关系。

DR负责收集所有的链路状态信息，并发布给其他路由器。选举DR的同时也选举出一个BDR，当DR失效时，BDR担负起DR的职责。

进行DR/BDR选举时，每台路由器将自己选出的DR写入HELLO报文中，发给网段上的每台运行OSPF协议的路由器。当处于同一网段的两台路由器同时宣布自己是DR时，路由器优先级高者胜出。如果优先级相等，则Router ID大者胜出。如果一台路由器的优先级为0，则它不会被选举为DR或BDR。

## 六、课后练习

1. 一台运行OSPF的路由器，它的一个接口属于区域0，另一个接口属于区域9，并且引入了5条静态路由，则该路由器至少会生成（　　）条LSA。

A. 5　　B. 7　　C. 8　　D. 9　　E. 10

2. 下列OSPF报文中会出现完整的LSA信息的是（　　）。

A. HELLO报文（Hello Packet）　　B. DD报文（Database Description Packet）

C. LSR报文（Link State Request Packet）　　D. LSU报文（Link State Update Packet）

3. LSAck报文是对（　　）的确认。

A. HELLO报文（Hello Packet）　　B. DD报文（Database Description Packet）

C. LSR报文（Link State Request Packet）　　D. LSU报文（Link State Update Packet）

4. OSPF选举DR、BDR时，会使用（　　）报文。

A. HELLO报文（Hello Packet）　　B. DD报文（Database Description Packet）

C. LSR报文（Link State Request Packet）　　D. LSU报文（Link State Update Packet）

E. LSAck报文（Link State Acknowledgmen Packet）

# 工单任务3　OSPF接口验证配置

## 一、工作准备

**【想一想】**

1. 为什么要进行OSPF接口验证？

2. OSPF 接口验证配置有哪些?

## 二、任务描述

【任务场景】

在 RA、RB、RC 路由器上配置 OSPF 路由协议，为了内部网络的安全，保证网络不被不法分子接入，路由更新只能在可信任的路由器之间传输。在 RA 和 RB 之间开启 OSPF 接口的明文验证，在 RB 和 RC 之间直接开启 OSPF 接口的密文验证，如图 1－39 所示。

【施工拓扑】

施工拓扑图如图 1－39 所示。

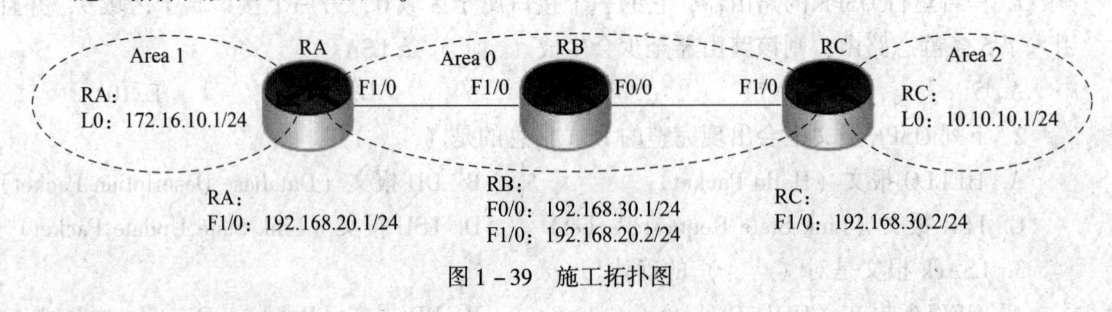


图 1－39　施工拓扑图

【设备环境】

本实验采用 Packet Tracert 进行实验，使用路由器型号为 Router－PT，数量为 3 台。

## 三、任务实施

1. 配置路由器接口地址

（1）在 RA 路由器上配置 IP 地址

```
RA(config)#interface loopback 0
RA(config-if)#ip address 172.16.10.1 255.255.255.0
RA(config-if)#exit
RA(config)#interface fastEthernet 1/0
RA(config-if)#ip address 192.168.20.1 255.255.255.0
RA(config-if)#no shutdown
```

（2）在 RB 路由器上配置 IP 地址

```
RB(config)#interface fastEthernet 0/0
RB(config-if)#ip address 192.168.30.1 255.255.255.0
RB(config-if)#no shutdown
RB(config-if)#exit
RB(config)#interface fastEthernet 1/0
RB(config-if)#ip address 192.168.20.2 255.255.255.0
RB(config-if)#no shutdown
```

(3) 在 RC 路由器上配置 IP 地址

```
RC(config)#interface loopback 0
RC(config-if)#ip address 10.10.10.1 255.255.255.0
RC(config-if)#exit
RC(config)#interface fastEthernet 1/0
RC(config-if)#ip address 192.168.30.2 255.255.255.0
RC(config-if)#no shutdown
```

2. 配置 OSPF 路由协议

(1) RA 的 OSPF 配置

```
RA(config)#router ospf 100
RA(config-router)#router-id 1.1.1.1
RA(config-router)#network 172.16.10.0 0.0.0.255 area 1
RA(config-router)#network 192.168.20.0 0.0.0.255 area 0
```

(2) RB 的 OSPF 配置

```
RB(config)#router ospf 100
RB(config-router)#router-id 2.2.2.2
RB(config-router)#network 192.168.20.0 0.0.0.255 area 0
RB(config-router)#network 192.168.30.0 0.0.0.255 area 0
```

(3) RC 的 OSPF 配置

```
RC(config)#router ospf 100
RC(config-router)#router-id 3.3.3.3
RC(config-router)#network 10.10.10.0 0.0.0.255 area 2
RC(config-router)#network 192.168.30.0 0.0.0.255 area 0
```

3. 配置 RA 和 RB 之间的 OSPF 接口的明文验证

(1) 进入 RA 和 RB 之间的互连接口

```
RA(config)#interface fastEthernet 1/0
```

（2）开启接口的明文认证

```
RA(config-if)ip ospf authentication
```

（3）配置明文认证加密方式为不加密，这里零表示不加密，密钥为 network

```
RA(config-if)ip ospf authentication-key 0 network
```

（4）配置完之后观察一下 RA 的邻接关系

```
RA#show ip ospf neighbor
```

发现邻接关系为空，这是因为 RB 还没有配置加密参数，这也说明当加密的对端没有配置或者密钥不对时，是无法建立 OSPF 邻接关系的，也就无法学到 OSPF 路由。

（5）在 RB 与 RA 互连的接口上开启 OSPF 明文验证

```
RB(config)#interface fastEthernet 1/0
RB(config-if)ip ospf authentication
RB(config-if)ip ospf authentication-key 0 network
```

（6）配置完之后观察一下 RB 的邻接关系

```
RB#show ip os nei
Neighbor ID  Pri   State        Dead Time   Address        Interface
1.1.1.1       1    FULL/DROTHER   00:00:37    192.168.20.1    FastEthernet1/0
3.3.3.3       1    FULL/DR      00:00:37    192.168.30.2    FastEthernet0/0
```

发现在 RB 配置验证之后邻接关系又重新建立了。

4. 配置 RB 和 RC 之间的 OSPF 接口的密文验证

（1）进入 RA 和 RB 之间的互连接口

```
RB(config)#interface fastEthernet 0/0
```

（2）开启接口的密文认证

```
RB(config-if)ip ospf authentication message-digest
```

（3）配置密文的密钥编号为 1，方式为 MD5，密钥为 network

```
RB(config-if)ip ospf message-digest-key 1 md5 network
```

密文验证比明文验证更加安全，可以防止不法分子用抓包等手段截获密钥，起到更好地保护密钥的作用。

（4）在 RB 与 RC 互连的接口上开启 OSPF 密文验证

```
RC(config)#interface fastEthernet 1/0
RC(config-if)ip ospf authentication message-digest
RC(config-if)ip ospf message-digest-key 1 md5 network
```

5. 验证

查看 RB 的邻接关系：

```
RB#show ip os nei
Neighbor ID    Pri   State         Dead Time   Address          Interface
1.1.1.1         1   FULL/DROTHER     00:00:37    192.168.20.1     FastEthernet1/0
3.3.3.3         1   FULL/DR       00:00:37    192.168.30.2     FastEthernet0/0
```

发现在配置完两种验证后，邻接关系可以正常建立，实验成功。

【写一写】

写出在路由器 OSPF 接口验证的配置命令：

结论：

## 四、任务评价

| 评价项目 | 评价内容 | 参考分 | 评价标准 | 得分 |
|---|---|---|---|---|
| 拓扑图绘制 | 选择正确的连接线<br>选择正确的端口 | 20 | 选择正确的连接线，10 分<br>选择正确的端口，10 分 | |
| IP 地址设置 | 正确配置两台主机的 IP 和网关地址<br>正确配置路由器端口地址 | 20 | 正确配置两台主机的 IP 和网关地址，10 分<br>正确配置路由器端口地址，10 分 | |
| 路由器命令配置 | 正确配置 OSPF 路由<br>正确开启接口验证 | 20 | 正确配置 OSPF 路由，10 分<br>正确开启接口验证，10 分 | |
| 验证测试 | 会查看路由表<br>能读懂路由表信息<br>会进行接口验证 | 30 | 使用命令查看路由表，10 分<br>分析路由表信息含义，10 分<br>在设备中进行接口验证测试，10 分 | |
| 职业素养 | 任务单填写齐全、整洁、无误 | 10 | 任务单填写齐全、工整，5 分<br>任务单填写无误，5 分 | |

## 五、相关知识

1. OSPF 安全认证

①明文。

②密文。

2. OSPF 认证范围

①链路认证。

②区域认证。

③虚链路认证。

| 认证方式 | 密钥 | 声明 |
| --- | --- | --- |
| 链路（link）认证 | 接口（interface） | 接口（interface） |
| 区域（area）认证 | 接口（interface） | 进程（router ospf process - id） |
| 虚链路（virtual - link）认证 | 进程（router ospf process - id） | 进程（router ospf process - id） |

## 六、课后练习

1. 在 OSPF 协议计算出的路由中，(　　) 的优先级最低。

A. 区域内路由　　B. 区域间路由

C. 第一类外部路由　　D. 第二类外部路由

2. 根据 OSPF 协议规定，对于一个运行在 STUB 区域的区域内路由器，它的 LSDB 中不会出现（　　）。

A. Router LSA（类型 1）　　B. Netwrok LSA（类型 2）

C. Network Summary LSA（类型 3）　　D. ASBR Summary LSA（类型 4）

E. AS External LSA（类型 5）

3. 已知某台路由器的路由表中有如下两个表项：

| Destination/Mast | Protocol | Preferen | Metric | Nexthop/Interface |
| --- | --- | --- | --- | --- |
| 9. 0. 0. 0/8 | OSPF | 10 | 50 | 1. 1. 1. 1/Serial0 |
| 9. 1. 0. 0/16 | RIP | 100 | 5 | 2. 2. 2. 2/Ethernet0 |

如果该路由器要转发目的地址为 9. 1. 4. 5 的报文，则下列说法中正确的是（　　）。

A. 选择第一项，因为 OSPF 协议的优先级高

B. 选择第二项，因为 RIP 协议的花费值（Metric）小

C. 选择第二项，因为出口是 Ethternet0，比 Serial0 速度快

D. 选择第二项，因为该路由项对于目的地址 9. 1. 4. 5 来说，是更精确的匹配

4. OSPF 中不能直接计算出路由的 LSA 是（　　）。

A. 类型 2　　B. 类型 3

C. 类型 5　　D. 类型 6

5. OSPF 协议中 DR 的作用范围是（　　）。

A. 整个运行 OSPF 的网络　　　　B. 一个区域

C. 一个网段　　　　D. 一台路由器

# 工单任务 4　OSPF 区域验证配置

## 一、工作准备

**【想一想】**

1. 为什么要进行 OSPF 区域验证？

2. OSPF 区域验证配置有哪些？

## 二、任务描述

**【任务场景】**

在 RA、RB、RC 路由器上配置 OSPF 路由协议，为了内部网络的安全，保证网络不被不法分子接入，路由更新只能在可信任的路由器之间传输。在 RA 和 RB 之间开启 OSPF Area 0 区域的明文验证，在 RB 和 RC 直接开启 OSPF Area 1 区域的密文验证，如图 1－40 所示。

**【施工拓扑】**

施工拓扑图如图 1－40 所示。

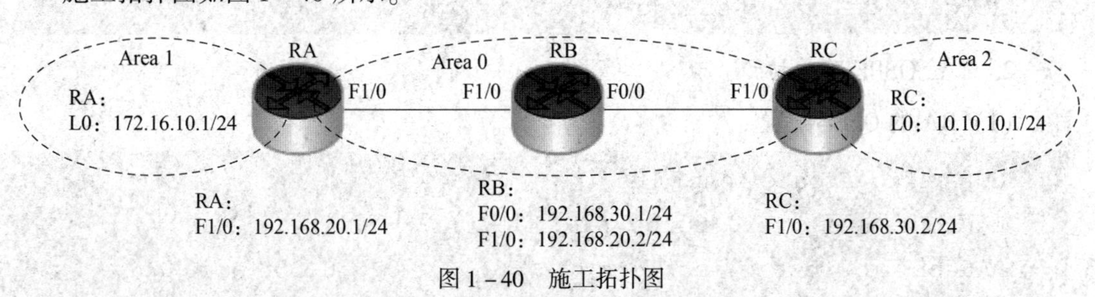


图 1－40　施工拓扑图

【设备环境】

本实验采用 Packet Tracert 进行实验，使用路由器型号为 Router－PT，数量为3台。

## 三、任务实施

### 1. 配置路由器接口地址

（1）在 RA 路由器上配置 IP 地址

```
RA(config)#interface loopback 0
 RA(config-if)#ip address 172.16.10.1 255.255.255.0
 RA(config-if)#exit
 RA(config)#interface fastEthernet 1/0
 RA(config-if)#ip address 192.168.20.1 255.255.255.0
 RA(config-if)#no shutdown
```

（2）在 RB 路由器上配置 IP 地址

```
RB(config)#interface fastEthernet 0/0
 RB(config-if)#ip address 192.168.30.1 255.255.255.0
 RB(config-if)#no shutdown
 RB(config-if)#exit
 RB(config)#interface fastEthernet 1/0
 RB(config-if)#ip address 192.168.20.2 255.255.255.0
 RB(config-if)#no shutdown
```

（3）在 RC 路由器上配置 IP 地址

```
RC(config)#interface loopback 0
 RC(config-if)#ip address 10.10.10.1 255.255.255.0
 RC(config-if)#exit
 RC(config)#interface fastEthernet 1/0
 RC(config-if)#ip address 192.168.30.2 255.255.255.0
 RC(config-if)#no shutdown
```

### 2. 配置 OSPF 路由协议

（1）RA 的 OSPF 配置

```
RA(config)#router ospf 100
 RA(config-router)#router-id 1.1.1.1
 RA(config-router)#network 172.16.10.0 0.0.0.255 area 0
 RA(config-router)#network 192.168.20.0 0.0.0.255 area 0
```

(2) RB 的 OSPF 配置

```
RB(config)#router ospf 100
RB(config-router)#router-id 2.2.2.2
RB(config-router)#network 192.168.20.0 0.0.0.255 area 0
RB(config-router)#network 192.168.30.0 0.0.0.255 area 1
```

(3) RC 的 OSPF 配置

```
RC(config)#router ospf 100
RC(config-router)#router-id 3.3.3.3
RC(config-router)#network 10.10.10.0 0.0.0.255 area 1
RC(config-router)#network 192.168.30.0 0.0.0.255 area 1
```

3. 配置 RA 和 RB 之间的 OSPF Area 0 区域的明文验证

(1) 进入 RA 的 OSPF 协议进程

```
RA(config)#router ospf 100
```

(2) 开启 Area 0 的明文认证

```
RA(config-router)#area 0 authentication
```

(3) 进入 RA 和 RB 的互连接口

```
RA(config)#interface fastEthernet 1/0
```

(4) 配置明文认证加密方式为不加密，这里零表示不加密，密钥为 network

```
RA(config-if)ip ospf authentication-key 0 network
```

(5) 配置完之后观察一下 RA 的邻接关系

```
RA#show ip ospf neighbor
RA#
```

发现邻接关系为空，这是因为 RB 还没有配置加密参数，这里也说明当加密的对端没有配置或者密钥不对时，是无法建立 OSPF 邻接关系的，也就无法学到 OSPF 路由。

(6) 在 RB 与 RA 互连的接口上开启 OSPF Area 0 区域的明文验证

```
RB(config)#router ospf 100
RB(config-router)#area 0 authentication
RB(config)#interface fastEthernet 1/0
RB(config-if)ip ospf authentication-key 0 network
```

(7) 配置完之后观察一下 RB 的邻接关系

```
RB#show ip os nei
Neighbor ID     Pri   State          Dead Time    Address          Interface
1.1.1.1          1   FULL/DROTHER     00:00:37     192.168.20.1     FastEthernet1/0
3.3.3.3          1    FULL/DR         00:00:37     192.168.30.2     FastEthernet0/0
```

发现在 RB 配置验证之后邻接关系又重新建立了。

4. 配置 RB 和 RC 之间的 OSPF Area 1 区域的密文验证

（1）进入 RA 的 OSPF 协议进程

```
RB(config)#router ospf 100
```

（2）开启 Area 1 的密文验证

```
RB(config-router)#area 1 authentication message-digest
```

（3）进入 RA 和 RB 的互连接口

```
RB(config)#interface fastEthernet 0/0
```

（4）配置密文的密钥编号为 1，方式为 MD5，密钥为 network

```
RB(config-if)ip ospf message-digest-key 1 md5 network
```

（5）在 RB 与 RC 互连的接口上开启 OSPF Area 1 区域的密文验证

```
RC(config)#router ospf 100
RC(config-router)#area 1 authentication message-digest
RC(config)#interface fastEthernet 1/0
RC(config-if)ip ospf message-digest-key 1 md5 network
```

区域验证相对于接口验证更加严格，需要对区域内所有路由器的接口进行配置。密文验证比明文验证更加安全，可以防止不法分子用抓包等手段截获密钥，起到更好地保护密钥的作用。

5. 验证

查看 RB 的邻接关系：

```
RB#show ip os nei
Neighbor ID     Pri   State          Dead Time    Address          Interface
1.1.1.1          1   FULL/DROTHER     00:00:37     192.168.20.1     FastEthernet1/0
3.3.3.3          1   FULL/DR          00:00:37     192.168.30.2     FastEthernet0/0
```

发现在配置完两种验证后，邻接关系可以正常建立，实验成功。

## 【写一写】

写出在路由器 OSPF 区域验证的配置命令：

结论：

## 四、任务评价

| 评价项目 | 评价内容 | 参考分 | 评价标准 | 得分 |
| --- | --- | --- | --- | --- |
| 拓扑图绘制 | 选择正确的连接线<br>选择正确的端口 | 20 | 选择正确的连接线，10 分<br>选择正确的端口，10 分 | |
| IP 地址设置 | 正确配置两台主机的 IP 和网关地址<br>正确配置路由器端口地址 | 20 | 正确配置两台主机的 IP 和网关地址，10 分<br>正确配置路由器端口地址，10 分 | |
| 路由器命令配置 | 正确配置 OSPF 路由<br>正确开启区域验证 | 20 | 正确配置 OSPF 路由，10 分<br>正确开启区域验证，10 分 | |
| 验证测试 | 会查看路由表<br>能读懂路由表信息<br>会进行区域验证 | 30 | 使用命令查看路由表，10 分<br>分析路由表信息含义，10 分<br>在设备中进行区域验证测试，10 分 | |
| 职业素养 | 任务单填写齐全、整洁、无误 | 10 | 任务单填写齐全、工整，5 分<br>任务单填写无误，5 分 | |

## 五、相关知识

OSPF 认证总结：

①接口认证只对相应的接口做；

②虚链路认证也是一种特殊的接口认证；

③区域认证是所在区域的接口认证；

④虚链路属于区域 0；

⑤区域 0 认证，虚链路必须做认证或者有段虚链路的路由器做区域 0 的认证；

⑥虚链路做认证，区域 0 不需要做认证。

## 六、课后练习

1. 路由器 R1 通过 OSPF 学习到两条路由：

O 172. 16. 1. 0/24｛110/150｝via 10. 1. 1. 1

O IA 172. 16. 1. 0/24{110/40} via10. 1. 1. 1

在 R1 上使用 show ip route 能看到的 OSPF 路由是（　　）。

A. 两条路由都能看到，负载均衡

B. 只能看到 O 172. 16. 1. 0/24 {110/150} via 10. 1. 1. 1

C. 只能看到 O IA 172. 16. 1. 0/24 {110/40} via10. 1. 1. 1

D. 以上说法都不对

2. 下列关于 OSPF 协议的说法正确的是（　　）。（多选题）

A. OSPF 支持基于接口的报文验证

B. OSPF 支持到同一目的地址的多条等值路由

C. OSPF 是一个基于链路状态算法的边界网关路由协议

D. OSPF 发现的路由可以根据不同的类型而有不同的优先级

3. 网络管理员输入 router ospf 100 命令，命令中的数字 100 的作用是（　　）。

A. 自治系统编号　　B. 度量　　C. 进程 ID　　D. 管理距离

4. 对 OSPF，（　　）数据包类型是无效的。

A. Hello　　B. LRU　　C. LSR　　D. DBD

# 工单任务5　OSPF 区域路由汇总配置

## 一、工作准备

【想一想】

1. 为什么要进行 OSPF 区域路由汇总?

2. OSPF 区域路由汇总有哪些步骤?

## 二、任务描述

【任务场景】

在 RA、RB、RC 路由器上配置 OSPF 多区域路由协议，实现全网互通。其中 RC 路由的 L0、L1、L2 接口在 Area 2 区域。现在为了减少路由表条目，需要在 RC 路由器上做路由汇总，在 RC 路由器上通过 OSPF 区域路由汇总技术缩减路由表条目，如图 1－41 所示。

【施工拓扑】

施工拓扑图如图 1 - 41 所示。

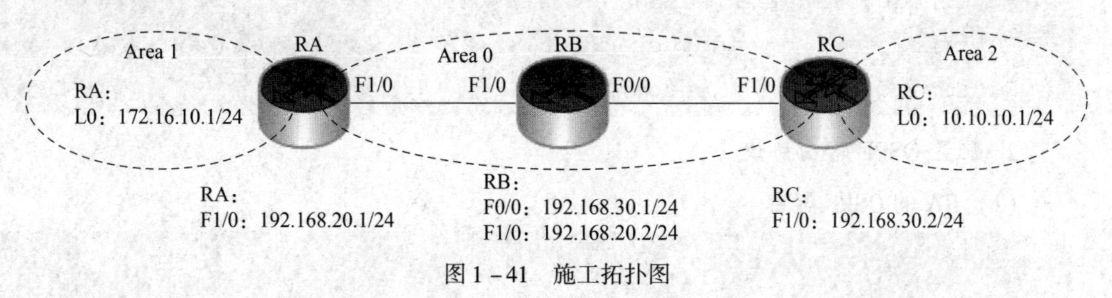


图 1 - 41　施工拓扑图

【设备环境】

本实验采用 Packet Tracert 进行实验，使用路由器型号为 Router - PT，数量为 3 台。

## 三、任务实施

### 1. 配置路由器接口地址

（1）在 RA 路由器上配置 IP 地址

```
RA(config)#interface fastEthernet 0/0
RA(config-if)#ip address 192.168.20.1 255.255.255.0
RA(config-if)#no shutdown
```

（2）在 RB 路由器上配置 IP 地址

```
RB(config)#interface fastEthernet 0/0
RB(config-if)#ip address 192.168.30.1 255.255.255.0
RB(config-if)#no shutdown
RB(config-if)#exit
RB(config)#interface fastEthernet 2/0
RB(config-if)#ip address 192.168.20.2 255.255.255.0
RB(config-if)#no shutdown
```

（3）在 RC 路由器上配置 IP 地址

```
RC(config)#interface loopback 0
RC(config-if)#ip address 172.16.10.1 255.255.255.0
RC(config-if)#exit
RC(config)#interface loopback 1
RC(config-if)#ip address 172.16.20.1 255.255.255.0
RC(config-if)#exit
RC(config)#interface loopback 2
```

```
RC(config-if)#ip address 172.16.30.1 255.255.255.0
RC(config-if)#exit
RC(config)#interface fastEthernet 0/0
RC(config-if)#ip address 192.168.30.2 255.255.255.0
RC(config-if)#no shutdown
```

2. 配置 OSPF 路由协议

（1）RA 的 OSPF 配置

```
RA(config)#router ospf 100
RA(config-router)#router-id 1.1.1.1
RA(config-router)#network 192.168.20.0 0.0.0.255 area 1
```

（2）RB 的 OSPF 配置

```
RB(config)#router ospf 100
RB(config-router)#router-id 2.2.2.2
RB(config-router)#network 192.168.20.0 0.0.0.255 area 1
RB(config-router)#network 192.168.30.0 0.0.0.255 area 0
```

（3）RC 的 OSPF 配置

```
RC(config)#router ospf 100
RC(config-router)#router-id 3.3.3.3
RC(config-router)#network 172.16.10.0 0.0.0.255 area 2
RC(config-router)#network 172.16.20.0 0.0.0.255 area 2
RC(config-router)#network 172.16.30.0 0.0.0.255 area 2
RC(config-router)#network 192.168.30.0 0.0.0.255 area 0
```

3. 配置路由区域汇总

（1）进入 RC 的 OSPF 路由进程

```
RC(config)#router ospf 100
```

（2）配置路由区域汇总

```
RC(config-router)#area 2 range 172.16.0.0 255.255.0.0
```

命令格式为：

```
area 区域号 range 聚合地址
```

这里通过将 Area 2 区域的路由汇总成 172. 16. 0. 0/16 这个大网段。

4. 验证

（1）查看 RA 的路由表

```
RA#show ip rou
Codes: C - connected,S - static,R - RIP,M - mobile,B - BGP
       D - EIGRP,EX - EIGRP external,O - OSPF,IA - OSPF inter area
       N1 - OSPF NSSA external type 1,N2 - OSPF NSSA external type 2
       E1 - OSPF external type 1,E2 - OSPF external type 2
       i - IS - IS,su - IS - IS summary,L1 - IS - IS level -1,L2 - IS - IS level -2
       ia - IS - IS inter area, * - candidate default,U - per - user static route
       o - ODR,P - periodic downloaded static route
Gateway of last resort is not set
O IA 192.168.30.0/24[110/2]via 192.168.20.2,00:11:26,FastEthernet0/0
O IA 172.16.0.0/16[110/3]via 192.168.20.2,00:06:01,FastEthernet0/0
C    192.168.20.0/24 is directly connected,FastEthernet0/0
```

这里可以看到，原来三条明细路由现在已经变成了一条汇总的172.16.0.0/16路由。

（2）连通性测试

```
RA#ping 172.16.10.1
Type escape sequence to abort.
Sending 5,100 - byte ICMP Echos to 172.16.10.1,timeout is 2 seconds:
!!!!!
Success rate is 100 percent(5/5),round - trip min/avg/max =16/40/60 ms
RA#ping 172.16.20.1

Type escape sequence to abort.
Sending 5,100 - byte ICMP Echos to 172.16.20.1,timeout is 2 seconds:
!!!!!
Success rate is 100 percent(5/5),round - trip min/avg/max =24/38/60 ms
RA#ping 172.16.30.1

Type escape sequence to abort.
Sending 5,100 - byte ICMP Echos to 172.16.30.1,timeout is 2 seconds:
!!!!!
Success rate is 100 percent(5/5),round - trip min/avg/max =24/42/64 ms
```

在RA上使用ping命令可以正常ping通RC上的回环口，实验成功。

【写一写】

写出在 OSPF 区域路由汇总的配置命令：

结论：

## 四、任务评价

| 评价项目 | 评价内容 | 参考分 | 评价标准 | 得分 |
|---|---|---|---|---|
| 拓扑图绘制 | 选择正确的连接线<br>选择正确的端口 | 20 | 选择正确的连接线，10 分<br>选择正确的端口，10 分 | |
| IP 地址设置 | 正确配置两台主机的 IP 和网关地址<br>正确配置路由器端口地址 | 20 | 正确配置两台主机的 IP 和网关地址，10 分<br>正确配置路由器端口地址，10 分 | |
| 路由器命令配置 | 正确配置 OSPF 路由<br>正确开启区域路由汇总 | 20 | 正确配置 OSPF 路由，10 分<br>正确开启区域路由汇总，10 分 | |
| 验证测试 | 会查看路由表<br>能读懂路由表信息<br>会进行区域路由汇总 | 30 | 使用命令查看路由表，10 分<br>分析路由表信息含义，10 分<br>在设备中进行区域路由汇总，10 分 | |
| 职业素养 | 任务单填写齐全、整洁、无误 | 10 | 任务单填写齐全、工整，5 分<br>任务单填写无误，5 分 | |

## 五、相关知识

1. OSPF 路由汇总

①路由汇总指的是将多条路由汇总成一条通告。路由汇总对 OSPF 路由进程占用的带宽、CPU 周期和内存资源有直接影响。

②如果不进行路由汇总，每条具体的链路 LSA 都将传播到 OSPF 骨干中，导致不必要的网络数据流和路由器开销。

2. OSPF 路由汇总的优点

①通过路由汇总，可以使只有汇总后的路由传播到骨干（区域 0）中，路由汇总有助于解决 OSPF 的两个问题：路由表规模庞大及频繁地在整个自治系统中扩散 LSA。这种汇总至

关重要，因为它可避免所有路由器都更新其路由表，从而提高了网络的稳定性，减少了不必要的 LSA 扩散。

②另外，如果网络链路出现故障，有关拓扑变化的信息将不会传播到骨干区（进而通过骨干传播到其他区域）。这样，在当前区域外的其他地方将不会发生 LSA 扩散。

3. OSPF 路由汇总的种类

①区域间路由汇总：区域间路由汇总是在 ABR 上进行的，针对的是每个区域内的路由。这种汇总不能用于通过重分发被导入 OSPF 中的外部路由。要实现有效的区域间路由汇总，区域内的网络号应该是连续的，这样可以最大限度地减少汇总后的地址数。

②外部路由汇总：外部路由汇总专门针对通过重分发被导入 OSPF 中的外部路由。同样，确保要对其进行汇总的外部地址范围的连续性至关重要。通常，只在 ASBR 上汇总外部路由。

## 六、课后练习

1. 下列路由协议中，支持无类域间路由选择的有（　　）。(多选题)

A. OSPF　　B. RIP－1　　C. BGP　　D. IGRP

2. 下列叙述中，正确的有（　　）。(多选题)

A. OSPF 是一种基于 D－V 算法的动态单播路由协议

B. 为了节省路由开销，在广播网络 OSPF 以广播地址发送报文

C. 将自治系统化分为不同的区域之后，为了保证区域之间能够正常通信，OSPF 定义骨干区域，并规定骨干区域必须保持连通，其他区域必须与骨干区域连通。由以上规定可以得出如下结论：非骨干区域可以不保持连通，只要被分割的各部分都与骨干区域保持连通即可

D. 一个网段中 priority 最大的那台路由器不一定会被选举为 DR

3. OSPF 路由协议支持的链路类型有（　　）。(多选题)

A. Point－to－Point 链路类型　　B. Point－to－Multipoint 链路类型

C. Broadcast 链路类型　　D. NBMA 链路类型

4. 基于 Broadcast 链路类型的 OSPF 在建立相邻关系时会经过（　　）状态机。(多选题)

A. Init　　B. Attempt　　C. 2－Way　　D. Full

## ——项目小结——

OSPF 是目前企业网内应用最广泛的协议，路由变化收敛快，采用链路状态算法作为路由选路算法，和 RIP 相比，在选路上更加优化。支持分级管理，可以构建无环拓扑。

## ——项目实践——

使用模拟器或者真实设备完成图 1－42 所示的实验拓扑。

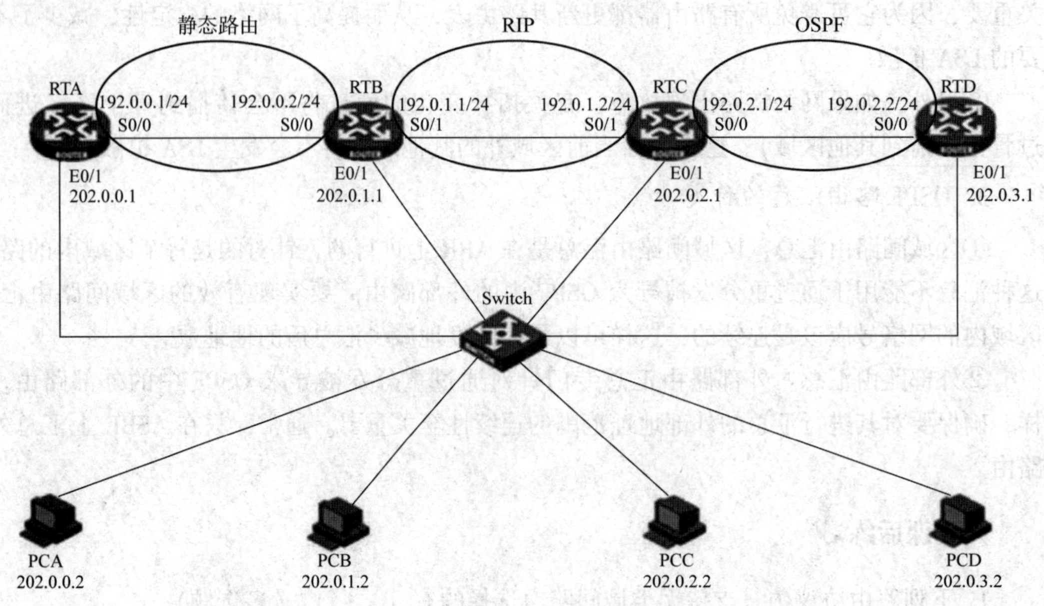


图1－42　拓扑结构图

要求在RTA与RTB之间配置静态路由，在RTB与RTC之间启动RIP协议，在RTC与RTD之间启动OSPF协议。各路由器的各串口默认封装PPP协议，不做另外的配置。交换机在此不需要配置。

路由器的各接口IP地址分配见表1－4。

**表1－4　路由器的各接口IP地址**

| 接口编号 | RTA | RTB | RTC | RTD |
| --- | --- | --- | --- | --- |
| E0/1 | 202.0.0.1/24 | 202.0.1.1/24 | 202.0.2.1/24 | 202.0.3.1/24 |
| S0/0 | 192.0.0.1/24 | 192.0.0.2/24 | 192.0.2.1/24 | 192.0.2.2/24 |
| S0/1 | | 192.0.1.1/24 | 192.0.1.2/24 | |

计算机的IP地址和网关地址分配见表1－5。

**表1－5　IP主机地址和网关地址**

| 信息名称 | PCA | PCB | PCC | PCD |
| --- | --- | --- | --- | --- |
| IP地址 | 202.0.0.2/24 | 202.0.1.2/24 | 202.0.2.2/24 | 202.0.3.2/24 |
| 网关 | 202.0.0.1 | 202.0.1.1 | 202.0.2.1 | 202.0.3.1 |

# 模块二　交换机技术

# 项目一

## 学习交换机的基础配置

### 工单任务1　配置基础 VLAN 实验

#### 一、工作准备

【做一做】

在 Packert Tracer 中添加一个二层交换机（2960），为交换机修改设备名称为 SW1。

【写一写】

写出为交换机创建 VLAN10，并将端口1加入 VLAN 中的命令：

```
SW(config)#__________#创建 VLAN10
SW(config)#__________#进入1号端口模式
SW(config-if)#__________
```

#### 二、任务描述

【任务场景】

PC1 和 PC2 分别接入 SW1 交换机的 F0/1 和 F0/2 端口，配置交换机将 F0/1 口放入 VLAN10，F0/2 口放入 VLAN20，网络拓扑结构如图2-1所示。

【施工拓扑】

施工拓扑图如图2－1所示。

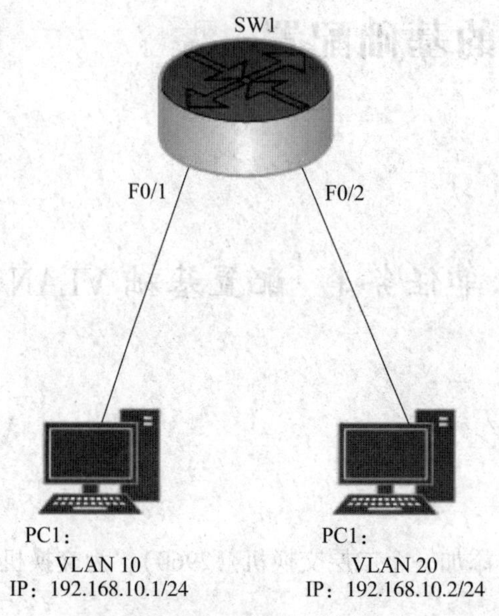


图2－1　施工拓扑图

【设备环境】

本实验采用Packet Tracert进行实验，使用二层交换机，型号为2950T－24，数量为1台，计算机2台。

## 三、任务实施

1. 在SW1交换机上创建VLAN

```
SW1(config)#vlan 10
SW1(config)#vlan 20
SW1(config)#int fastEthernet 0/1
SW1(config-if)#switchport access vlan 10
SW1(config)#int fastEthernet 0/2
SW1(config-if)#switchport access vlan 20
```

2. 测试网络连通性

```
PC1 >ping 192.168.10.2
Pinging 192.168.10.2 with 32 bytes of data:
Request timed out.
Request timed out.
```

```
Request timed out.
Request timed out.
Ping statistics for 192.168.10.2:
    Packets: Sent =4,Received =0,Lost =4(100% loss),
```

PC1 通过 ping 命令与 PC2 的 PC 通信，由于 PC1 和 PC2 不在相同的 VLAN，所以不能相互通信，实验成功。

## 四、任务评价

| 评价项目 | 评价内容 | 参考分 | 评价标准 | 得分 |
|---|---|---|---|---|
| 拓扑图绘制 | 选择正确的连接线<br>选择正确的端口 | 20 | 选择正确的连接线，10 分<br>选择正确的端口，10 分 | |
| IP 地址设置 | 正确地配置各主机地址 | 20 | 正确地配置两台主机地址，20 分 | |
| 交换机命令配置 | 正确地配置交换机设备名称<br>正确地在交换机上创建 VLAN<br>正确地将主机端口加入 VLAN 中 | 20 | 配置交换机设备名称，10 分<br>正确地在交换机上创建 VLAN，5 分<br>正确地将主机端口加入 VLAN 中，5 分 | |
| 验证测试 | 会查看配置信息<br>能读懂配置信息<br>会进行连通性测试 | 30 | 使用命令查看配置信息，10 分<br>分析配置信息含义，10 分<br>在设备中进行连通性测试，10 分 | |
| 职业素养 | 任务单填写<br>齐全、整洁、无误 | 10 | 任务单填写齐全、工整，5 分<br>任务单填写无误，5 分 | |

## 五、相关知识

1. 交换机的工作原理

交换机根据收到数据帧中的源 MAC 地址建立该地址同交换机端口的映射，并将其写入 MAC 地址表中。将数据帧中的目的 MAC 地址同已建立的 MAC 地址表进行比较，以决定由哪个端口进行转发。如果数据帧中的目的 MAC 地址不在 MAC 地址表中，则向所有端口转发，这一过程称为泛洪（flood）。交换机中的广播帧和组播帧向所有的端口转发。

2. 交换机的主要功能

（1）学习

以太网交换机了解每一端口相连设备的 MAC 地址，并将地址同相应的端口映射起来存放在交换机缓存中的 MAC 地址表中。

交换机地址的学习过程如图 2－2 所示。

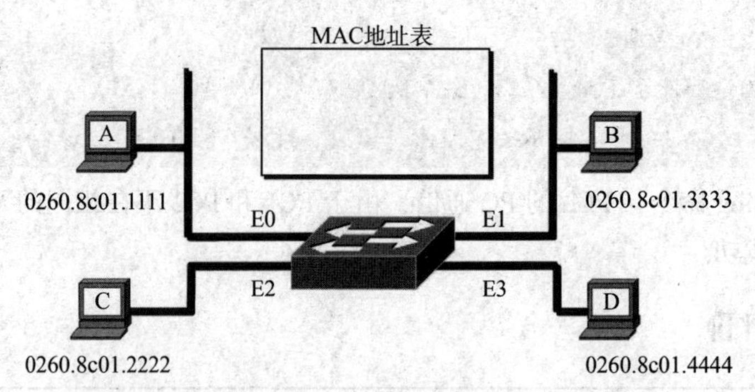


图 2－2　空 MAC 地址表

①最初时 MAC 地址表是空的。

②主机 A 发送数据帧给主机 C。

③交换机通过学习数据帧的源 MAC 地址，记录下主机 A 的 MAC 地址对应端口 E0。

④该数据帧转发到除端口 E0 以外的其他所有端口（不清楚目标主机的单点传送用泛洪方式），如图 2－3 所示。

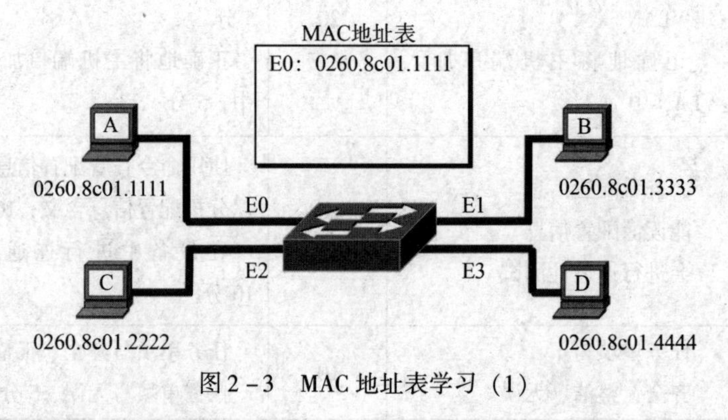


图 2－3　MAC 地址表学习（1）

⑤主机 D 发送数据帧给主机 C。

⑥交换机通过学习数据帧的源 MAC 地址，记录下主机 D 的 MAC 地址对应端口 E3。

⑦该数据帧转发到除端口 E3 以外的其他所有端口（不清楚目标主机的单点传送用泛洪方式），如图 2－4 所示。

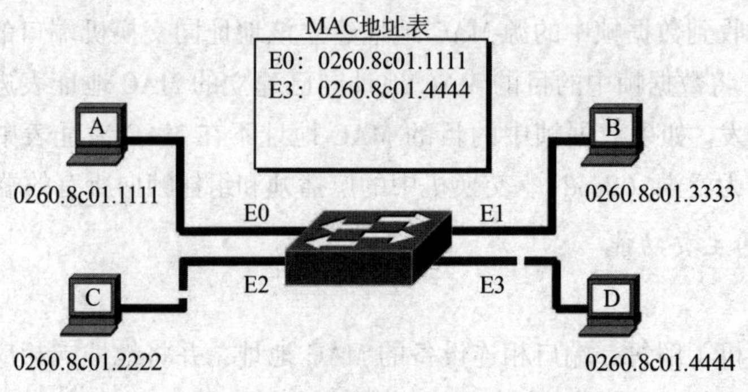


图 2－4　MAC 地址表学习（2）

⑧主机 A 发送数据帧给主机 C 在地址表中有目标主机，数据帧不会泛洪而直接转发，如图 2－5 所示。

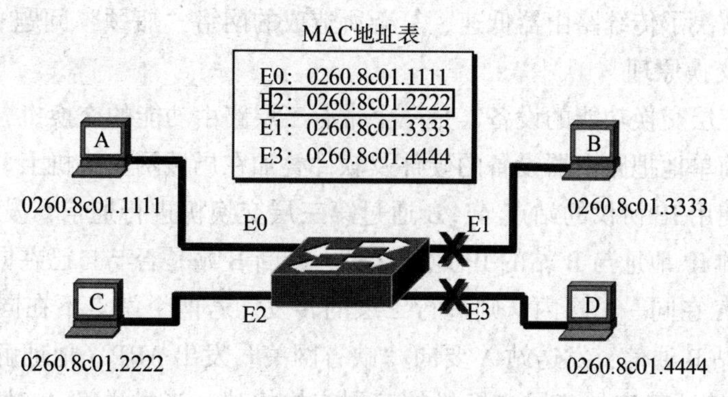


图 2－5　MAC 地址表学习（3）

（2）转发/过滤

当一个数据帧的目的地址在 MAC 地址表中有映射时，它被转发到连接目的节点的端口而不是所有端口（如该数据帧为广播/组播帧，则转发至所有端口）。

（3）消除回路

当交换机包括一个冗余回路时，以太网交换机通过生成树协议避免回路的产生，同时允许存在后备路径。

### 3. 交换机的工作特性

交换机的每一个端口所连接的网段都是一个独立的冲突域。所连接的设备仍然在同一个广播域内，也就是说，交换机不隔绝广播（唯一的例外是在配有 VLAN 的环境中），依据帧头的信息进行转发，因此说交换机是工作在数据链路层的网络设备（此处所述交换机仅指传统的二层交换设备）。

### 4. 交换机的分类

（1）存储转发

交换机在转发之前必须接收整个帧，并进行错误校检，如无错误，再将这一帧发往目的地址。帧通过交换机的转发时延随帧长度的不同而变化。

（2）直通式

交换机只要检查到帧头中所包含的目的地址就立即转发该帧，而无须等待帧全部被接收，也不进行错误校验。由于以太网帧头的长度总是固定的，因此帧通过交换机的转发时延也保持不变。

### 5. 三层交换机

（1）三层交换的概念

三层交换（也称多层交换技术，或 IP 交换技术）是相对于传统交换概念而提出的。众所周知，传统的交换技术是在 OSI 网络标准模型中的第二层——数据链路层进行操作的，而三层交换技术是在网络模型中的第三层实现了数据包的高速转发。简单地说，三层交换技术就是：二层交换技术 + 三层转发技术。

三层交换技术的出现，解决了局域网中网段划分之后，网段中子网必须依赖路由器进行管理的局面，解决了传统路由器低速、复杂所造成的网络“瓶颈”问题。

（2）三层交换原理

一个具有三层交换功能的设备，是一个带有三层路由功能的交换机，但它是二者的有机结合，并不是简单地把路由器设备的硬件及软件叠加在局域网交换机上。

假设两个使用IP协议的站点A、B通过第三层交换机进行通信，发送站点A在开始发送时，把自己的IP地址与B站的IP地址比较，判断B站是否与自己在同一子网内。若目的站B与发送站A在同一子网内，则进行二层的转发。若两个站点不在同一子网内，如发送站A要与目的站B通信，发送站A要向“缺省网关”发出ARP（地址解析）封包，而“缺省网关”的IP地址其实是三层交换机的三层交换模块。当发送站A对“缺省网关”的IP地址广播出一个ARP请求时，如果三层交换模块在以前的通信过程中已经知道B站的MAC地址，则向发送站A回复B的MAC地址。否则，三层交换模块根据路由信息向B站广播一个ARP请求，B站得到此ARP请求后，向三层交换模块回复其MAC地址，三层交换模块保存此地址并回复给发送站A，同时将B站的MAC地址发送到二层交换引擎的MAC地址表中。从这以后，A向B发送的数据包便全部交给二层交换机处理，信息得到高速交换。由于仅仅在路由过程中才需要三层处理，绝大部分数据都通过二层交换机转发，因此三层交换机的速度很快，接近二层交换机的速度，同时比相同路由器的价格低很多。

6. VLAN

（1）VLAN的介绍

VLAN（Virtual LAN），翻译成中文是“虚拟局域网”。LAN可以是由少数几台家用计算机构成的网络，也可以是数以百计的计算机构成的企业网络。VLAN所指的LAN特指使用路由器分割的网络，也就是广播域。

（2）广播域

广播域指的是广播帧（目标MAC地址全部为1）所能传递到的范围，也即能够直接通信的范围。严格地说，并不仅仅是广播帧，多播帧（Multicast Frame）和目标不明的单播帧（Unknown Unicast Frame）也能在同一个广播域中畅行无阻。二层交换机只能构建单一的广播域，不过使用VLAN功能后，它能够将网络分割成多个广播域。

如果仅有一个广播域，会影响到网络整体的传输性能，所以广播域需要尽可能地缩小。

（3）VLAN通信原理

①在一台未设置任何VLAN的二层交换机上，任何广播帧都会被转发给除接收端口外的所有其他端口（Flooding），如图2-6所示。

②假设将交换机上的VLAN定义为红、蓝两个VLAN；同时设置端口1、2属于红色VLAN，端口3、4属于蓝色VLAN。如果再从A发出广播帧，交换机就只会把它转发给同属于红色VLAN的端口2，不会再转发给属于蓝色VLAN的端口，如图2-7所示。

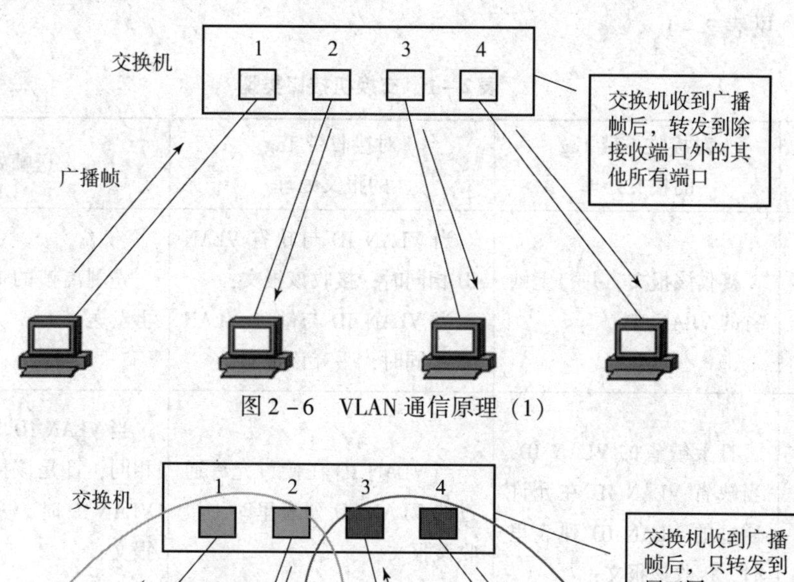


图 2－6　VLAN 通信原理（1）

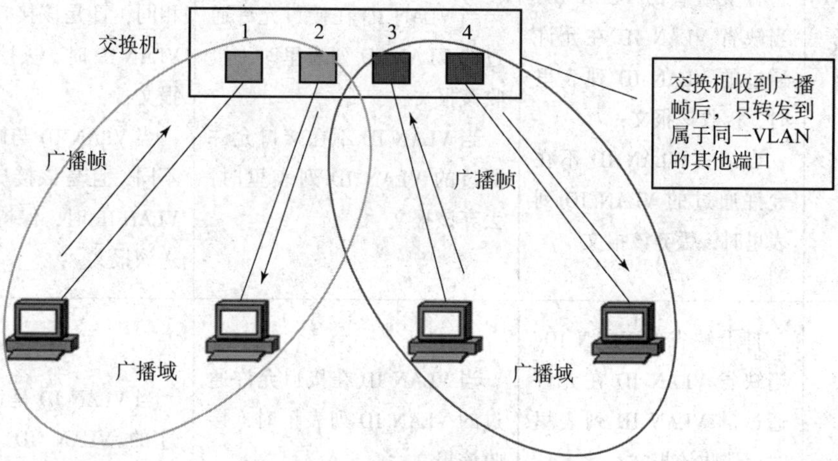

图 2－7　VLAN 通信原理（2）

③VLAN 的帧格式如图 2－8 所示。

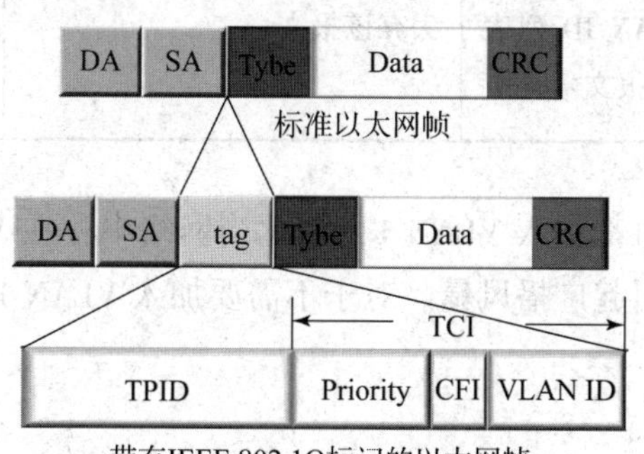


图 2－8　VLAN 的帧格式

④为了提高处理效率，交换机内部的数据帧一律都带有 VLAN Tag，以统一方式处理。当一个数据帧进入交换机接口时，如果没有带 VLAN Tag，且该接口上配置了 PVID（Port Default VLAN ID），那么，该数据帧就会被标记上接口的 PVID。如果数据帧已经带有 VLAN Tag，那么，即使接口已经配置了 PVID，交换机也不会再给数据帧标记 VLAN Tag。

由于接口类型不同，交换机对数据帧的处理过程也不同。下面根据不同的接口类型分别进行介绍，见表2－1。

表2－1　交换机接口类型

| 接口类型 | 对接收不带Tag的报文处理 | 对接收带Tag的报文处理 | 发送帧处理过程 |
| --- | --- | --- | --- |
| Access接口 | 接收该报文，并打上缺省的VLAN ID | 当VLAN ID与缺省VLAN ID相同时，接收该报文；<br>当VLAN ID与缺省VLAN ID不同时，丢弃该报文 | 先剥离帧的PVID Tag，然后再发送 |
| Trunk接口 | 打上缺省的VLAN ID，当缺省VLAN ID在允许通过的VLAN ID列表里时，接收该报文；<br>当缺省VLAN ID不在允许通过的VLAN ID列表里时，丢弃该报文 | 当VLAN ID在接口允许通过的VLAN ID列表里时，接收该报文；<br>当VLAN ID不在接口允许通过的VLAN ID列表里时，丢弃该报文 | 当VLAN ID与缺省VLAN ID相同，且是该接口允许通过的VLAN ID时，去掉Tag，发送该报文；<br>当VLAN ID与缺省VLAN ID不同，且是该接口允许通过的VLAN ID时，保持原有Tag，发送该报文 |
| Hybrid接口 | 打上缺省的VLAN ID，当缺省VLAN ID在允许通过的VLAN ID列表里时，接收该报文；<br>打上缺省的VLAN ID，当缺省VLAN ID不在允许通过的VLAN ID列表里时，丢弃该报文 | 当VLAN ID在接口允许通过的VLAN ID列表里时，接收该报文；<br>当VLAN ID不在接口允许通过的VLAN ID列表里时，丢弃该报文 | 当VLAN ID是该接口允许通过的VLAN ID时，发送该报文；<br>可以通过命令设置发送时是否携带Tag |

默认所有设备的接口都加入VLAN 1，因此当网络中存在VLAN 1的未知单播、组播或者广播报文时，可能会引起广播风暴。对于不需要加入VLAN 1的接口，及时退出VLAN 1，避免环路。

7. VLAN配置

（1）创建VLAN方法一

1）进入VLAN数据库

```
switch#vlan database
```

2）创建VLAN 10

```
switch(vlan)#vlan 10
```

（2）创建 VLAN 方法二

①全局模式下直接创建 VLAN 10。

```
switch(config)#vlan 10
```

②将端口加入 VLAN 中。

```
switch(config-if)#switchport access vlan 10
```

③将一组连续的端口加入 VLAN 中。

```
switch(config)#interface range fastEthernet0/1-5
```

④将不连续的多个端口加入 VLAN 中。

```
switch(config)#interfacerange fa0/6-8,0/9-11,0/22
switch(config-if-range)#switchportaccess vlan 10
```

⑤查看所有 VLAN 的摘要信息。

```
switch#show vlan brief
```

## 六、课后练习

1. 以太网是（ ）标准的具体实现。

A. 802.3　　B. 802.4　　C. 802.5　　D. 802.z

2. 在以太网中（ ）可以将网络分成多个冲突域，但不能将网络分成多个广播域。

A. 中继器　　B. 二层交换机　　C. 路由器　　D. 集线器

3. （ ）设备可以看作一种多端口的网桥设备。

A. 中继器　　B. 交换机　　C. 路由器　　D. 集线器

4. 在以太网中，是根据（ ）地址来区分不同设备的。

A. IP 地址　　B. IPX 地址　　C. LLC 地址　　D. MAC 地址

# 工单任务2　跨越交换机实现相同 VLAN 间通信

## 一、工作准备

**【想一想】**

什么是 Trunk？它的作用是什么？

【写一写】

写出将交换机SW的10号端口设置为Trunk的命令：

```
SW(config)#__________#进入10号端口
SW(config-if)#__________
```

## 二、任务描述

【任务场景】

在SW1和SW2交换机上创建VLAN 10和VLAN 20，配置Trunk实现同一VLAN里的计算机能跨交换机进行相互通信，如图2-9所示。

【施工拓扑】

施工拓扑图如图2-9所示。

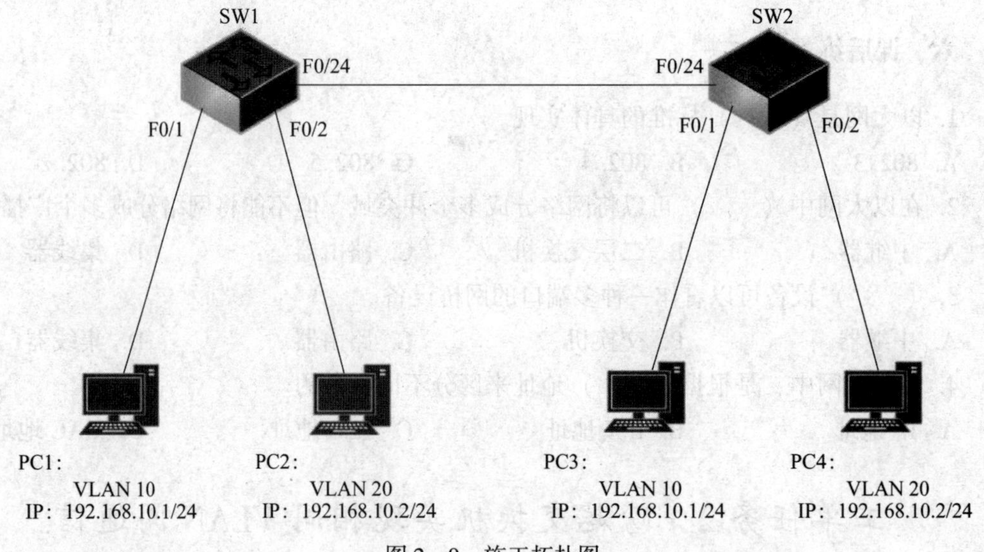


图2-9　施工拓扑图

【设备环境】

本实验采用Packet Tracert进行实验，使用二层交换机，型号为2950T-24，数量为2台，计算机4台。

## 三、任务实施

1. 在交换机上创建相应VLAN

（1）在交换机SW1上创建VLAN

```
SW1(config)#vlan 10
SW1(config)#vlan 20
```

（2）在交换机 SW2 上创建 VLAN

```
SW2(config)#________________          #创建 VLAN 10
SW2(config)#________________          #创建 VLAN 20
```

2. 将交换机端口加入相应 VLAN

（1）将 SW1 的端口加入对应 VLAN

```
SW1(config)#int fastEthernet 0/1
SW1(config-if)#switchport access vlan 10
SW1(config)#int fastEthernet 0/2
SW1(config-if)#switchport access vlan 20
```

（2）将 SW2 的端口加入对应 VLAN

```
SW2(config)#________________             #进入1号端口
SW2(config-if)#________________          #将1号端口加入 VLAN 10
SW2(config)#________________             #进入2号端口
SW2(config-if)#________________          #将2号端口加入 VLAN 20
```

3. 在交换机 SW1 和 SW2 上配置相连端口为 TAG VLAN 模式

（1）SW1 配置

```
SW1(config)#int fastEthernet 0/24
SW1(config-if)#switchport mode trunk
SW1(config-if)#switchport trunk allowed vlan all
```

（2）SW2 配置

```
SW2(config)#________________
SW2(config-if)#________________          #将24号端口模式设置为 Trunk
SW2(config-if)#________________          #允许所有 VLAN 通过 Trunk 口
```

4. 验证

```
PC1>ping 192.168.10.3
Pinging 192.168.10.3 with 32 bytes of data:
Reply from 192.168.10.3: bytes=32 time=1ms TTL=128
Reply from 192.168.10.3: bytes=32 time=0ms TTL=128
Reply from 192.168.10.3: bytes=32 time=0ms TTL=128
```

```
Reply from 192.168.10.3: bytes =32 time =0ms TTL =128
Ping statistics for 192.168.10.3:
    Packets: Sent =4,Received =4,Lost =0(0% loss),
Approximate round trip times in milli - seconds:
    Minimum =0ms,Maximum =1ms,Average =0ms

PC1 >ping 192.168.10.4
Pinging 192.168.10.4 with 32 bytes of data:
Request timed out.
Request timed out.
Request timed out.
Request timed out.
Ping statistics for 192.168.10.4:
    Packets:Sent =4,Received =0,Lost =4(100% loss),
```

使用PC1分别与PC3、PC4做连通性测试，结果发现同属于相同VLAN的PC可以相互通信（PC1与PC3同属于VLAN10），不同VLAN（PC1和PC4）不能相互通信。

## 四、任务评价

| 评价项目 | 评价内容 | 参考分 | 评价标准 | 得分 |
|---|---|---|---|---|
| 拓扑图绘制 | 选择正确的连接线<br>选择正确的端口 | 10 | 选择正确的连接线，5分<br>选择正确的端口，5分 | |
| IP地址设置 | 正确配置各主机地址 | 10 | 正确配置四台主机地址，10分 | |
| 交换机命令配置 | 正确配置交换机设备名称<br>正确地在交换机上创建VLAN<br>正确地将主机端口加入VLAN中<br>正确设置端口模式 | 40 | 配置交换机设备名称，10分<br>正确地在交换机上创建VLAN，10分<br>正确地将主机端口加入VLAN中，10分<br>正确设置两台交换机对应公共端口的模式为Trunk，10分 | |
| 验证测试 | 会查看配置信息<br>能读懂配置信息<br>会进行连通性测试 | 20 | 使用命令查看配置信息，5分<br>分析配置信息含义，5分<br>在设备中进行连通性测试，10分 | |
| 职业素养 | 任务单填写齐全、整洁、无误 | 20 | 任务单填写齐全、工整，10分<br>任务单填写无误，10分 | |

## 五、相关知识

1. VLAN 内跨越交换机通信原理

有时属于同一个 VLAN 的用户主机被连接在不同的交换机上。当 VLAN 跨越交换机时，就需要交换机间的接口能够同时识别和发送跨越交换机的 VLAN 报文。这时需要用到 Trunk Link 技术。

Trunk Link 有如下两个作用。

（1）中继作用

把 VLAN 报文传到互连的交换机。

（2）干线作用

一条 Trunk Link 上可以传输多个 VLAN 报文。

2. Trunk 命令

（1）进入 F0/1 接口

```
Switch(config)#interface fastEthernet0/1
```

（2）将端口模式设置为 Trunk

```
Switch(config-if)#switchport  mode trunk
```

（3）允许所有 VLAN 通过 Trunk 口

```
Switch(config-if)#switchport trunk allowed vlan all
```

## 六、课后练习

1. VLAN 的 Tag 信息包含在（　　）。

A. 以太网帧头中　　B. IP 报文头中

C. TCP 报文头中　　D. UDP 报文头中

2. VLAN 标定了（　　）的范围。

A. 冲突域　　B. 广播域

C. TRUST 域　　D. DMZ 域

3. 下列关于 VLAN 标签头的描述，正确的是（　　）。

A. 对于连接到交换机上的用户计算机来说，是不需要知道 VLAN 信息的

B. 当交换机确定了报文发送的端口后，无论报文是否含有标签头，都会把报文发送给用户，由收到此报文的计算机负责把标签头从以太网帧中删除，再做处理

C. 连接到交换机上的用户计算机需要了解网络中的 VLAN

D. 连接到交换机上的用户计算机发出的报文都是打标签头的报文

4. 下列叙述中，正确的选项为（　　）。

A. 基于 MAC 地址划分 VLAN 的缺点是初始化时，所有的用户都不必进行配置

B. 基于 MAC 地址划分 VLAN 的优点是当用户物理位置移动时，VLAN 不用重新配置

C. 基于 MAC 地址划分 VLAN 的缺点是如果 VLAN A 的用户离开了原来的端口，到了一个新的交换机的某个端口，那么就必须重新定义

D. 基于子网划分 VLAN 的方法可以提高报文转发的速度

# 工单任务3　使用单臂路由实现不同 VLAN 间通信

## 一、工作准备

【想一想】

路由器的端口地址和主机中的网关地址有什么关系？如何在路由器中为多个 VLAN 分别创建一个接口地址？

【写一写】

写出在路由器 R1 上创建子接口 F0/0.3，并将接口地址配置为 192.168.10.3/24 的命令：

```
R1(config)# __________
R1(config-subif)# __________
R1(config-subif)# __________
```

## 二、任务描述

【任务场景】

在二层交换机 SWA 上创建 VLAN 10 和 VLAN 20，在 RTA 上对物理口 F0/0 划分子接口并封装802.1Q 协议，使每一个子接口分别充当 VLAN 10 和 VLAN 20 网段中主机的网关，实现 VLAN 10 和 VLAN 20 的相互通信，如图 2-10 所示。

【施工拓扑】

施工拓扑图如图 2-10 所示。

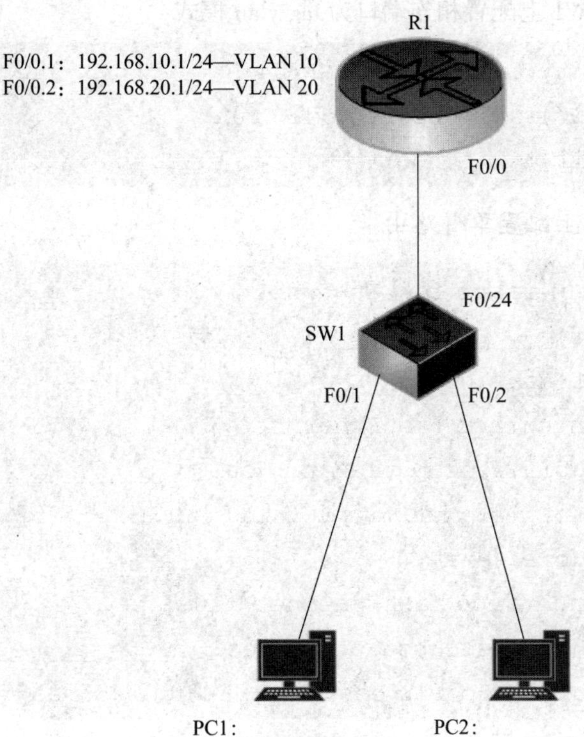


图 2－10　施工拓扑图

【设备环境】

本实验采用 Packet Tracert 进行实验，使用的二层交换机型号为 2950T－24，数量为 1 台，路由型号为 Router－PT，数量为 1 台，计算机 2 台。

## 三、任务实施

1. 在 SW1 交换机上创建 VLAN、Trunk，并将接口放入相应的 VLAN 中

（1）在交换机 SW1 上创建 VLAN

```
SW1(config)#vlan 10
SW1(config)#vlan 20
```

（2）将交换机端口加入相应 VLAN

```
SW1(config)#int fastEthernet 0/1
SW1(config-if)#switchport access vlan 10
SW1(config)#int fastEthernet 0/2
SW1(config-if)#switchport access vlan 20
```

（3）在交换机SW1上配置相连端口为tag vlan模式

```
SW1(config)#int fastEthernet 0/24
SW1(config-if)#switchport mode trunk
SW1(config-if)#switchport trunk allowed vlan all
```

2. 在R1路由器上配置单臂路由

```
R1(config)#interface fastEthernet 0/0
R1(config-if)#_______________          #开启端口
R1(config-if)#exit
R1(config)#interface fastEthernet0/0.1
R1(config-subif)#encapsulation dot1Q _______________
R1(config-subif)#ip address 192.168.10.1 255.255.255.0
R1(config-subif)#exit
R1(config)#interface fastEthernet 0/0.2
R1(config-subif)#encapsulation dot1Q _______________
R1(config-subif)#ip address 192.168.20.1 255.255.255.0
```

3. 验证

```
PC1>ping 192.168.20.2
Pinging 192.168.20.2 with 32 bytes of data:
Reply from 192.168.20.2:bytes=32 time=1ms TTL=127
Reply from 192.168.20.2:bytes=32 time=0ms TTL=127
Reply from 192.168.20.2:bytes=32 time=0ms TTL=127
Reply from 192.168.20.2:bytes=32 time=0ms TTL=127
Ping statistics for 192.168.20.2:
    Packets:Sent=4,Received=4,Lost=0(0% loss),
Approximate round trip times in milli-seconds:
    Minimum=0ms,Maximum=1ms,Average=0ms
```

在PC1上使用ping命令测试与VLAN 20的PC2的连通性，测试结果为可以正常通信，实验成功。

## 四、任务评价

| 评价项目 | 评价内容 | 参考分 | 评价标准 | 得分 |
|---|---|---|---|---|
| 拓扑图绘制 | 选择正确的连接线<br>选择正确的端口 | 10 | 选择正确的连接线，5分<br>选择正确的端口，5分 | |

续表

| 评价项目 | 评价内容 | 参考分 | 评价标准 | 得分 |
| --- | --- | --- | --- | --- |
| IP 地址设置 | 正确配置各主机地址<br>正确配置交换机和路由器设备名称 | 15 | 正确配置两台主机 IP 和网关，10 分<br>正确配置交换机和路由器设备名称，5 分 | |
| 交换机命令配置 | 正确地在交换机上创建 VLAN 并将端口加入<br>正确设置端口模式 | 20 | 正确地在交换机上创建 VLAN 并将端口加入，10 分<br>正确设置交换机公共端口的模式为 Trunk，10 分 | |
| 路由器命令配置 | 正确地在路由器上创建子接口 | 20 | 开启路由器端口，5 分<br>正确创建路由器子接口并配置 IP 地址，15 分 | |
| 验证测试 | 会查看配置信息<br>能读懂配置信息<br>会进行连通性测试 | 15 | 使用命令查看配置信息，5 分<br>分析配置信息含义，5 分<br>在设备中进行连通性测试，5 分 | |
| 职业素养 | 任务单填写<br>齐全、整洁、无误 | 20 | 任务单填写齐全、工整，10 分<br>任务单填写无误，10 分 | |

## 五、相关知识

1. 单臂路由原理

在交换网络中，通过 VLAN 对一个物理网络进行了逻辑划分，不同的 VLAN 之间是无法直接访问的，必须通过三层的路由设备进行连接。一般利用路由器或三层交换机来实现不同 VLAN 之间的互相访问。将路由器和交换机相连，使用 IEEE 802.1q 来启动路由器上子接口为干道模式，就可以利用路由器来实现 VLAN 之间的通信。

2. dot1q

dot1q 是 VLAN 中继协议。

常用的两种封装标准如下。

802.1q：数据封装时，在帧头嵌入 VLAN 标识，如图 2－11 所示。

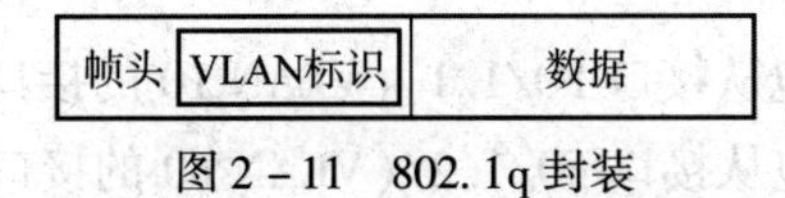


图 2－11　802.1q 封装

isl 协议：在帧头前面装入 VLAN 标识，重新封装数据，如图 2－12 所示。

| VLAN标识 | 帧头 | 数据 |
|---|---|---|

图 2－12　isl 封装

3. 工作过程

如图 2－13 所示，路由器可以从某一个 VLAN 接收数据包，并将这个数据包转发到另外一个 VLAN。要实施 VLAN 间的路由，必须在一个路由器的物理接口上启用子接口，也就是将以太网物理接口划分为多个逻辑的、可编址的接口，并配置干道模式。每个 VLAN 对应一个这种接口，这样路由器就能够知道如何到达这些互连的 VLAN。图 2－13 中将子接口 F0/0.1 封装为 VLAN 10，子接口 F0/0.2 封装为 VLAN 20，实现 VLAN 间互通。

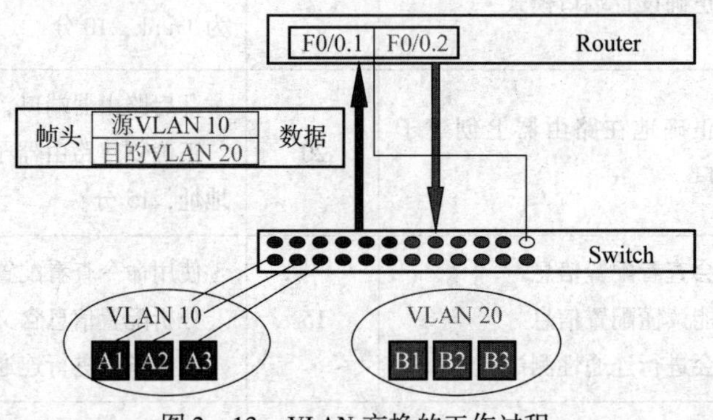


图 2－13　VLAN 交换的工作过程

4. 单臂路由配置

（1）创建 Router，Fa0/0 的子接口为 F0/0.1

```
R1(config)#interface fastEthernet0/0.1
```

（2）使用 DOT1Q 封装子接口为 VLAN 10

```
R1(config-subif)#encapsulation dot1Q 10
```

（3）为子接口配置 IP 地址

```
R1(config-subif)#ip address[ip-address][netmask]
```

## 六、课后练习

1. 如图 2－14 所示，路由器被配置为连接到上行中继。从 F0/1 物理接口上收到了来自 VLAN 10 的一个数据包，目的地址为 192.168.1.120。路由器处理此数据包的方式是（　　）。

A. 路由器会将该数据包从接口 F0/1.1（VLAN 10 的接口）转发出去

B. 路由器会将该数据包从接口 F0/1.2（VLAN 60 的接口）转发出去

C. 路由器会将该数据包从接口 F0/1.3（VLAN 60 的接口）转发出去

D. 路由器会将该数据包从接口 F0/1.3（VLAN 120 的接口）转发出去

```
RA(config)#interface fastethernet 0/1
RA(config-if)#no shutdown
RA(config-if)#interface fastethernet 0/1.1
RA(config-subif)#encapsulation dot1q 10
RA(config-subif)#ip address 192.168.1.49 255.255.255.240
RA(config-if)#interface fastethernet 0/1.2
RA(config-subif)#encapsulation dot1q 60
RA(config-subif)#ip address 192.168.1.65 255.255.255.192
RA(config-if)#interface fastethernet 0/1.3
RA(config-subif)#encapsulation dot1q 120
RA(config-subif)#ip address 192.168.1.193 255.255.255.224
RA(config-subif)#end
```

图 2－14　习题 1 图

2. 下列关于图 2－15 所示输出的说法中，正确的是（　　）。

A. 该物理接口未打开

B. 两个物理中继接口的配置显示在此输出中

C. 此设备采用 DTP 动态协商中继链路

D. 网络 10.10.10.0/24 和网络 10.10.11.0/24 的流量通过同一个物理接口传输

3. 路由器 R1 的 F0/0 端口与交换机 S1 的 F0/1 端口相连。在两台设备上输入图 2－16 所示的命令后，网络管理员发现 VLAN 2 中的设备无法 ping VLAN 1 中的设备。此问题可能的原因是（　　）。

A. R1 被配置为单臂路由器，但 S1 上未配置中继

B. R1 的 VLAN 数据库中未输入 VLAN

C. 生成树协议阻塞了 R1 的 F0/0 端口

D. 尚未使用 no shutdown 命令打开 R1 的子接口

```
R1# show vlan
Virtual LAN ID: 1 (IEEE 802.1Q Encapsulation)
   VLAN Trunk Interface: FastEthernet0/0.1
This is configured as native Vlan for the following interface(s): FastEthernet0/0
  Protocols Configured:    Address:      Received:   Transmitted:
          IP               10.10.10.1        0            2

Virtual LAN ID: 2 (IEEE 802.1Q Encapsulation)
   VLAN Trunk Interface: FastEthernet0/0.2
Protocols Configured:      Address:      Received:   Transmitted:
          IP               10.10.11.1        9            9
```

图 2－15　习题 2 图

```
R1(config)# interface fa0/0.1
R1(config-subif)# encapsulation dot1Q 1
R1(config-subif)# ip address 10.1.1.1 255.255.255.0
R1(config-subif)# exit
R1(config)# interface fa0/0.2
R1(config-subif)# encapsulation dot1Q 2
R1(config-subif)# ip address 10.1.2.1 255.255.255.0
R1(config-subif)# end
```

```
S1(config)# interface fa0/1
S1(config-if)# switchport access vlan 1
S1(config-if)# switchport access vlan 2
S1(config-if)# no shutdown
```

图 2－16　习题 3 图

## 工单任务 4　使用 SVI 接口实现不同 VLAN 间的通信

### 一、工作准备

**【想一想】**

什么是 SVI 接口？在三层交换机上如何实现 SVI 接口？

【写一写】

写出在三层交换机 SW 上创建 SVI 接口的命令（VLAN 20：193. 168. 50. 254/24）：

```
SW(config)# __________
SW(config-if)# __________
```

## 二、任务描述

【任务场景】

在 SW1 和 SW2 交换机上创建 VLAN 10 和 VLAN 20，配置 Trunk 实现同一 VLAN 里的计算机能跨越交换机进行相互通信，并且在 SW2 三层交换机上配置 SVI 虚拟接口，利用三层交换机实现不同 VLAN 间的路由，如图 2－17 所示。

【施工拓扑】

施工拓扑图如图 2－17 所示。

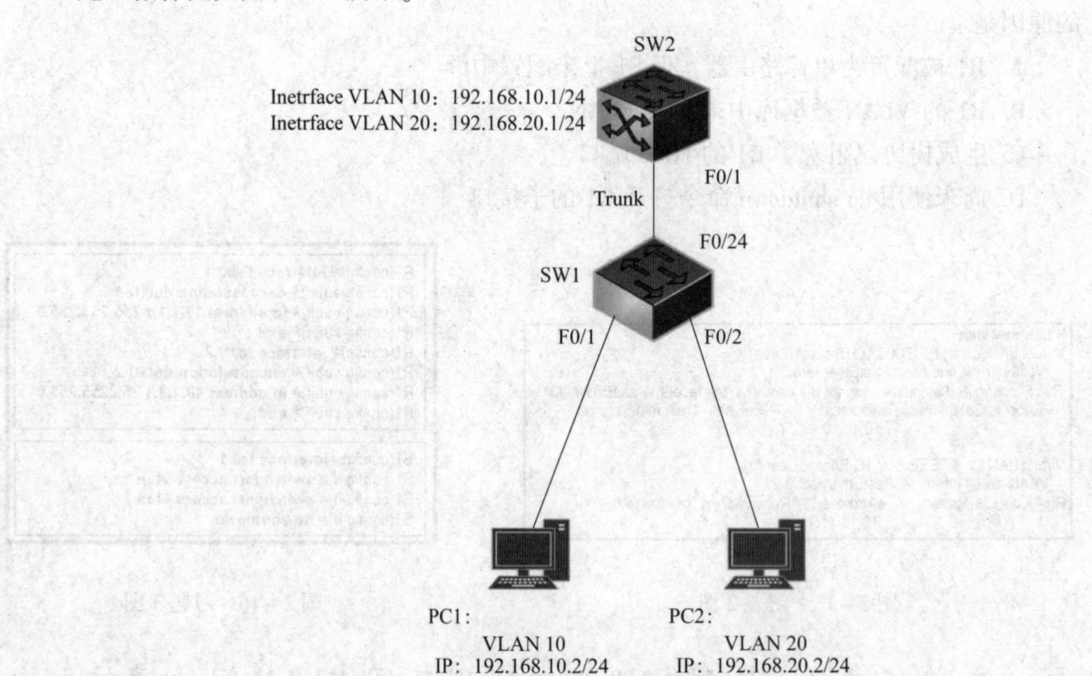


图 2－17　施工拓扑图

【设备环境】

本实验采用 Packet Tracert 进行实验，使用二层交换机型号为 2950T－24，数量为 1 台，三层交换机型号为 S3560，数量为 1 台，计算机 2 台。

## 三、任务实施

1. 在 SW1 交换机上创建 VLAN、Trunk，并将接口放入相应的 VLAN 中

（1）在交换机 SW1 上创建 VLAN

```
SW1(config)#vlan 10
SW1(config)#vlan 20
```

（2）将交换机端口加入相应 VLAN

```
SW1(config)#int fastEthernet 0/1
SW1(config-if)#switchport access vlan 10
SW1(config)#int fastEthernet 0/2
SW1(config-if)#switchport access vlan 20
```

（3）在交换机 SW1 上配置相连端口为 TAG VLAN 模式

```
SW1(config)#______________
SW1(config-if)#______________
SW1(config-if)#switchport trunk allowed vlan all
```

2. 在 SW2 交换机上创建 VLAN、Trunk

（1）在交换机 SW1 上创建 VLAN

```
SW2(config)#vlan 10
SW2(config)#vlan 20
```

（2）在交换机 SW2 上配置相连端口为 TAG VLAN 模式

```
SW2(config)#______________
SW2(config-if)#______________
SW2(config-if)#______________
```

3. 配置三层交换机 VLAN 间通信

```
SW2(config)#interface vlan ______________
SW2(config-if)#ip address 192.168.10.1 255.255.255.0
SW2(config)#interface vlan ______________
SW2(config-if)#ip address 192.168.20.1 255.255.255.0
```

4. 验证

（1）PC1 ping PC2

```
PC1 >______________
Pinging 192.168.20.2 with 32 bytes of data:
Reply from 192.168.20.2:bytes =32 time =1ms TTL =127
Reply from 192.168.20.2:bytes =32 time =0ms TTL =127
Reply from 192.168.20.2:bytes =32 time =0ms TTL =127
Reply from 192.168.20.2:bytes =32 time =0ms TTL =127
Ping statistics for 192.168.20.2:
    Packets:Sent =4,Received =4,Lost =0(0% loss),
Approximate round trip times in milli -seconds:
    Minimum =0ms,Maximum =1ms,Average =0ms
```

（2）PC2 ping PC1

```
PC2 >ping 192.168.10.2
Pinging 192.168.10.2 with 32 bytes of data:
Reply from 192.168.10.2:bytes =32 time =1ms TTL =127
Reply from 192.168.10.2:bytes =32 time =0ms TTL =127
Reply from 192.168.10.2:bytes =32 time =0ms TTL =127
Reply from 192.168.10.2:bytes =32 time =0ms TTL =127
Ping statistics for 192.168.10.2:
    Packets:Sent =4,Received =4,Lost =0(0% loss),
Approximate round trip times in milli -seconds:
    Minimum =0ms,Maximum =1ms,Average =0ms
```

使用处于不同网段的两台计算机，通过以上信息发现可以正常通信，实验成功。

## 四、任务评价

| 评价项目 | 评价内容 | 参考分 | 评价标准 | 得分 |
| --- | --- | --- | --- | --- |
| 拓扑图绘制 | 选择正确的连接线<br>选择正确的端口 | 10 | 选择正确的连接线，5 分<br>选择正确的端口，5 分 | |
| IP 地址设置 | 正确配置各主机地址<br>正确配置交换机设备名称 | 15 | 正确配置两台主机 IP 和网关，10 分<br>正确配置交换机和路由器设备名称，5 分 | |
| 二层交换机命令配置 | 正确地在交换机上创建 VLAN 并将端口加入<br>正确设置端口模式 | 20 | 正确地在交换机上创建 VLAN 并将端口加入，10 分<br>正确设置交换机公共端口的模式为 Trunk，10 分 | |

续表

| 评价项目 | 评价内容 | 参考分 | 评价标准 | 得分 |
|---|---|---|---|---|
| 三层交换机命令配置 | 正确地在三层交换机上创建 SVI | 20 | 正确地在三层交换机上创建 SVI，10 分<br>正确设置 SVI 接口地址，10 分 | |
| 验证测试 | 会查看配置信息<br>能读懂配置信息<br>会进行连通性测试 | 15 | 使用命令查看配置信息，5 分<br>分析配置信息含义，5 分<br>在设备中进行连通性测试，5 分 | |
| 职业素养 | 任务单填写齐全、整洁、无误 | 20 | 任务单填写齐全、工整，10 分<br>任务单填写无误，10 分 | |

## 五、相关知识

### 1. 三层交换机 VLAN 互访原理

利用三层交换机的路由功能，通过识别数据包的 IP 地址，查找路由表进行选路转发。三层交换机利用直连路由可以实现不同 VLAN 之间的互相访问。三层交换机给接口配置 IP 地址，采用 SVI（交换虚拟接口）的方式实现 VLAN 间互连。SVI 是指为交换机中的 VLAN 创建虚拟接口，并且配置 IP 地址。

### 2. SVI 配置

（1）为 VLAN 创建 SVI 接口

```
SW(config)#interface vlan[VLAN - ID]
```

（2）为 SVI 接口配置 IP 地址

```
SW(config - if)#ip address[ip - address][netmask]
```

## 六、课后练习

1. 下列关于使用子接口进行 VLAN 间路由的说法中，正确的有（　　）。

A. 需要使用的交换机端口较多

B. 物理配置较简单

C. 子接口不会争用带宽

D. 在路由失败时，第 3 层故障排除较简单

2. 当将路由器接口配置为 VLAN 中继端口时，必须遵循的要素是（　　）。

A. 每个 VLAN 对应一个物理接口

B. 每个子接口对应一个物理接口

C. 每个子接口对应一个 IP 网络或子网

D. 每个 VLAN 对应一条中继链路

3. 当网络中使用 VLAN 间路由时，下列关于 ARP 的说法中，正确的是（　　）。

A. 当采用单臂路由器 VLAN 间路由时，每个子接口在响应 ARP 请求时都会发送独立的 MAC 地址

B. 当采用 VLAN 时，交换机收到 PC 发来的 ARP 请求后，会使用通向该 PC 的端口的 MAC 地址来响应该 ARP 请求

C. 当采用单臂路由器 VLAN 间路由时，路由器会使用物理接口的 MAC 地址响应 ARP 请求

## ——项目小结——

本项目主要介绍虚拟局域网技术（VLAN），VLAN 主要有两个作用：一是有效地控制广播域的范围，二是 VLAN 可以将设备分组，增强局域网的安全性（业务隔离）。交换机用 VLAN 标签来区分不同的以太网帧。

当报文进出交换机端口时，端口可以对报文采取不同的处理方式，这些不同的处理方式对应交换机端口的不同模式。Access 模式用于连接普通终端，Trunk 模式能够转发多个不同 VLAN 通信的端口，一般用于交换机互连。

当前实际环境中，一般都用三层交机通过 SVI 接口来做 VLAN 间路由，很少用路由器来做 VLAN 间路由。

## ——项目实践——

使用模拟器或者真实设备配置图 2－18 所示拓扑图。

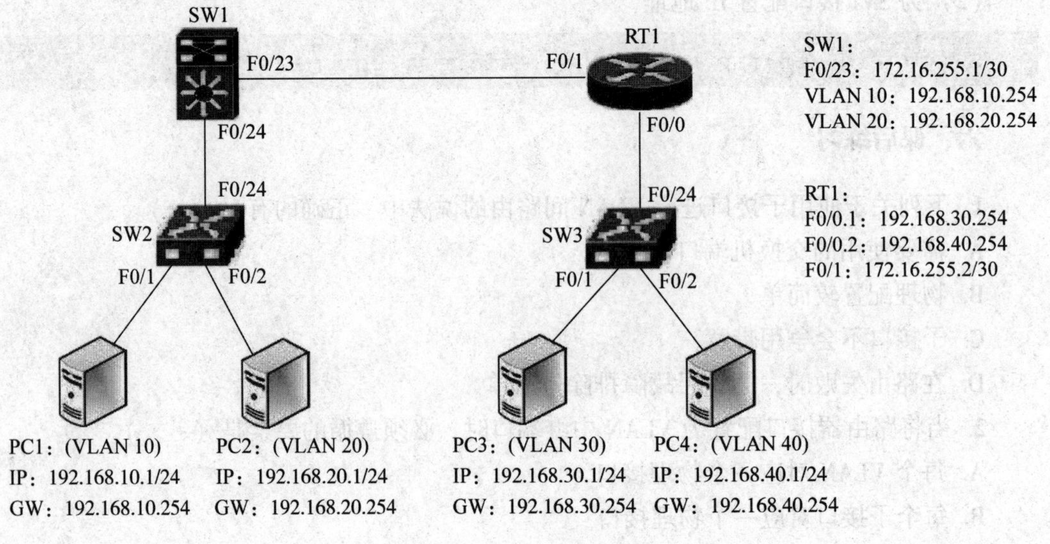


图 2－18　拓扑图

配置要求：

1. 配置交换机路由器各接口地址、VLAN。
2. 分别配置 SVI 和路由器子接口，实现 VLAN 间路由。
3. 配置静态路由或者动态路由，实现全网通。
4. 使用 PC 相互 ping，测试连通性。

# 项目二
## 端口聚合技术

### 工单任务1　配置二层端口聚合

#### 一、工作准备

【想一想】

什么是端口聚合？在二层交换机上创建 AP，需要注意哪些因素？

【写一写】

写出将端口（3 和 4）加入端口聚合组 1 并开启功能的命令：

```
SW1(config)#________________
SW1(config-if-range)#________________          #设置端口模式为 Trunk
SW1(config-if-range)#________________
```

#### 二、任务描述

【任务场景】

将 PC1 放入 SW1 的 VLAN 10、PC2 放入 SW2 的 VLAN 10。在 SW1 和 SW2 的互连口 F0/23 和 F0/24 开启二层端口聚合，用于提高链路冗余和增加带宽，如图 2-19 所示。

【施工拓扑】

施工拓扑图如图 2－19 所示。

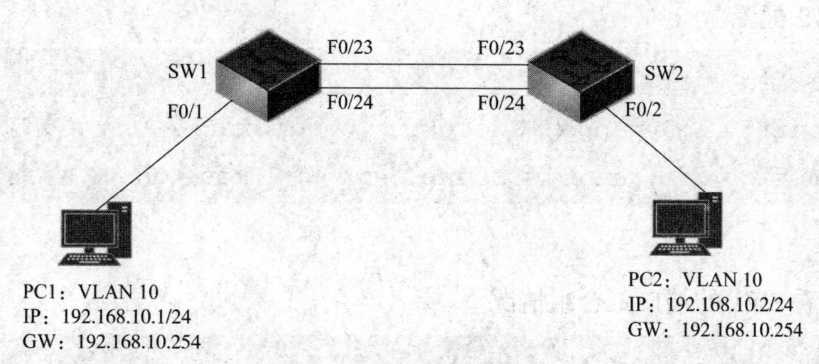


图 2－19　施工拓扑图

【设备环境】

本实验采用 Packet Tracert 进行实验，使用的二层交换机型号为 2950T－24，数量为 2 台，计算机 2 台。

## 三、任务实施

### 1. 在交换机上创建相应 VLAN

（1）在交换机 SW1 上创建 VLAN

```
SW1(config)#vlan 10
```

（2）在交换机 SW2 上创建 VLAN

```
SW2(config)#vlan 10
```

### 2. 将交换机端口加入相应 VLAN

（1）将 SW1 的端口加入对应 VLAN

```
SW1(config)#interface fastEthernet 0/1
SW1(config-if)#switchport access vlan 10
```

（2）将 SW2 的端口加入对应 VLAN

```
SW2(config)#interface fastEthernet 0/1
SW2(config-if)#switchport access vlan 10
```

### 3. SW1 与 SW2 的端口聚合配置

（1）SW1 配置

```
SW1(config)#interface ______________
```

```
SW1(config-if-range)#Switchport mode trunk   #设置端口模式为 Trunk
SW1(config-if-range)#______________     #加入链路组 1 并开启
```

（2）SW2 配置

```
SW2(config)#interface ______________
SW2(config-if-range)#Switchpor tmode trunk   #设置端口模式为 Trunk
SW2(config-if-range)#channel-group 1 mode on  #加入链路组 1 并开启
```

4. 验证

（1）查看 SW1 的端口聚合组情况

```
SW1#show etherchannel summary
Flags:  D-down            P-in port-channel
        I-stand-alone s-suspended
        H-Hot-standby(LACP only)
        R-Layer3       S-Layer2
        U-in use       f-failed to allocate aggregator
        u-unsuitable for bundling
        w-waiting to be aggregated
        d-default port
Number of channel-groups in use:1
Number of aggregators:          1
Group  Port-channel  Protocol    Ports
------+-------------+-----------+-----------------------------------------------
1      Po1(SU)          -        Fa0/23(P)Fa0/24(P)
```

“SU”标记表示在 SW1 上建立了三层聚合 1 组，端口为 F0/23 和 F0/24。

（2）PC1 ping PC2

```
PC1>ping 192.168.10.2
Pinging 192.168.10.2 with 32 bytes of data:
Reply from 192.168.10.2:bytes=32 time=1ms TTL=128
Reply from 192.168.10.2:bytes=32 time=0ms TTL=128
Reply from 192.168.10.2:bytes=32 time=0ms TTL=128
Reply from 192.168.10.2:bytes=32 time=0ms TTL=128
Ping statistics for 192.168.10.2:
    Packets:Sent=4,Received=4,Lost=0(0% loss),
Approximate round trip times in milli-seconds:
    Minimum=0ms,Maximum=1ms,Average=0ms
```

PC1 可以和 PC2 正常通信，实验成功。

## 四、任务评价

| 评价项目 | 评价内容 | 参考分 | 评价标准 | 得分 |
|---|---|---|---|---|
| 拓扑图绘制 | 选择正确的连接线<br>选择正确的端口 | 10 | 选择正确的连接线，5 分<br>选择正确的端口，5 分 | |
| IP 地址设置 | 正确配置各主机地址<br>正确配置交换机和路由器设备名称 | 15 | 正确配置两台主机 IP 和网关，10 分<br>正确配置交换机设备名称，5 分 | |
| 交换机命令配置 | 正确地在交换机上创建 VLAN 并将端口加入<br>正确设置端口模式<br>正确创建聚合端口 | 40 | 正确地在交换机上创建 VLAN 并将端口加入，10 分<br>正确设置交换机公共端口的模式为 Trunk，10 分<br>正确地将两个公共端口加入聚合端口 1 中并开启，20 分 | |
| 验证测试 | 会查看配置信息<br>能读懂配置信息<br>会进行连通性测试 | 15 | 使用命令查看配置信息，5 分<br>分析配置信息含义，5 分<br>在设备中进行连通性测试，5 分 | |
| 职业素养 | 任务单填写齐全、整洁、无误 | 20 | 任务单填写齐全、工整，10 分<br>任务单填写无误，10 分 | |

## 五、相关知识

### 1. 端口聚合概念

端口聚合又称链路聚合，是指两台交换机之间在物理上将多个端口连接起来，将多条链路聚合成一条逻辑链路，从而增大链路带宽，解决交换网络中因带宽引起的网络瓶颈问题。多条物理链路之间能够相互冗余备份，其中任意一条链路断开，不会影响其他链路正常转发数据。

### 2. 二层链路聚合的基本概念

把多个二层物理链接捆绑在一起形成一个简单的逻辑链接，这个逻辑链接称为链路聚合。这些二层物理端口捆绑在一起称为一个聚合口（Aggregate Port，AP）。

AP 是链路带宽扩展的一个重要途径，符合 IEEE 802. 3ad 标准。它可以把多个端口的带宽叠加起来使用，形成一个带宽更大的逻辑端口，同时，当 AP 中的一条成员链路断开时，系统会将该链路的流量分配到 AP 中的其他有效链路上去，实现负载均衡和链路冗余。

AP 可以根据报文的源 MAC 地址、目的 MAC 地址或 IP 地址进行流量平衡，即把流量平均地分配到AG组成员链路中去。

当接入层和汇聚之间创建了一条由三个百兆组成的AP链路时，在用户侧接入层交换机上，来自不同的用户主机数据的源MAC地址不同，因此二层AP基于源MAC地址进行多链路负载均衡方式。而在汇聚层交换机上发往用户数据帧的源MAC地址只有一个，就是本身的SVI接口MAC。因此二层AP基于目的MAC地址进行多链路负载均衡方式。

链路聚合的注意点：

①聚合端口的速度必须一致。

②聚合端口必须属于同一个VLAN。

③聚合端口使用的传输介质相同。

④聚合端口必须属于同一层次，并与AP也在同一层次。

⑤所选择的端口必须工作在全双工模式，工作速率必须一致。

⑥所有成员端口及链路聚合组的模式必须保持一致，可以是Access、Trunk或Hybrid。

3. 链路端口聚合的分类和方式

（1）静态聚合

双方系统间不使用聚合协议来协商链路信息。

（2）动态聚合

①双方系统间使用聚合协议来协商链路信息。

②LACP（Link Aggregation Control Protocol，链路聚合控制协议）是一种基于IEEE 802.3ad标准的、能够实现链路动态聚合的协议。

（3）链路聚合方式

①LACP通过协议将多个物理端口动态聚合到Trunk组，形成一个逻辑端口。

②LACP自动产生聚合、自动发现故障链路，在获得最大带宽的同时保证链路有效性。

4. 聚合配置

①同时选中需要配置的端口。

```
Switch(config)#interface range fastEthernet 0/1 -2
```

②将端口加入端口聚合组1并开启功能。

```
Switch(config -if -range)#channel -group1 mode on
```

③按照目标主机IP地址数据分发来实现负载平衡。

```
Switch(config)#port -channelload -balance dst -ip
```

## 六、课后练习

1. 端口聚合带来的优势是（　　）。（多选题）

A. 提高链路带宽　　B. 实现流量负荷分担

C. 提高网络的可靠性　　D. 便于复制数据进行分析

2. (　　)是将多个端口聚合在一起形成一个汇聚组，以实现出/入负荷在各成员端口中的分担，同时也提供了更高的连接可靠性。

A. 端口聚合　B. 端口绑定　C. 端口负载均衡　D. 端口组

3. 端口聚合将多个连接的端口捆绑成一个逻辑连接，捆绑后的带宽是(　　)。

A. 任意两个成员端口的带宽之和　B. 所有成员端口的带宽总和

C. 所有成员端口带宽总和的一半　D. 带宽最高的成员端口的带宽

# 工单任务2　配置三层端口聚合

## 一、工作准备

【想一想】

建立三层 AP 时需要注意哪些方面?

【写一写】

写出在三层交换机 SW 上创建聚合端口的命令，三层端口地址为 192.168.50.1/24。

```
SW(config)#________________          #创建端口聚合组1
SW(config-if)#________________       #将二层端口切换为三层端口
SW(config-if)#________________
SW(config-if)#________________       #开启三层端口
```

## 二、任务描述

【任务场景】

配置 PC1 加入三层交换机 SW1 的 VLAN 10，配置 PC2 加入三层交换机的 VLAN 20，在两个三层交换机之间开启三层端口聚合，提高冗余和链路带宽，如图 2-20 所示。

【施工拓扑】

施工拓扑图如图2-20所示。

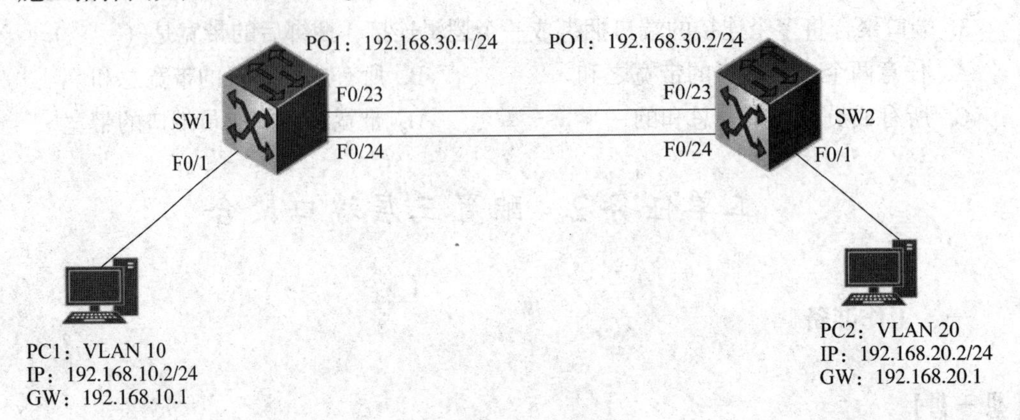


图2-20 施工拓扑图

【设备环境】

本实验采用Packet Tracert进行实验，使用的三层交换机型号为S3560，数量为2台，计算机2台。

## 三、任务实施

1. 在SW1交换机上创建VLAN，并将接口放入相应的VLAN中

（1）在交换机SW1上创建VLAN

```
SW1(config)#vlan 10
```

（2）将交换机端口加入相应VLAN

```
SW1(config)#int fastEthernet 0/1
SW1(config-if)#switchport access vlan 10
```

2. 在SW2交换机上创建VLAN，并将接口放入相应的VLAN中

（1）在交换机SW2上创建VLAN

```
SW2(config)#vlan 20
```

（2）将交换机端口加入相应VLAN

```
SW2(config)#int fastEthernet 0/1
SW2(config-if)#switchport access vlan 10
```

3. 配置三层交换机VLAN间通信

（1）SW1配置

```
SW1(config)#interface vlan ______________
SW1(config-if)#ip address ______________
```

(2) SW2 配置

```
SW2(config)#interface vlan ______________
SW2(config-if)#ip address ______________
```

4. 三层聚合配置

(1) SW1 配置

```
SW1(config)#interface port-channel 1        #创建端口聚合组1
SW1(config-if)#no switchport                #将二层端口切换为三层端口
SW1(config-if)#ip address 192.168.30.1 255.255.255.0
SW1(config-if)#no shutdown
SW1(config-if)#exit
SW1(config)#interfacerange fastEthernet 0/23-24
SW1(config-if-range)#no switchport
SW1(config-if-range)#channel-group 1 mode on
```

(2) SW2 配置

```
SW2(config)#______________                  #创建端口聚合组1
SW2(config-if)#______________               #将二层端口切换为三层端口
SW2(config-if)#ip address
SW2(config-if)#no shutdown
SW2(config-if)#exit
SW2(config)#interface range fastEthernet 0/23-24
SW2(config-if-range)#no switchport
SW2(config-if-range)#channel-group 1 ______________
```

5. 配置 RIP 路由协议

(1) SW1 配置

```
SW1(config)#route ______________
SW1(config-router)#network ______________
SW1(config-router)#network ______________
SW1(config-router)#version ______________
SW1(config-router)#no auto-summary
```

(2) SW2 配置

```
SW2(config)#route ______________
SW2(config-router)#network ______________
SW2(config-router)#network ______________
SW2(config-router)#version ______________
SW2(config-router)#no auto-summary
```

6. 验证

（1）查看 SW1 的端口聚合组情况

```
SW1#show etherchannel summary
Flags:  D-down          P-in port-channel
        I-stand-alone s-suspended
        H-Hot-standby(LACP only)
        R-Layer3        S-Layer2
        U-in use        f-failed to allocate aggregator
        u-unsuitable for bundling
        w-waiting to be aggregated
        d-default port
Number of channel-groups in use:1
Number of aggregators:          1
Group  Port-channel  Protocol   Ports
------+-------------+-----------+----------------------------------------
1      Po1(RU)           -       F0/23(P)F0/24(P)
```

“RU”标记表示在 SW1 上建立了三层聚合 1 组，端口为 F0/23 和 F0/24。

（2）PC1 ping PC2

```
PC1>ping 192.168.20.2
Pinging 192.168.20.2 with 32 bytes of data:
Reply from 192.168.20.2:bytes=32 time=1ms TTL=127
Reply from 192.168.20.2:bytes=32 time=0ms TTL=127
Reply from 192.168.20.2:bytes=32 time=0ms TTL=127
Reply from 192.168.20.2:bytes=32 time=0ms TTL=127
Ping statistics for 192.168.20.2:
    Packets:Sent=4,Received=4,Lost=0(0% loss),
Approximate round trip times in milli-seconds:
    Minimum=0ms,Maximum=1ms,Average=0ms
```

PC1 可以和 PC2 正常通信，实验成功。

## 四、任务评价

| 评价项目 | 评价内容 | 参考分 | 评价标准 | 得分 |
|---|---|---|---|---|
| 拓扑图绘制 | 选择正确的连接线<br>选择正确的端口 | 10 | 选择正确的连接线，5 分<br>选择正确的端口，5 分 | |
| IP 地址设置 | 正确配置各主机地址<br>正确配置交换机设备名称 | 10 | 正确配置两台主机 IP 和网关，5 分<br>正确配置交换机设备名称，5 分 | |
| 交换机命令配置 | 正确地在交换机上创建 VLAN 并将端口加入<br>正确配置三层交换机 VLAN 信息<br>正确配置三层交换机的聚合端口<br>正确配置三层路由功能 | 40 | 正确地在交换机上创建 VLAN 并将端口加入，10 分<br>正确配置交换机 VLAN 信息，10 分<br>正确地在两台交换机上配置聚合端口，10 分<br>正确配置两台交换机的 RIP 路由，10 分 | |
| 验证测试 | 会查看配置信息<br>能读懂配置信息<br>会进行连通性测试 | 15 | 使用命令查看配置信息，5 分<br>分析配置信息含义，5 分<br>在设备中进行连通性测试，5 分 | |
| 职业素养 | 任务单填写齐全、整洁、无误 | 25 | 任务单填写齐全、工整，10 分<br>任务单填写无误，15 分 | |

## 五、相关知识

### 三层链路聚合

三层链路的 AP 技术和二层链路的 AP 技术的本质相同，都是通过捆绑多条链路形成一个逻辑端口来增加带宽，保证冗余和进行负载分担。三层链路冗余技术较二层链路冗余技术丰富得多，配合各种路由协议可以轻松实现三层链路冗余和负载均衡。

建立三层 AP 首先应手动建立汇聚端口，并将其设置为三层接口。如果直接将交换机端口加入，会出现接口类型不匹配，命令无法执行的错误。

## 六、课后练习

1. 两台交换机通过聚合端口进行通信，下列因素中两端必须一致的有（　　）。(多选题)

A. 进行聚合的链路的数目　　B. 进行聚合的链路的速率

C. 进行聚合的链路的双工方式　　D. STP、QoS、VLAN 相关配置

2. 以下说法错误的是（　　）。

A. AP 成员端口的端口速率必须一致

B. AP成员端口的端口传输介质必须一致

C. 组建聚合组的两台交换机 port - group 编号必须一致

D. S5750 - E 系列交换机默认采用基于源物理地址和目的物理的负载均衡方式

3. 以下对 IEEE 802. 3ad 的说法正确的是（　　）。

A. 支持不等价链路聚合

B. 一般交换机上可以建立 8 个聚合端口

C. 聚合端口既有二层聚合端口，又有三层聚合端口

D. 聚合端口只适合百兆以上网络

## ——项目小结——

本项目主要介绍端口聚合技术，端口聚合实际就是将多个端口聚合在一起，使其看起来就好像是一个端口，带宽是原来端口的总和。虽然聚合在一起的端口在逻辑上属于一个端口聚合组，但是它们又是相互独立的。因为即使切断聚合组里的一条链路，这个聚合组还是能够正常通信的。这就是端口聚合的另外一个好处——链路冗余。此外，端口聚合还能提供负载均衡功能。现在端口聚合已经取代了 STP 技术，成为交换机互连的第一选择。

## ——项目实践——

使用模拟器或者真实设备完成图 2 - 21 所示拓扑图。

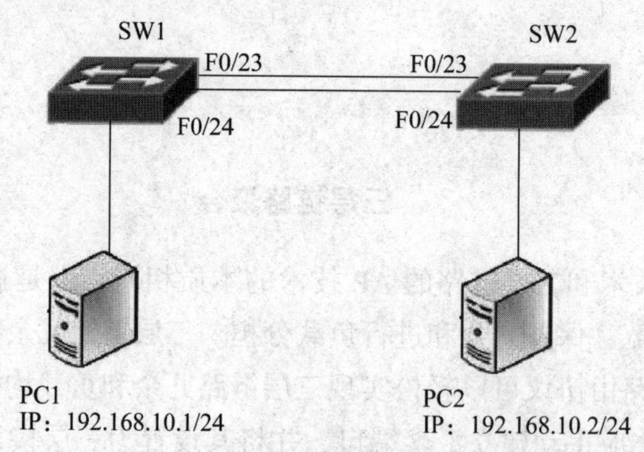


图 2 - 21　拓扑图

配置要求：

1. PC1 连接在交换机 SW1 的 F0/1 端口，属于 VLAN 10，PC2 连接在交换机 SW2 的 F0/1端口，也属于 VLAN 10。

2. 两台交换机之间的 F0/23 和 F0/24 端口通过交叉线连接，通过端口的聚合，使两条 100 MB 的物理链路能够形成一条 200 MB 的逻辑链路，从而实现提高交换机之间带宽的目的，同时，当一根网线发生故障时，另一根网线仍然可以担负传输功能。

3. 查看交换机 SW1 和 SW2 上端口聚合的情况，并将状态信息的配置保存。

# 项目三

# 生成树技术

## 工单任务1　STP 配置

### 一、工作准备

【想一想】

什么是 STP？它的作用是什么？

【写一写】

写出在交换机 SW 上创建 STP 的命令：

```
SW(config)#________________                #创建 STP
SW(config)#________________                #设置优先级为 4096
```

### 二、任务描述

【任务场景】

在 SW1 和 SW2 上开启生成树协议，实现链路冗余，如图 2－22 所示。

【施工拓扑】

施工拓扑图如图 2－22 所示。

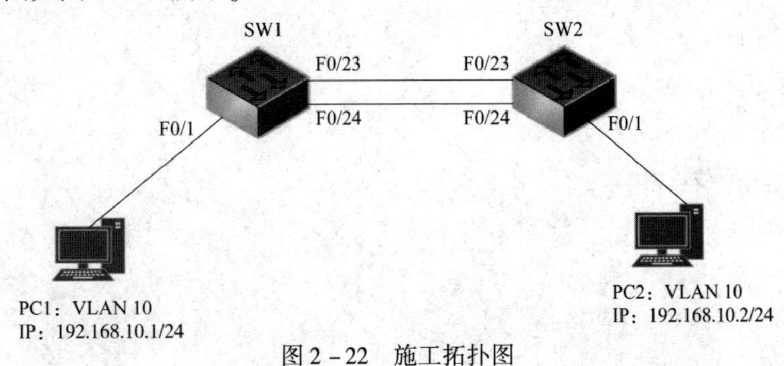


图 2－22　施工拓扑图

【设备环境】

本实验采用真实设备进行实验，使用的设备为神州数码二层交换机，型号为S4600，数量为2台，计算机2台。

## 三、任务实施

1. 在SW1和SW2上开启生成树协议

（1）SW1的配置

```
SW1#configure terminal
SW1(config)#spanning-tree
SW1(config)#spanning-tree mode stp
```

（2）SW2的配置

```
SW2#configure terminal
SW2(config)#spanning-tree
SW2(config)#______________
```

（3）修改SW1的优先级，使SW1成为根交换机

```
SW1(config)#spanning-tree priority 4096
```

2. 验证测试

（1）查看SW1的STP的配置

```
SwitchA#show spanning-tree
StpVersion:STP
SysStpStatus:Enabled
BaseNumPorts:24
MaxAge:20
HelloTime:2
ForwardDelay:15
BridgeMaxAge:20
BridgeHelloTime:2
BridgeForwardDelay:15
MaxHops:20
TxHoldCount:3
PathCostMethod:Long
BPDUGuard:Disabled
```

```
BPDUFilter:Disabled
BridgeAddr:00d0.f8ef.9e89
Priority:4096
TimeSinceTopologyChange :0d:0h:0m:0s
TopologyChanges:26
DesignatedRoot:100000D0F8EF9E89
RootCost:0
RootPort:0
```

交换机 SW1 的优先级为 4096，数值最小的交换机为根交换机，交换机 SW2 的优先级采用默认优先级（32768），因此 SW1 将成为根交换机。

（2）验证交换机 SW2 的端口 F0/23

```
SW2#show spanning-treeinterface fastEthernet 0/23
PortAdminPortfast:Disabled
PortOperPortfast:Disabled
PortAdminLinkType:auto
PortOperLinkType :point-to-point
PortBPDUGuard:Disabled
PortBPDUFilter:Disabled
PortState:forwarding
PortPriority:128
PortDesignatedRoot:200000D0F8EF9E89
PortDesignatedCost:0
PortDesignatedBridge:200000D0F8EF9E89
PortDesignatedPort:8002
PortForwardTransitions:22
PortAdminPathCost:0
PortOperPathCost:200000
PortRole:rootPort
```

SW2 的端口 F0/23 处于转发（forwarding）状态。

（3）验证交换机 SW2 的端口 F0/24

```
SW2#show spanning-treeinterface fastEthernet 0/24
PortAdminPortfast:Disabled
PortOperPortfast:Disabled
PortAdminLinkType:auto
```

```
PortOperLinkType :point - to - point
PortBPDUGuard:Disabled
PortBPDUFilter:Disabled
PortState:discarding
PortPriority:128
PortDesignatedRoot:200000D0F8EF9E89
PortDesignatedCost:200000
PortDesignatedBridge:800000D0F8EF9D09
PortDesignatedPort:8002
PortForwardTransitions:39
PortAdminPathCost:0
PortOperPathCost:200000
PortRole:alternatePort
SW2 的端口 fastthernet 0/24 处于阻塞(discarding)
```

3. 验证网络拓扑发生变化时的 ping 情况（图 2－23）

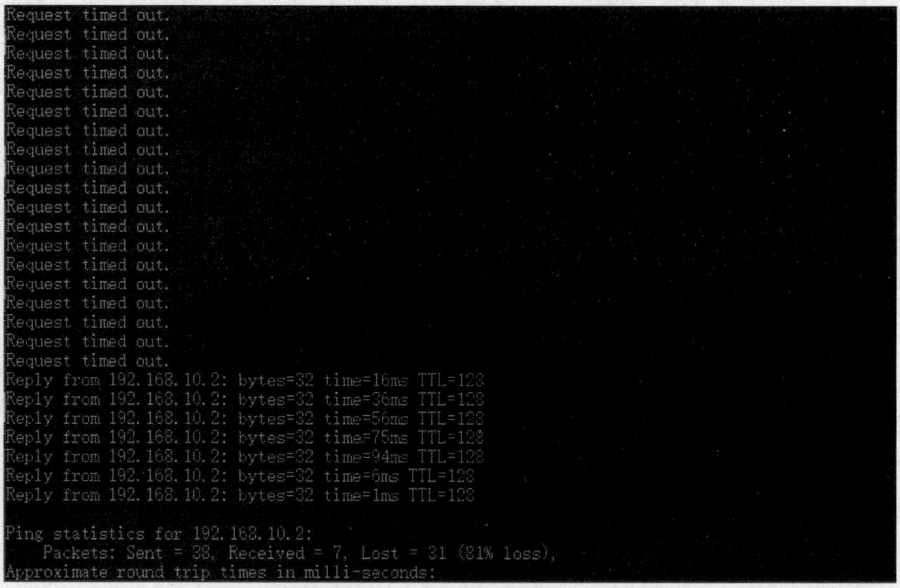

```
Request timed out.
Request timed out.
Request timed out.
Request timed out.
Request timed out.
Request timed out.
Request timed out.
Request timed out.
Request timed out.
Request timed out.
Request timed out.
Request timed out.
Request timed out.
Request timed out.
Request timed out.
Request timed out.
Request timed out.
Request timed out.
Request timed out.
Reply from 192.168.10.2: bytes=32 time=16ms TTL=128
Reply from 192.168.10.2: bytes=32 time=36ms TTL=128
Reply from 192.168.10.2: bytes=32 time=56ms TTL=128
Reply from 192.168.10.2: bytes=32 time=75ms TTL=128
Reply from 192.168.10.2: bytes=32 time=94ms TTL=128
Reply from 192.168.10.2: bytes=32 time=6ms TTL=128
Reply from 192.168.10.2: bytes=32 time=1ms TTL=128

Ping statistics for 192.168.10.2:
    Packets: Sent = 38, Received = 7, Lost = 31 (81% loss),
Approximate round trip times in milli-seconds:
```

图 2－23　验证测试

使用 PC1 ping PC2，在丢了 31 个包之后，STP 的拓扑完成收敛。

## 四、任务评价

| 评价项目 | 评价内容 | 参考分 | 评价标准 | 得分 |
|---|---|---|---|---|
| 拓扑图绘制 | 选择正确的连接线<br>选择正确的端口 | 10 | 选择正确的连接线，5 分<br>选择正确的端口，5 分 | |

续表

| 评价项目 | 评价内容 | 参考分 | 评价标准 | 得分 |
|---|---|---|---|---|
| IP 地址设置 | 正确配置各主机地址<br>正确配置交换机设备名称 | 20 | 正确配置两台主机 IP，10 分<br>正确配置交换机设备名称，10 分 | |
| 交换机命令配置 | 正确地在交换机上创建 STP | 20 | 正确地在交换机上创建 STP，10 分<br>正确设置交换机的优先级，10 分 | |
| 验证测试 | 会查看配置信息<br>能读懂配置信息<br>会进行连通性测试 | 30 | 使用命令查看配置信息，10 分<br>分析配置信息含义，10 分<br>在设备中进行连通性测试，10 分 | |
| 职业素养 | 任务单填写齐全、整洁、无误 | 20 | 任务单填写齐全、工整，10 分<br>任务单填写无误，10 分 | |

## 五、相关知识

### 1. 交换网络环路

交换网络环路会带来 3 个问题：广播风暴、同一帧的多个拷贝和交换机 CAM 表不稳定。交换网络环路的产生如图 2－24 所示。

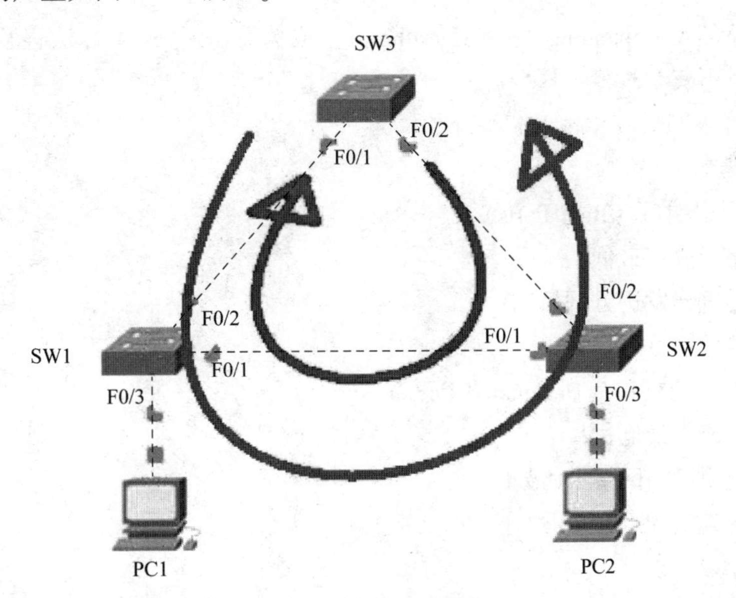


图 2－24 交换网络环路的产生

PC1 和 PC2 通过交换机相连。网络初始状态时，PC1 与 PC2 通信过程如下：

①在网络通信最初，PC1 的 ARP 条目中没有 PC2 的 MAC 地址，PC1 首先会向 SW1 发送一个 ARP 广播请求，请求 PC2 的 MAC 地址。

②当 SW1 收到 ARP 的广播请求后，SW1 会将广播帧从除接收端口之外的所有端口转发出去，即会从 F0/1 和 F0/2 发出。

③SW2 收到广播后，会将广播帧从 F0/2 和连接 PC2 的端口转发，同样，SW3 收到广播后，将其从 F0/2 端口转发。

④SW2 收到 SW3 的广播后，将其从 F0/1 和连接 PC2 的端口转发，SW3 收到 SW2 的广播后，将其从 F0/1 端口转发。

⑤SW1 分别从 SW2、SW3 收到广播帧，然后将从 SW2 收到的广播帧转发给 SW3，而将从 SW3 收到的广播帧转发给 SW2。SW1 、SW2 和 SW3 会将广播帧相互转发，这时网络就形成了一个环路，而交换机并不知道，这将导致广播帧在这个环路中永远循环下去。

2. STP 简介

STP（Spanning Tree Protocol，生成树协议）能够提供路径冗余，使用 STP 可以使两个终端中只有一条有效路径。在实际的网络环境中，物理环路可以提高网络的可靠性，当一条链路断掉的时候，另一条链路仍然可以传输数据。但是，在交换网络中，当交换机接收到一个未知目的地址的数据帧时，交换机的操作是将这个数据帧广播出去，这样，在存在物理的交换网络中，就会产生一个双向的广播环，甚至产生广播风暴，导致交换机死机。那么，如何既有物理冗余链路保证网络的可靠性，又能避免冗余环路所产生的广播风暴呢？STP 协议是在逻辑上断开网络的环路，防止广播风暴的产生，而一旦正在用的线路出现故障，逻辑上被断开的线路又被连通，继续传输数据。

3. STP 工作原理

STP 运行 STA（Spanning Tree Algorithm，生成树算法）。STA 算法很复杂，但是其过程可以归纳为以下三个步骤：

（1）选择根网桥（Root Bridge）

网桥 ID 最小。

（2）选择根端口（Root Ports）

①到根路径成本最低；

②最小的直连发送方网桥 ID；

③最小的发送方端口 ID。

（3）选择指定端口（Designated Ports）

①根路径成本最低；

②所在交换机的网桥 ID 最小；

③所在交换机的端口 ID 最小。

4. 具体过程

（1）选择根网桥

网桥 ID 最小：选择根网桥的依据是网桥 ID 的大小。在选择根网桥的时候，常用的方法是看哪台交换机的网桥 ID 的值最小，优先级小的被选择为根网桥；在优先级相同的情况下，MAC 地址小的为根网桥。

网桥 ID：是一个 8 B 的字段，前面 2 B 的十进制数称为网桥优先级，后面 6 B 是网桥的 MAC 地址，如图 2－25 所示。

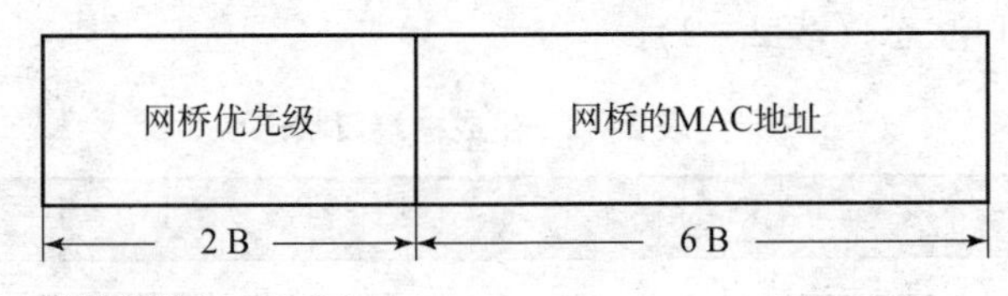


图 2－25　网桥 ID

网桥优先级：用于衡量网桥在生成树算法中优先级的十进制数，取值范围为 0～65 535，默认值是 32 768。

网桥的 MAC 地址：交换机自身的 MAC 地址，可以使用命令 show version 查看。

（2）选择根端口

选出了根网桥之后，网络中的每台交换机必须和根网桥建立关联，因此 STP 将开始选择根端口。每个非根网桥上存在一个根端口，因此需要在每个非根网桥上选择一个根端口。

选择根端口的依据有三个：

①端口到根网桥路径开销大小；

②发送方的网桥 ID；

③发送方网桥的端口 ID。

到根路径成本最低的端口：路径成本是两个网桥间的路径上所有链路的成本之和，根路径成本也就是一个网桥到达根网桥的中间所有链路的路径成本之和。路径成本用来代表一条链路带宽的大小，一条链路的带宽越大，它的传输数据的成本也就越低，如图 2－26 所示。

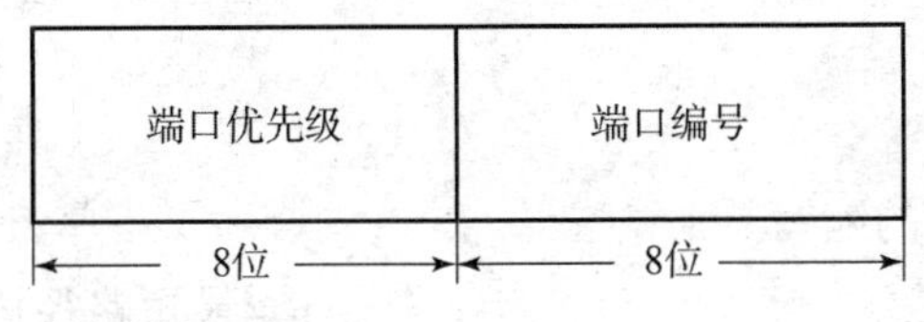


图 2－26　端口 ID

（3）选择指定端口

选择了根网桥和每台交换机的根端口后，一个树形结构已初步形成，但是，所有链路仍连接在一起，并可以都处于活动状态，最后形成环路。为了消除环路形成的可能，STP 进行最后的计算，在每一个网段上选择一个指定端口。选择指定端口的依据有：

①根路径成本最低。

②所在交换机的网桥 ID 最小；

③所在交换机的端口 ID 最小。

根网桥上的接口都是指定端口，因为根网桥上端口的根路径成本为 0。

（4）阻塞端口

如果端口既不是根端口，也不是指定端口，那么这个端口被阻塞，称为阻塞端口。被阻塞的端口不能传输数据，即该链路成为备份链路。

（5）生成树端口状态（表2－2）

表2－2　生成树端口状态

| 状态 | 用途 |
| --- | --- |
| 转发（Forwarding） | 发送和接收用户数据 |
| 学习（Learning） | 构建网桥表 |
| 侦听（Listening） | 构建“活动”拓扑 |
| 阻塞（Blocking） | 只接收BPDU |

（6）STP配置

①进入全局配置模式。

```
Switch#configure terminal
```

②开启生成树协议。

```
Switch(config)#spanning-tree
```

③设置生成树模式为STP（802.1D）。

```
Switch(config)#spanning-tree mode stp
```

④设置交换机的优先级，阈值为4 096，最大值为32 768。

```
Switch(config)#spanning-tree priority[priority-number]
```

## 六、课后练习

1. STP是（　　）的缩写。

A. 快速生成树协议　　B. 最短路径树协议

C. 生成树协议　　D. 共享树

2. 起用了STP的二层交换网络中，交换机的端口可能会经历的状态有（　　）。(多选题)

A. Disabled　　B. Blocking　　C. Listening　　D. Learning

E. Forwarding

3. 在STP协议中，设所有交换机所配置的优先级相同，交换机1的MAC地址为00e0fc000040，交换机2的MAC地址为00e0fc000010，交换机3的MAC地址为00e0fc000020，交换机4的MAC地址为00e0fc000080，则根交换机应当为（　　）。

A. 交换机1　　B. 交换机2

C. 交换机3　　D. 交换机4

4. 为了计算生成树，设备之间需要交换相关信息和参数，这些信息和参数被封装在（　　）中，在设备之间传递。

A. TCP BPDU　　B. 配置BPDU

C. 配置STP　　D. 配置RSTP

# 工单任务 2　RSTP 配置

## 一、工作准备

【想一想】

什么是 RSTP？与 STP 比较，它的优点有哪些？

【写一写】

写出在交换机 SW 上创建 RSTP 的命令：

```
SW(config)#________________                    #创建 RSTP
SW(config)#________________                    #设置优先级为 8192
```

## 二、任务描述

【任务场景】

在 SW1 和 SW2 上配置 RSTP，实现链路冗余，如图 2－27 所示。

【施工拓扑】

施工拓扑图如图 2－27 所示。

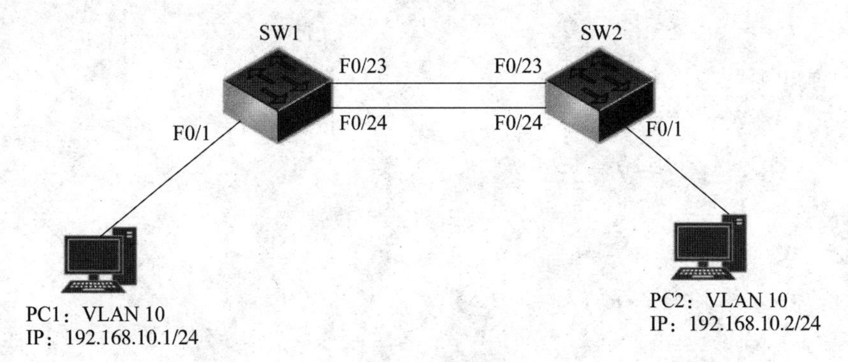


图 2－27　施工拓扑图

【设备环境】

本实验采用真实设备进行实验，使用的设备为神州数码二层交换机，型号为 S4600，数量为 2 台，计算机 2 台。

## 三、任务实施

1. 在SW1和SW2上开启快速生成树协议

（1）SW1的配置

```
SW1#configure terminal
SW1(config)#spanning-tree
SW1(config)#spanning-tree mode ______________
```

（2）SW2的配置

```
SW2#configure terminal
SW2(config)#spanning-tree
SW2(config)#spanning-tree mode ______________
```

（3）修改SW1的优先级，使SW1成为根交换机

```
SW1(config)#spanning-tree priority 8192
```

2. 验证测试

①查看SW1的RSTP的配置。

```
SW1#______________
StpVersion:RSTP
SysStpStatus:Enabled
BaseNumPorts:24
MaxAge:20
HelloTime:2
ForwardDelay:15
BridgeMaxAge:20
BridgeHelloTime:2
BridgeForwardDelay:15
MaxHops:20
TxHoldCount:3
PathCostMethod:Long
BPDUGuard:Disabled
BPDUFilter:Disabled
BridgeAddr:00d0.f8ef.9e89
Priority:8192
TimeSinceTopologyChange :0d:0h:13m:43s
```

```
TopologyChanges:0
DesignatedRoot:200000D0F8EF9E89
RootCost:0
RootPort:0
```

交换机 SW1 的优先级为 8 192，数值最小的交换机为根交换机，交换机 SW2 的优先级采用默认优先级（32 768），因此________将成为根交换机。

②验证交换机 SW2 的端口 23 状态。

```
SW2#show spanning-treeinterface fastEthernet 0/23
PortAdminPortfast:Disabled
PortOperPortfast:Disabled
PortAdminLinkType:auto
PortOperLinkType :point-to-point
PortBPDUGuard:Disabled
PortBPDUFilter:Disabled
PortState:forwarding
PortPriority:128
PortDesignatedRoot:200000D0F8EF9E89
PortDesignatedCost:0
PortDesignatedBridge:200000D0F8EF9E89
PortDesignatedPort:8001
PortForwardTransitions:3
PortAdminPathCost:0
PortOperPathCost:200000
PortRole:rootPort
```

SW2 的端口 F0/23 处于转发（forwarding）状态。

③验证交换机 SW2 的端口 24 状态。

```
SW2#show spanning-treeinterface fastEthernet 0/24
PortAdminPortfast:Disabled
PortOperPortfast:Disabled
PortAdminLinkType:auto
PortOperLinkType :point-to-point
PortBPDUGuard:Disabled
PortBPDUFilter:Disabled
PortState:discarding
```

```
PortPriority:128
PortDesignatedRoot:200000D0F8EF9E89
PortDesignatedCost:200000
PortDesignatedBridge:800000D0F8EF9D09
PortDesignatedPort:8002
PortForwardTransitions:3
PortAdminPathCost:0
PortOperPathCost:200000
PortRole:designatedPort
```

SW2 的端口 F0/24 处于阻塞（blocking）状态。

④如果 SW1 与 SW2 的端口 F0/23 之间的链路 down 掉，验证交换机 SW2 的端口 24 的状态，并观察状态转换时间。

```
SW2#show spanning-treeinterface fastEthernet 0/24
PortAdminPortfast:Disabled
PortOperPortfast:Disabled
PortAdminLinkType:auto
PortOperLinkType :point-to-point
PortBPDUGuard:Disabled
PortBPDUFilter:Disabled
PortState:forwarding
PortPriority:128
PortDesignatedRoot:200000D0F8EF9E89
PortDesignatedCost:200000
PortDesignatedBridge:800000D0F8FE1E49
PortDesignatedPort:8002
PortForwardTransitions:8
PortAdminPathCost:0
PortOperPathCost:200000
PortRole:designatedPort
```

SW2 的端口 F0/24 从阻塞状态转换到转发状态，这说明生成树协议此时启用了原先处于阻塞状态的冗余链路。状态转换时间大约为 2 s。

⑤如果 SwitchA 与 SwitchB 之间的一条链路 down 掉，验证交换机 PC1 与 PC2 仍能互相 ping 通，并观察 ping 的丢包情况。图 2-28 所示为从 PC1 ping PC2 的结果。

从主机 PC1 ping PC2（用连续 ping），然后拔掉 SW1 与 SW2 的端口 F0/23 之间的连线，观察丢包情况。显示结果如图 2-29 所示。

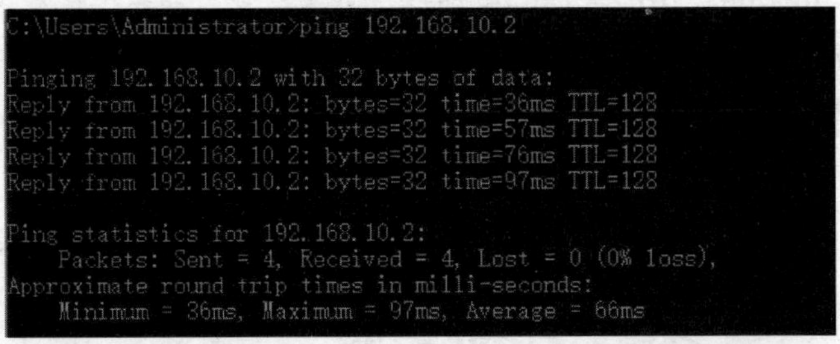

```
C:\Users\Administrator>ping 192.168.10.2

Pinging 192.168.10.2 with 32 bytes of data:
Reply from 192.168.10.2: bytes=32 time=36ms TTL=128
Reply from 192.168.10.2: bytes=32 time=57ms TTL=128
Reply from 192.168.10.2: bytes=32 time=76ms TTL=128
Reply from 192.168.10.2: bytes=32 time=97ms TTL=128

Ping statistics for 192.168.10.2:
    Packets: Sent = 4, Received = 4, Lost = 0 (0% loss),
Approximate round trip times in milli-seconds:
    Minimum = 36ms, Maximum = 97ms, Average = 66ms
```

图 2－28　PC1 ping PC2 验证测试

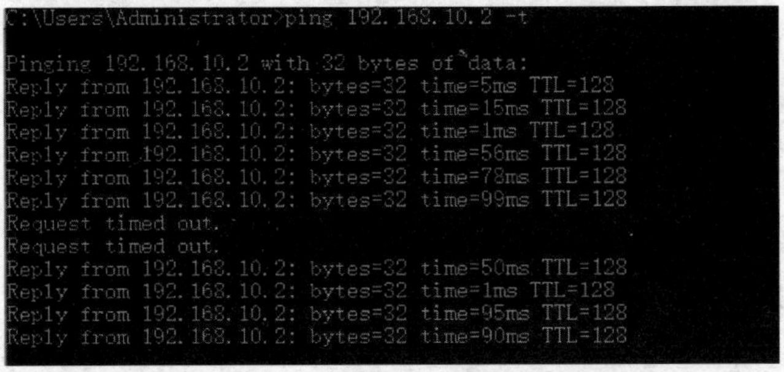

```
C:\Users\Administrator>ping 192.168.10.2 -t

Pinging 192.168.10.2 with 32 bytes of data:
Reply from 192.168.10.2: bytes=32 time=5ms TTL=128
Reply from 192.168.10.2: bytes=32 time=15ms TTL=128
Reply from 192.168.10.2: bytes=32 time=1ms TTL=128
Reply from 192.168.10.2: bytes=32 time=56ms TTL=128
Reply from 192.168.10.2: bytes=32 time=78ms TTL=128
Reply from 192.168.10.2: bytes=32 time=99ms TTL=128
Request timed out.
Request timed out.
Reply from 192.168.10.2: bytes=32 time=50ms TTL=128
Reply from 192.168.10.2: bytes=32 time=1ms TTL=128
Reply from 192.168.10.2: bytes=32 time=95ms TTL=128
Reply from 192.168.10.2: bytes=32 time=90ms TTL=128
```

图 2－29　PC1 ping PC2 连续验证测试

以上结果显示丢包数为 2 个，然后又恢复了通信，比 STP 收敛时间短了很多。

## 四、任务评价

| 评价项目 | 评价内容 | 参考分 | 评价标准 | 得分 |
|---|---|---|---|---|
| 拓扑图绘制 | 选择正确的连接线<br>选择正确的端口 | 10 | 选择正确的连接线，5 分<br>选择正确的端口，5 分 | |
| IP 地址设置 | 正确配置各主机地址<br>正确配置交换机设备名称 | 20 | 正确配置两台主机 IP，10 分<br>正确配置交换机设备名称，10 分 | |
| 交换机命令配置 | 正确地在交换机上创建 RSTP | 20 | 正确地在交换机上创建 RSTP，10 分<br>正确设置交换机的优先级，10 分 | |
| 验证测试 | 会查看配置信息<br>能读懂配置信息<br>会进行连通性测试 | 30 | 使用命令查看配置信息，10 分<br>分析配置信息含义，10 分<br>在设备中进行连通性测试，10 分 | |
| 职业素养 | 任务单填写齐全、整洁、无误 | 20 | 任务单填写齐全、工整，10 分<br>任务单填写无误，10 分 | |

## 五、相关知识

1. STP 的不足

①STP 从初始状态到完全收敛至少需经过 30 s。

②交换机有 BP 端口，RP 端口 down 掉场景。

SWC 与 SWA 的直连链路 down 掉，其 BP 端口切换成 RP 端口并进入转发状态至少需要经过 30 s，如图 2－30 所示。

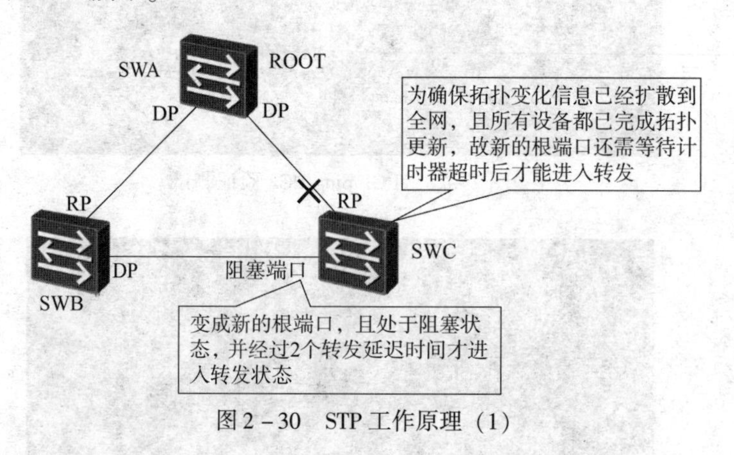


图 2－30　STP 工作原理（1）

③交换机无 BP 端口，RP 端口 down 掉场景。

SWB 与 SWA 的直连链路 down 掉，则 SWC 的 BP 端口切换成 DP 端口并进入转发状态大约需要 50 s，如图 2－31 所示。

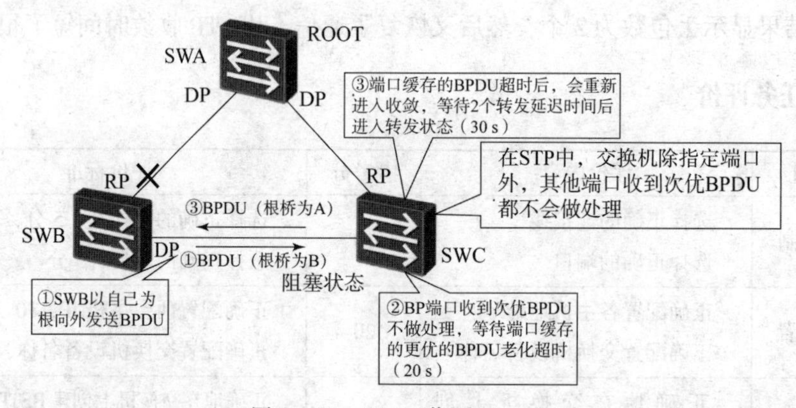


图 2－31　STP 工作原理（2）

④交换机连接终端的链路进入转发状态需要经过 30 s。

⑤阻塞端口需要从其他端口中重新选举且需等待计时器超时后才能进入转发状态，端口越多，时间越长。

2. RSTP 的改进

（1）端口角色重新划分

根据 STP 的不足，RSTP 新增加了两种端口角色，并且把端口属性充分地按照状态和角色解耦，使得可以更加精确地描述端口，从而使得协议状态更加简便，同时，也加快了拓扑收敛。通过端口角色的增补，简化了生成树协议的理解及部署。

从配置 BPDU 报文发送角度来看：

①Alternate Port 就是由于学习到其他网桥发送的配置 BPDU 报文而阻塞的端口。

②Backup Port 就是由于学习到自己发送的配置 BPDU 报文而阻塞的端口。

从用户流量角度来看：

①Alternate Port 提供了从指定桥到根的另一条可切换路径，作为根端口的备份端口。

②Backup Port 作为指定端口的备份，提供了另外一条从根节点到叶节点的备份通路。

给一个 RSTP 域内所有端口分配角色的过程就是整个拓扑收敛的过程。

生成树端口状态见表 2－3。

**表 2－3　生成树端口状态**

| STP 端口状态 | RSTP 端口状态 | 端口状态对应的行为 |
| --- | --- | --- |
| 失效 | 阻塞 | 如果既不转发用户流量，也不学习 MAC 地址，那么端口状态就是阻塞状态 |
| 阻塞 | | |
| 侦听 | | |
| 学习 | 学习 | 如果不转发用户流量，但是学习 MAC 地址，那么端口状态就是学习状态 |
| 转发 | 转发 | 如果既转发用户流量，又学习 MAC 地址，那么端口状态就是转发状态 |

（2）P/A 机制

Proposal/Agreement（P/A）机制的目的是使一个指定端口尽快进入转发状态。

P/A 机制要求两台交换设备之间的链路必须是点对点的全双工模式。一旦 P/A 协商不成功，指定端口的选择就需要等待两个转发延迟，协商过程与 STP 的一样。

事实上，对于 STP，指定端口的选择可以很快完成，主要的速度瓶颈在于：为了避免环路，必须等待足够长的时间，使全网的端口状态全部确定，也就是说，必须要等待至少两个转发延迟，所有端口才能进行转发。

RSTP 的选举原理和 STP 的本质上相同：选举根交换机→选举非根交换机上的根端口→选举指定端口→选举预备端口和备份端口。

但是 RSTP 在选举的过程中加入了“发起请求－回复同意”（P/A 机制）这种确认机制，由于每个步骤有确认，因此就不需要依赖计时器来保证网络拓扑无环才去转发，只需要考虑 BPDU 发送报文并计算无环拓扑的时间（一般都是秒级）。

（3）根端口快速切换机制

为加快收敛时间，设备上旧的根端口失效后，新的根端口就应该在保证无环的情况下立刻迁移到转发状态，而 AP 端口在选举的时候就考虑到该需求，故可立即进入转发状态。

（4）边缘端口的引入

交换机上连接终端设备的接口设置成边缘端口后，会立即进入转发状态，当该端口收到 BPDU 后，就丧失了边缘端口属性，成为普通 STP 端口，并重新进行生成树计算。

（5）拓扑变更机制的优化

为本交换设备的所有非边缘指定端口启动一个 TC While Timer，该计时器值是 Hello Time

的两倍。在这个时间内，清空状态发生变化的端口上的 MAC 地址。同时，由这些端口向外发送 RST BPDU，其中 TC 置位。一旦 TC While Timer 超时，则停止发送 RST BPDU。

其他交换设备接收到 RST BPDU 后，当 RSTP 协议开始收敛的时候，交换机就会发送 RST BPDU，在初始状态下，所有的交换机都认为自己是根桥，所以会重置 MAC 地址池。由于互联端口要用来接收和发送 BPDU，所以 MAC 地址保留，否则无法找到其他交换机。然后为自己所有的非边缘指定端口和根端口启动 TC While Timer。重复上述过程，如此，网络中就会产生 RST BPDU 的泛洪。

（6）在 RSTP 中检测拓扑是否发生变化

在 RSTP 中检测拓扑是否发生变化只有一个标准：一个非边缘端口迁移到转发状态。

网络拓扑改变可能会导致交换机的 MAC 地址表产生错误。

在稳定情况下，SWC 的 MAC 地址表中对应 PCA 的 MAC 地址的端口是 E1。如果 SWB 的 E1 端口发生了故障，而 SWC 的 MAC 地址表中与 PCA 的 MAC 地址对应的端口仍然是 E1，则会导致数据转发丢失的问题。

3. RSTP 配置

（1）进入全局配置模式

```
Switch#configure terminal
```

（2）开启生成树协议

```
Switch(config)#spanning-tree
```

（3）设置生成树模式为 RSTP（802.1W）

```
Switch(config)#spanning-tree mode rstp
```

（4）设置交换机的优先级，阈值为 4 096，最大值为 32 768

```
Switch(config)#spanning-tree priority[priority-number]
```

## 六、课后练习

1. RSTP 在（　　）方面对 STP 进行了改进。(多选题)

A. 一个非根交换机选举出一个新的根端口之后，如果以前的根端口已经不处于转发状态，并且上游指定端口已经开始转发数据，则新的根端口立即进入转发状态

B. 当把一个交换机端口配置成为边缘端口之后，一旦端口被启用，则端口立即成为指定端口，并进入转发状态

C. 如果指定端口连接着点到多点链路，则设备可以通过与下游设备握手，得到响应后即刻进入转发状态

D. 如果指定端口连接着点到点链路，则设备可以通过与下游设备握手，得到响应后即刻进入转发状态

2. 在 RSTP 标准中，直接与终端相连而不是与其他网桥相连的端口定义为（　　），该

类端口可以直接进入转发状态，不需要任何延时。

A. 快速端口　　B. 备份端口　　C. 根端口　　D. 边缘端口

3. RSTP 协议中，当指定端口失效时，(　　) 就会快速转换为新的指定端口并无时延地进入转发状态。

A. 转发端口　　B. 替换端口　　C. 备份端口　　D. 边缘端口

## ——项目小结——

本项目主要介绍了广泛应用在二层的具有冗余的网络中用来消除环路的一种机制——STP。由于早期 STP 的算法问题，如果拓扑图过于庞大，会导致 STP 收敛时间过长，所以后期又开发了 RSTP 来加快收敛速度。而后又由于 VLAN 技术的出现，STP 和 RSTP 都没有将 VLAN 加入 STP 算法，在某些特定的拓扑环境下，会导致 VLAN 不通。MSTP 的出现解决了这个问题。MSTP 在 STP 计算过程中将 VLAN 加入了运算，解决了普通 STP 算法 VLAN 的问题。如今端口聚合的出现使得 STP 的应用较少。端口聚合既有链路冗余的功能，又能增加带宽，并且不会出现收敛时间过长的情况。

## ——项目实践——

分析图 2－32 所示拓扑图，并找出在运行 STP 协议后的根网桥、非根端口、指定端口、阻塞口。

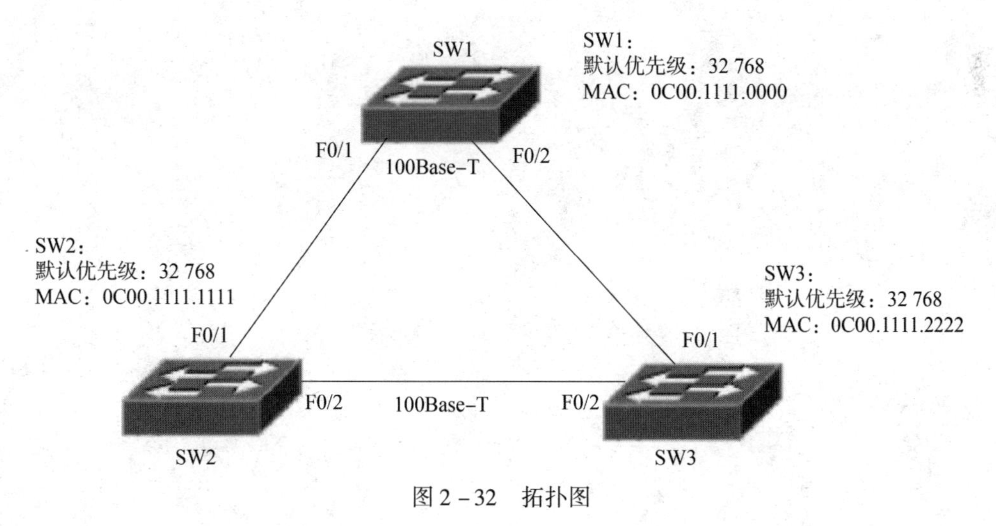


图 2－32　拓扑图

# 模块三　网络性能优化

# 项目一

## 控制访问列表实现网络安全

### 工单任务1 使用标准访问控制列表实现流量控制

#### 一、工作准备

【想一想】

什么是ACL？它的主要作用是什么？

【写一写】

写出在路由器RA上配置一条ACL的命令，列表编号为10，允许192.168.1.0网段数据包通过，并在接口（out）上应用访问控制列表。

```
RA(config)#________________
RA(config-if)#________________
```

#### 二、任务描述

【任务场景】

配置全网互通及ACL。要求PC1可以访问PC2，PC1不能访问PC3，PC2和PC3可以相互访问，如图3-1所示。

**【施工拓扑】**

施工拓扑图如图 3－1 所示。

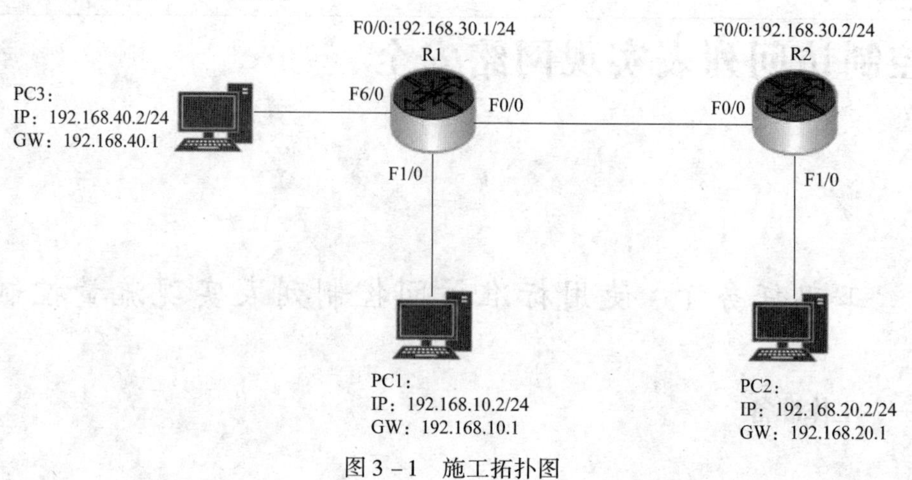


图 3－1　施工拓扑图

**【设备环境】**

本实验采用 Packet Tracert 进行实验，使用的路由器型号为 Router－PT，数量为 2 台，计算机 3 台。

## 三、任务实施

### 1. R1 和 R2 的接口配置

（1）R1 配置

```
R1(config)#int fastEthernet 0/0
R1(config-if)#ip add 192.168.30.1 255.255.255.0
R1(config-if)#no shutdown
R1(config-if)#interface fastEthernet 1/0
R1(config-if)#ip address 192.168.10.1 255.255.255.0
R1(config-if)#no shutdown
R1(config)#int fastEthernet 6/0
R1(config-if)#ip address 192.168.40.1 255.255.255.0
R1(config-if)#no shutdown
```

（2）R2 配置

```
R2(config)#int fastEthernet 0/0
R2(config-if)#ip address 192.168.30.2 255.255.255.0
R2(config-if)#no shutdown
R2(config)#int fastEthernet 1/0
```

```
R2(config-if)#ip address 192.168.20.1 255.255.255.0
R2(config-if)#no shutdown
```

2. 配置 RIP 协议实现全网通

（1）R1 的配置

```
R1(config)#router rip
R1(config-router)#version 2
R1(config-router)#no auto-summary
R1(config-router)#______________
R1(config-router)#______________
R1(config-router)#______________
```

（2）R2 的配置

```
R2(config)#router rip
R2(config-router)#version 2
R2(config-router)#no auto-summary
R2(config-router)#______________
R2(config-router)#______________
```

（3）ACL 配置

```
R1(config)#access-list 1 deny 192.168.40.0 0.0.0.255
R1(config)#access-list 1 permit any
R1(config)#int fastEthernet 1/0
R1(config-if)#ip access-group 1 out
```

3. 验证配置

（1）PC1 ping PC2

```
C:\>ping 192.168.20.2
Pinging 192.168.20.2 with 32 bytes of data:
Reply from 192.168.20.2:bytes=32 time<1ms TTL=126
Reply from 192.168.20.2:bytes=32 time<1ms TTL=126
Reply from 192.168.20.2:bytes=32 time<1ms TTL=126
Reply from 192.168.20.2:bytes=32 time<1ms TTL=126
Ping statistics for 192.168.20.2:
   Packets:Sent=4,Received=4,Lost=0(0% loss),
Approximate round trip times in milli-seconds:
   Minimum=0ms,Maximum=0ms,Average=0ms
```

（2）PC1 ping PC3

```
C:\>ping 192.168.40.2
Pinging 192.168.40.2 with 32 bytes of data:
Request timed out.
Request timed out.
Request timed out.
Request timed out.
Ping statistics for 192.168.40.2:
   Packets:Sent =4,Received =0,Lost =4(100% loss),
```

（3）PC2 ping PC3

```
C:\>ping 192.168.40.2
Pinging 192.168.40.2 with 32 bytes of data:
Reply from 192.168.40.2:bytes =32 time =1ms TTL =126
Reply from 192.168.40.2:bytes =32 time <1ms TTL =126
Reply from 192.168.40.2:bytes =32 time <1ms TTL =126
Reply from 192.168.40.2:bytes =32 time <1ms TTL =126
Ping statistics for 192.168.40.2:
    Packets:Sent =4,Received =4,Lost =0(0% loss),
Approximate round trip times in milli -seconds:
    Minimum =0ms,Maximum =1ms,Average =0ms
```

通过上面的测试发现配置正确，实验成功。

【任务归纳】

标准访问控制列表只能对源地址进行控制，一般用于绑定一些网络业务，比如Nat、策略路由等。

## 四、任务评价

| 评价项目 | 评价内容 | 参考分 | 评价标准 | 得分 |
|---|---|---|---|---|
| 拓扑图绘制 | 选择正确的连接线<br>选择正确的端口 | 10 | 选择正确的连接线，5分<br>选择正确的端口，5分 | |
| IP地址设置 | 正确配置各主机地址<br>正确配置路由器设备名称 | 15 | 正确配置两台主机IP和网关，10分<br>正确配置路由器设备名称，5分 | |

续表

| 评价项目 | 评价内容 | 参考分 | 评价标准 | 得分 |
| --- | --- | --- | --- | --- |
| 路由器命令配置 | 正确地在路由器上配置动态路由<br>正确配置标准访问控制列表 | 40 | 开启路由器端口，5 分<br>正确配置 RIP 路由实现全网通，15 分<br>正确创建标准 ACL，20 分 | |
| 验证测试 | 会查看配置信息<br>能读懂配置信息<br>会进行连通性测试 | 15 | 使用命令查看配置信息，5 分<br>分析配置信息含义，5 分<br>在设备中进行连通性测试，5 分 | |
| 职业素养 | 任务单填写齐全、整洁、无误 | 20 | 任务单填写齐全、工整，10 分<br>任务单填写无误，10 分 | |

## 五、相关知识

### 1. ACL 基本概念

访问控制列表（Access Control Lists，ACL）使用包过滤技术，在路由器上读取第 3 层或第 4 层包头中的信息，如源地址、目的地址、源端口、目的端口及上层协议等，根据预先定义的规则决定哪些数据包可以接收、哪些数据包需要拒绝，从而达到访问控制的目的。配置路由器的访问控制列表是网络管理员的一件经常性的工作。

### 2. ACL 的作用

ACL 的作用主要表现在两个方面：一方面保护资源节点，阻止非法用户对资源节点的访问；另一方面限制特定的用户节点所能具备的访问权限。

①检查和过滤数据包。

②限制网络流量，提高网络性能。

③限制或减少路由更新的内容。

④提供网络访问的基本安全级别。

### 3. 工作原理

当一个数据包进入路由器的某一个接口时，路由器首先检查该数据包是否可路由或可桥接。然后路由器检查是否在入站接口上应用了 ACL。如果有 ACL，就将该数据包与 ACL 中的条件语句相比较。如果数据包被允许通过，就继续检查路由器选择表条目，以决定转发到的目的接口。ACL 不过滤由路由器本身发出的数据包，只过滤经过路由器的数据包。之后路由器检查目的接口是否应用了 ACL。如果没有应用，数据包就被直接送到目的接口输出。如图 3－2 所示。

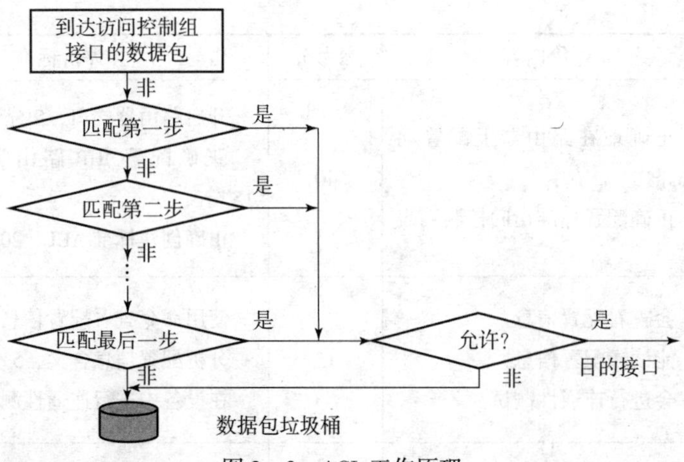


图 3－2　ACL 工作原理

4. 标准访问控制列表

最广泛使用的访问控制列表是 IP 访问控制列表，IP 访问控制列表工作于 TCP/IP 协议组。按照访问控制列表检查 IP 数据包参数的不同，可以将其分成标准 ACL 和扩展 ACL 两种类型。

5. 标准 ACL 的工作过程

标准 ACL 的工作过程如图 3－3 所示。

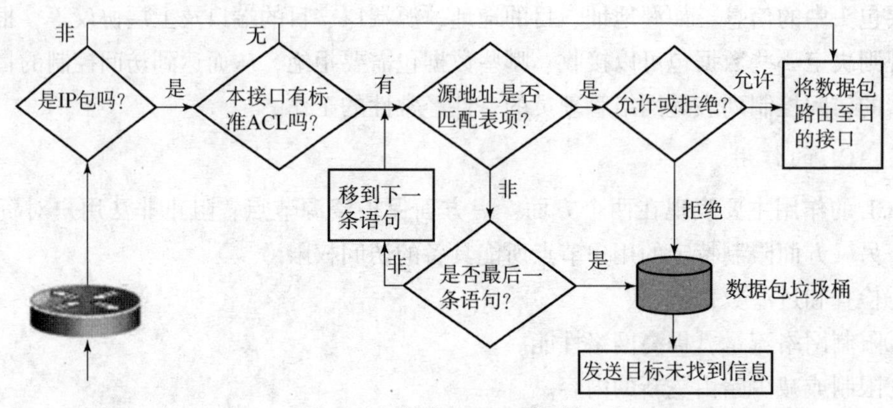


图 3－3　标准 ACL 工作过程

6. ACL 配置

（1）创建标准 ACL 列表

```
Router(config)#access - list[1 - 99]permit |deny any |[source][source - wildcard]
```

（2）进入接口

```
Router(config)#interface fastethernet 0/0
```

（3）配置 ACL 在接口的应用方向

```
Router(config-if)#ip  access-group 1  in|out
```

标准 ACL 参数信息见表 3-1。

**表 3-1　标准 ACL 参数信息**

| 参　数 | 描　述 |
| --- | --- |
| Access-list-number | 访问控制列表表号，用来指定入口属于哪一个访问控制列表，对于标准 ACL 来说，是一个 1~99 之间的数字 |
| Deny | 如果满足测试条件，则拒绝从该入口来的通信流量 |
| Permit | 如果满足测试条件，则允许从该入口来的通信流量 |
| Source | 数据包的源地址，可以是网络地址或是主机 IP 地址 |
| Source-wildcard | 可选项，通配符掩码，又称反掩码，用来与源地址一起决定哪些位置需要匹配 |

## 六、课后练习

1. 下列是正确的标准 ACL 的编号的是（　　）。

A. 1~99　　B. 100~199　　C. 200~299　　D. 0~100

2. 在锐捷交换机上配置专家 ACL 来放通 ARP 报文，下列配置错误的是（　　）。（多选题）

A. permit ip any any any any

B. permit arp any any any any any

C. permit 0x0806 any any any any any

D. permit 0x08dd any any any any any

3. 在网络中使用 ACL 的路由不包括（　　）。

A. 过滤穿过路由器的流量

B. 定义符合某种特征的流量，在其他策略中调用

C. 控制穿过路由器的广播流量

D. 控制进入路由器的 VTY 访问

4. 标准 ACL 以（　　）作为判别条件。

A. 数据包大小　　B. 数据包的端口号

C. 数据包的源地址　　D. 数据包的目的地址

# 工单任务 2　使用扩展访问控制列表实现流量控制

## 一、工作准备

**【想一想】**

编号扩展 ACL 的序号范围是多少？它能够实现哪些特殊的功能？

访问控制列表的五个控制要素分别是什么？

## 二、任务描述

【任务场景】

配置全网互通及 ACL。PC1 与 PC3 为客户端 PC，PC2 为服务器。现需要通过扩展 ACL 实现 PC1 与 PC2 通信，PC1 不可以与 PC3 通信，其他通信正常，如图 3－4 所示。

【施工拓扑】

施工拓扑图如图 3－4 所示。

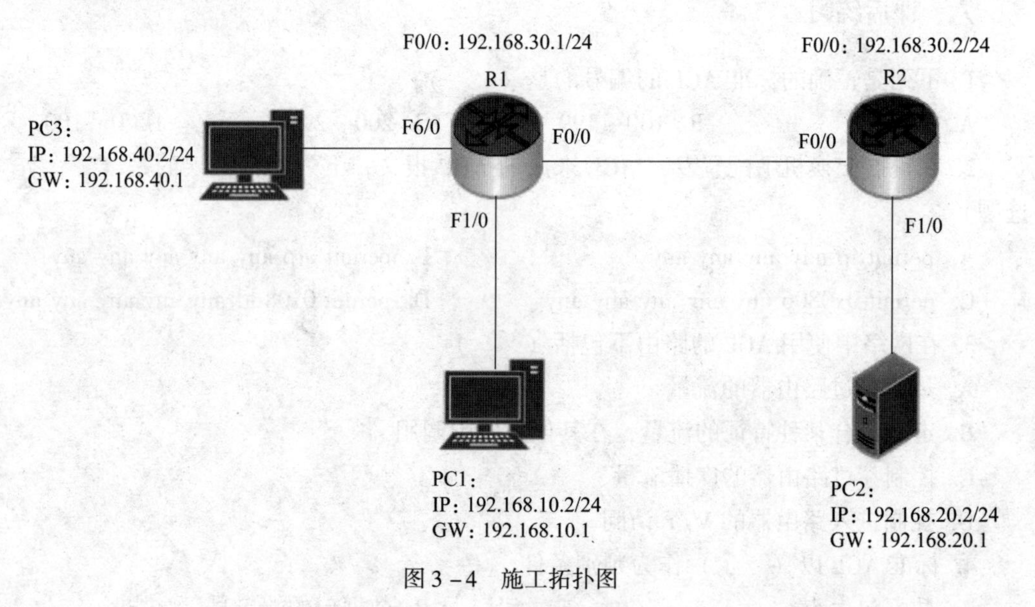


图 3－4 施工拓扑图

【设备环境】

本实验采用 Packet Tracert 进行实验，使用的路由器型号为 Router－PT，数量为 2 台，计算机 2 台，服务器 1 台。

## 三、任务实施

1. R1 和 R2 的接口配置

（1）R1 配置

```
R1(config)#int fastEthernet 0/0
R1(config-if)#ip add 192.168.30.1 255.255.255.0
R1(config-if)#no shutdown
R1(config-if)#interface fastEthernet 1/0
R1(config-if)#ip address 192.168.10.1 255.255.255.0
R1(config-if)#no shutdown
R1(config)#int fastEthernet 6/0
R1(config-if)#ip address 192.168.40.1 255.255.255.0
R1(config-if)#no shutdown
```

（2）R2 配置

```
R2(config)#int fastEthernet 0/0
R2(config-if)#ip add 192.168.30.2 255.255.255.0
R2(config-if)#no shutdown
R2(config)#int fastEthernet 1/0
R2(config-if)#ip address 192.168.20.1 255.255.255.0
R2(config-if)#no shutdown
```

2. 配置 RIP 协议实现全网通

（1）R1 的配置

```
R1(config)#router rip
R1(config-router)#version 2
R1(config-router)#no auto-summary
R1(config-router)#network 192.168.10.0
R1(config-router)#network 192.168.30.0
R1(config-router)#network 192.168.40.0
```

（2）R2 的配置

```
R2(config)#router rip
R2(config-router)#version 2
R2(config-router)#no auto-summary
R2(config-router)#network 192.168.20.0
R2(config-router)#network 192.168.30.0
```

（3）ACL 配置

```
R1(config)#access-list 100 deny ip 192.168.10.0 0.0.0.255 192.168.
40.0 0.0.0.255
```

```
R1(config)#access-list 100 permit ip any any
R1(config)#interface fastEthernet 1/0
R1(config-if)#ip access-group 100 in
```

3. 验证配置

（1）PC1 ping PC2

```
C:\>ping 192.168.20.2
Pinging 192.168.20.2 with 32 bytes of data:
Reply from 192.168.20.2:bytes=32 time<1ms TTL=126
Reply from 192.168.20.2:bytes=32 time<1ms TTL=126
Reply from 192.168.20.2:bytes=32 time<1ms TTL=126
Reply from 192.168.20.2:bytes=32 time<1ms TTL=126
Ping statistics for 192.168.20.2:
   Packets:Sent=4,Received=4,Lost=0(0% loss),
Approximate round trip times in milli-seconds:
   Minimum=0ms,Maximum=0ms,Average=0ms
```

（2）PC1 ping PC3

```
C:\>ping 192.168.40.2
Pinging 192.168.40.2 with 32 bytes of data:
Request timed out.
Request timed out.
Request timed out.
Request timed out.
Ping statistics for 192.168.40.2:
   Packets:Sent=4,Received=0,Lost=4(100% loss),
```

（3）PC2 ping PC3

```
C:\>ping 192.168.40.2
Pinging 192.168.40.2 with 32 bytes of data:
Reply from 192.168.40.2:bytes=32 time=1ms TTL=126
Reply from 192.168.40.2:bytes=32 time<1ms TTL=126
Reply from 192.168.40.2:bytes=32 time<1ms TTL=126
Reply from 192.168.40.2:bytes=32 time<1ms TTL=126
Ping statistics for 192.168.40.2:
    Packets:Sent=4,Received=4,Lost=0(0% loss),
```

```
Approximate round trip times in milli-seconds:
    Minimum=0ms,Maximum=1ms,Average=0ms
```

通过上面的测试发现配置正确，实验成功。

【任务归纳】

扩展访问控制列表可以对源地址、目的地址及端口进行精细化的流量控制。

## 四、任务评价

| 评价项目 | 评价内容 | 参考分 | 评价标准 | 得分 |
|---|---|---|---|---|
| 拓扑图绘制 | 选择正确的连接线<br>选择正确的端口 | 20 | 选择正确的连接线，10 分<br>选择正确的端口，10 分 | |
| IP 地址设置 | 正确配置各主机地址<br>正确配置交换机和路由器设备名称 | 15 | 正确配置两台主机 IP 和网关，10 分<br>正确配置交换机和路由器设备名称，5 分 | |
| 路由器命令配置 | 正确地在路由器上创建子接口 | 20 | 开启路由器端口，5 分<br>正确创建路由器子接口并配置 IP 地址，15 分 | |
| 验证测试 | 会查看配置信息<br>能读懂配置信息<br>会进行连通性测试 | 25 | 使用命令查看配置信息，10 分<br>分析配置信息含义，5 分<br>在设备中进行连通性测试，10 分 | |
| 职业素养 | 任务单填写齐全、整洁、无误 | 20 | 任务单填写齐全、工整，10 分<br>任务单填写无误，10 分 | |

## 五、相关知识

### 1. 扩展 ACL 概述

扩展 ACL 比标准 ACL 提供了更广泛的控制范围。例如，网络管理员如果希望做到“允许外来的 Web 通信流量通过，拒绝外来的 FTP 和 Telnet 等通信流量”，那么，他可以使用扩展 ACL 来达到目的，标准 ACL 不能控制得这么精确。

扩展 ACL 可以使用地址作为条件，也可以用上层协议作为条件。

扩展 ACL 既可以测试数据包的源地址，也可以测试数据包的目的地址。

定义扩展 ACL 时，可使用的表号为 100～199。

2. 扩展 ACL 工作过程（图 3－5）

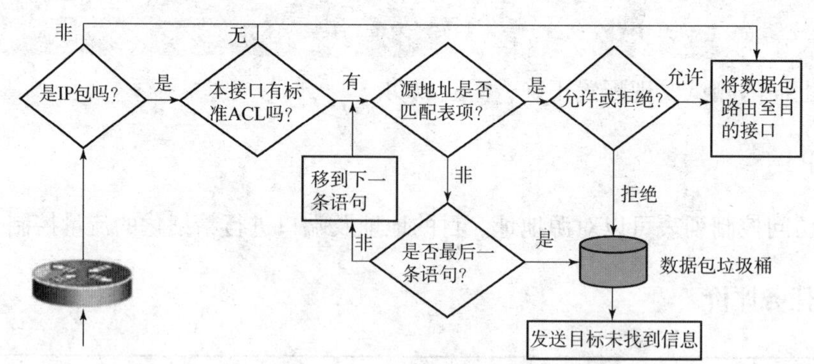


图 3－5　扩展 ACL 工作过程

3. 扩展 ACL 配置

```
Router(config)#access - list access - list - number {deny |permit}
protocol[source source - wildcard destination destination - wildcard]
[operator operand]
```

扩展 ACL 参数信息见表 3－2。

**表 3－2　扩展 ACL 参数信息**

| 参　数 | 描　述 |
|---|---|
| Access－list－number | 访问控制列表序号，使用一个 100～199 的编号 |
| deny | 如果条件符合，就拒绝后面指定的特定地址的通信流量 |
| permit | 如果条件符合，就允许后面指定的特定地址的通信流量 |
| protocol | 用来指定协议类型，如 IP、ICMP、TCP 或 UDP 等 |
| Source 和 destination | 数据包的源地址和目的地址，可以是网络地址或是主机 IP 地址 |
| Source－wildcard | 应用与源地址的通配符掩码 |
| destination－wildcard | 应用与目的地的通配符掩码 |
| opterator | （可选项）比较源和目的端口，可用的操作符包括 lt（小于）、gt（大于）、eq（等于）、neq（不等于）和 range（包括的范围）<br>如果操作符位于源地址和源地址通配符之后，那么它必须匹配源端口；如果操作符位于目的地址和目的地址通配符之后，那么它必须匹配目的端口。Range 操作符需要两个端口号，其他操作符只需要一个端口号 |
| operand | （可选项）指明 TCP 或 UDP 端口的十进制数字或名字，端口号可以从 0 到 65 535 |

## 六、课后练习

1. 如果来自因特网的 HTTP 报文的目标地址是 162. 15. 1. 1，经过这个 ACL 过滤后，会

出现的情况是（　　）。

A. 由于行 30 拒绝，报文被丢弃

B. 由于行 40 允许，报文被接受

C. 由于 ACL 末尾隐含地拒绝，报文被丢弃

D. 由于报文源地址未包含在列表中，报文被接收

2. 某台路由器上配置了一条访问列表：access - list 4 deny 202. 38. 0. 0 0. 0. 255. 255 access - list 4 permit 202. 38. 160. 1 0. 0. 0. 255，表示（　　）。

A. 只禁止源地址为 202. 38. 0. 0 网段的所有访问

B. 只允许目的地址为 202. 38. 0. 0 网段的所有访问

C. 检查源 IP 地址，禁止 202. 38. 0. 0 大网段的主机，但允许其中的 202. 38. 160. 0 小网段上的主机

D. 检查目的 IP 地址，禁止 202. 38. 0. 0 大网段的主机，但允许其中的 202. 38. 160. 0 小网段的主机

3. 如果在一个接口上使用了 access group 命令，但没有创建相应的 access list，则在此接口上，下面描述正确的是（　　）。

A. 发生错误

B. 拒绝所有的数据包 in

C. 拒绝所有的数据包 out

D. 允许所有的数据包 in、out

4. 在访问控制列表中，地址和掩码分别为 168. 18. 64. 0 和 0. 0. 3. 255，表示的 IP 地址范围是（　　）。

A. 168. 18. 67. 0 ~ 168. 18. 70. 255

B. 168. 18. 64. 0 ~ 168. 18. 67. 255

C. 168. 18. 63. 0 ~ 168. 18. 64. 255

D. 168. 18. 64. 255 ~ 168. 18. 67. 255

5. 访问控制列表 access - list 100 permit ip 129. 38. 1. 1 0. 0. 255. 255 202. 38. 5. 2 0 的含义是（　　）。

A. 允许主机 129. 38. 1. 1 访问主机 202. 38. 5. 2

B. 允许网络 129. 38. 0. 0 访问网络 202. 38. 0. 0

C. 允许主机 202. 38. 5. 2 访问网络 129. 38. 0. 0

D. 允许网络 129. 38. 0. 0 访问主机 202. 38. 5. 2

# 工单任务 3　使用基于端口扩展控制访问列表实现流量控制

## 一、工作准备

**【想一想】**

常见网络服务及其端口有哪些？

基于端口扩展控制访问列表能够实现哪些特殊的功能?

【说一说】

结合图3-6说出以下命令的作用。

```
R1(config)#access-list 101 permit tcp 192.168.10.0 0.0.0.255
192.168.20.2 0.0.0.0 eq 80
```

## 二、任务描述

【任务场景】

配置扩展ACL，要求只允许PC1所在网段的主机访问PC2服务器的WWW和FTP服务，并拒绝PC1所在的网段主机 ping PC3所在网段的主机，其他流量正常放行，如图3-6所示。

【施工拓扑】

施工拓扑图如图3-6所示。

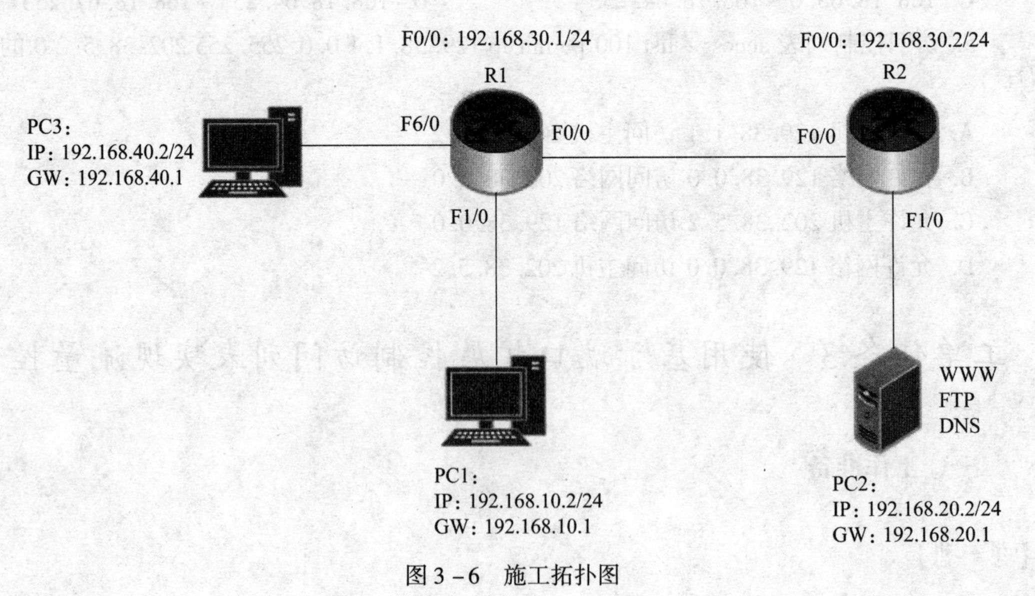


图3-6　施工拓扑图

【设备环境】

本实验采用 Packet Tracert 进行实验，使用的路由器型号为 Router - PT，数量为 2 台，计算机 2 台，服务器 1 台。

## 三、任务实施

### 1. R1 和 R2 的接口配置

(1) R1 配置

```
R1(config)#int fastEthernet 0/0
R1(config-if)#ip add 192.168.30.1 255.255.255.0
R1(config-if)#no shutdown
R1(config-if)#interface fastEthernet 1/0
R1(config-if)#ip address 192.168.10.1 255.255.255.0
R1(config-if)#no shutdown
R1(config)#int fastEthernet 6/0
R1(config-if)#ip address 192.168.40.1 255.255.255.0
R1(config-if)#no shutdown
```

(2) R2 配置

```
R2(config)#int fastEthernet 0/0
R2(config-if)#ip add 192.168.30.2 255.255.255.0
R2(config-if)#no shutdown
R2(config)#int fastEthernet 1/0
R2(config-if)#ip address 192.168.20.1 255.255.255.0
R2(config-if)#no shutdown
```

### 2. 配置 RIP 协议实现全网通

(1) R1 配置

```
R1(config)#router rip
R1(config-router)#version 2
R1(config-router)#no auto-summary
R1(config-router)#network 192.168.10.0
R1(config-router)#network 192.168.30.0
R1(config-router)#network 192.168.40.0
```

(2) R2 配置

```
R2(config)#router rip
```

```
R2(config-router)#version 2
R2(config-router)#no auto-summary
R2(config-router)#network 192.168.20.0
R2(config-router)#network 192.168.30.0
```

（3）ACL 配置

```
R1(config)#access-list 101 permit tcp 192.168.10.0 0.0.0.255 192.168.20.2 0.0.0.0 eq ________
#允许访问 PC2 的 www
R1(config)#access-list 101 permit tcp 192.168.10.0 0.0.0.255 192.168.20.2 0.0.0.0 eq ________
#允许访问 PC2 的 FTP
R1(config)#access-list 101 permit tcp 192.168.10.0 0.0.0.255 192.168.20.2 0.0.0.0 eq 21
#允许访问 PC2 的 FTP
R1(config)#access-list 101 deny ip 192.168.10.0 0.0.0.255 host ______________
#禁止 PC1 网段主机访问 PC2 服务器的其他流量
注:host 192.168.20.2 等价于 192.168.20.2 0.0.0.0 都表示一个地址
R1(config)#access-list 101 _____ icmp 192.168.10.0 0.0.0.255 192.168.40.0 0.0.0.255
#禁止 Ping PC3
R1(config)#access-list 101 permit ip any any   #放行其他流量
R1(config)#int fa1/0
R1(config-if)#ip access-group 101 in          #在接口的进方向上开启 ACL
```

3. 验证配置

（1）PC1 ping PC2

```
PC>ping 192.168.20.2
Pinging 192.168.20.2 with 32 bytes of data:
Reply from 192.168.10.1:Destination host unreachable.
Reply from 192.168.10.1:Destination host unreachable.
Reply from 192.168.10.1:Destination host unreachable.
Reply from 192.168.10.1:Destination host unreachable.
Ping statistics for 192.168.20.2:
    Packets:Sent=4,Received=0,Lost=4(100% loss),
```

（2）PC1 访问 PC2 服务器的 Web 和 FTP 服务

访问 Web 的测试如图 3－7 所示。

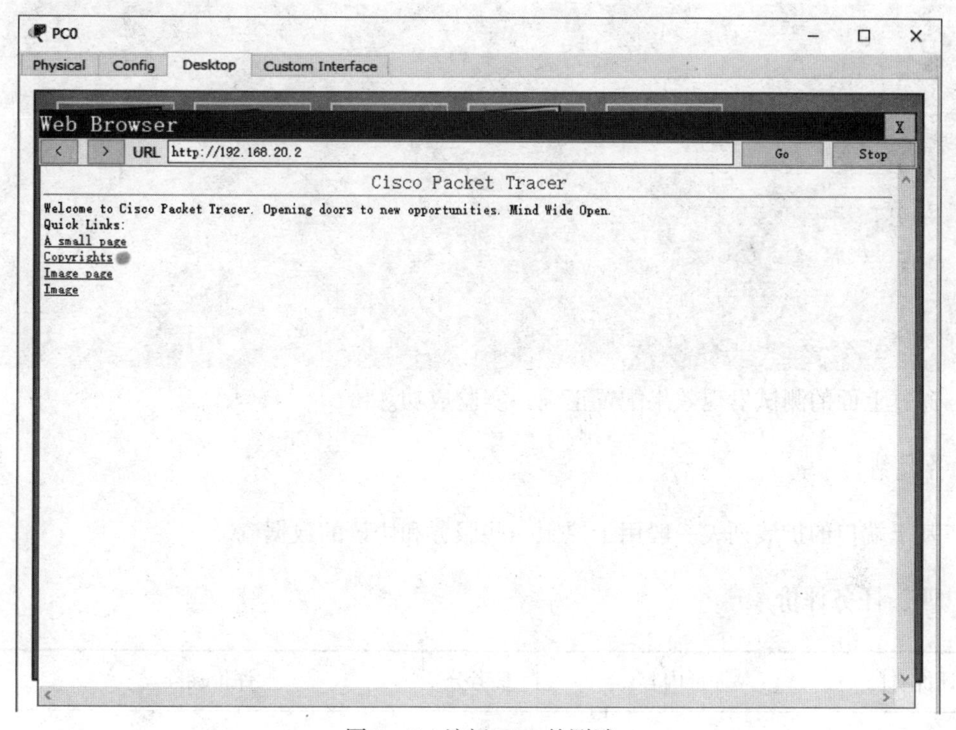


图 3－7　访问 Web 的测试

访问 FTP 的测试如图 3－8 所示。

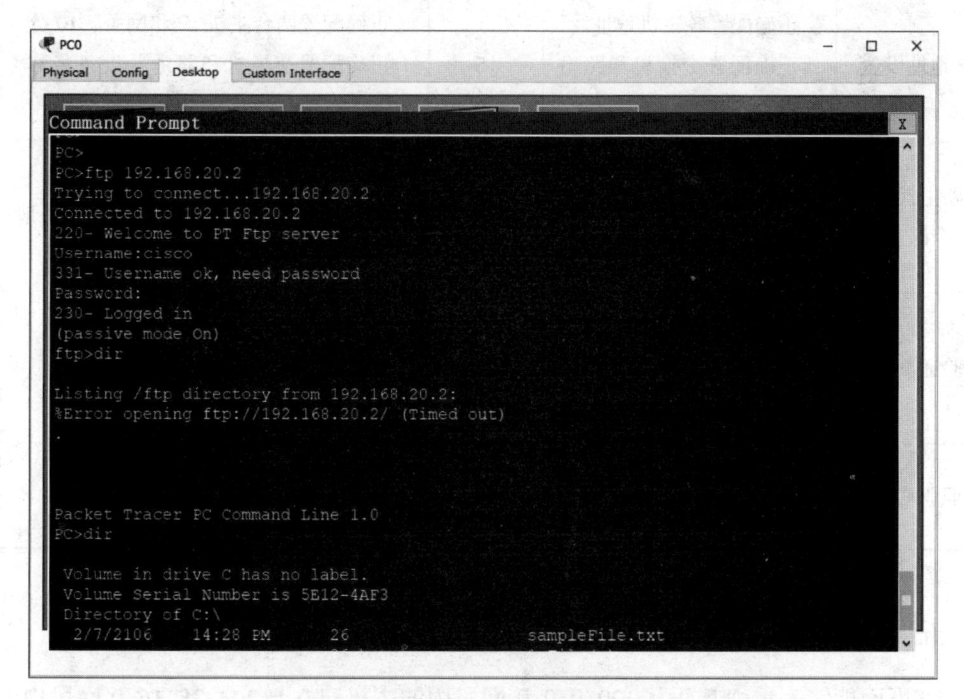


图 3－8　访问 FTP 的测试

（3）PC1 ping PC3

```
C:\>ping 192.168.40.2
Pinging 192.168.40.2 with 32 bytes of data:
Request timed out.
Request timed out.
Request timed out.
Request timed out.
Ping statistics for 192.168.40.2:
   Packets:Sent =4,Received =0,Lost =4(100% loss),
```

通过上面的测试发现效果配置正确，实验成功。

【任务归纳】

基于端口的扩展列表一般用于控制一些服务和协议的数据流。

## 四、任务评价

| 评价项目 | 评价内容 | 参考分 | 评价标准 | 得分 |
| --- | --- | --- | --- | --- |
| 拓扑图绘制 | 选择正确的连接线<br>选择正确的端口 | 20 | 选择正确的连接线，10 分<br>选择正确的端口，10 分 | |
| IP 地址设置 | 正确配置各主机地址<br>正确配置交换机和路由器设备名称 | 15 | 正确配置两台主机 IP 和网关，10 分<br>正确配置交换机和路由器设备名称，5 分 | |
| 路由器命令配置 | 正确地在路由器上创建子接口 | 20 | 开启路由器端口，5 分<br>正确创建路由器子接口并配置 IP 地址，15 分 | |
| 验证测试 | 会查看配置信息<br>能读懂配置信息<br>会进行连通性测试 | 25 | 使用命令查看配置信息，10 分<br>分析配置信息含义，5 分<br>在设备中进行连通性测试，10 分 | |
| 职业素养 | 任务单填写齐全、整洁、无误 | 20 | 任务单填写齐全、工整，10 分<br>任务单填写无误，10 分 | |

## 五、课后练习

1. 下面能够表示“禁止从 129. 9. 0. 0 网段中的主机建立与 202. 38. 16. 0 网段内的主机的 WWW 端口的连接”的访问控制列表是（　　）。（多选题）

A. access－list 101 deny tcp 129. 9. 0. 0 0. 0. 255. 255 202. 38. 16. 0 0. 0. 0. 255 eq www

B. access－list 100 deny tcp 129. 9. 0. 0 0. 0. 255. 255 202. 38. 16. 0 0. 0. 0. 255 eq 80

C. access－list 100 deny ucp 129. 9. 0. 0 0. 0. 255. 255 202. 38. 16. 0 0. 0. 0. 255 eq www

D. access－list 99 deny ucp 129. 9. 0. 0 0. 0. 255. 255 202. 38. 16. 0 0. 0. 0. 255 eq 80

2. 访问控制列表 access－list 100 deny ip 10. 1. 10. 10 0. 0. 255. 255 any eq 80 的含义是（　　）。

A. 规则序列号是 100，禁止到 10. 1. 10. 10 主机的 telnet 访问

B. 规则序列号是 100，禁止到 10. 1. 0. 0/16 网段的 www 访问

C. 规则序列号是 100，禁止从 10. 1. 0. 0/16 网段来的 www 访问

D. 规则序列号是 100，禁止从 10. 1. 10. 10 主机来的 rlogin 访问

3. 在路由器上配置命令：

```
Access -list 100 deny icmp 10.1.0.0 0.0.255.255 any host -redirect
Access -list 100 deny tcp any 10.2.1.2. 0.0.0.0 eq 23
Access -list 100 permit ip any any
```

并将此规则应用在接口上，下列说法正确的是（　　）。（多选题）

A. 禁止从 10. 1. 0. 0 网段发来的 ICMP 的主机重定向报文通过

B. 禁止所有用户远程登录到 10. 2. 1. 2 主机

C. 允许所有的数据包通过

D. 以上说法均不正确

## ——项目小结——

本项目主要介绍控制访问列表（ACL）技术，一个标准 IP 访问控制列表匹配 IP 包中的源地址或源地址中的一部分，可对匹配的包采取拒绝或允许两个操作。编号范围为 1～99 的访问控制列表是标准 IP 访问控制列表。标准访问列表一般用于绑定其他业务一起使用，比如 NAT、策略路由等。

扩展 IP 访问控制列表比标准 IP 访问控制列表具有更多的匹配项，包括协议类型、源地址、目的地址、源端口、目的端口、建立的连接和 IP 地址优先级等。编号范围为 100～199 的访问控制列表是扩展 IP 访问控制列表。扩展访问列表由于增加了目的地址和端口两个参数，用于做更加精细的流量控制。

## ——项目实践——

使用模拟器或者真实设备完成图 3－9 所示的实验拓扑。

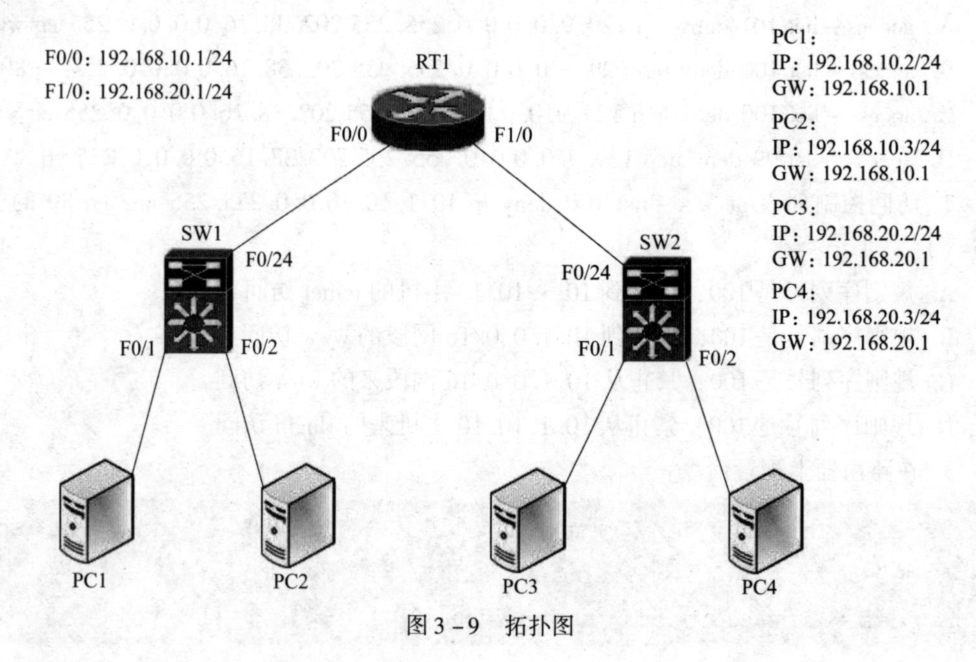


图 3－9　拓扑图

配置要求：

1. 配置主机、服务器与路由器的 IP 地址，配置全网通。

2. 配置标准 ACL，使得 PC1 可以访问 PC3 和 PC4，PC2 不能访问 PC3 和 PC4。使该配置生效，然后删除该条 ACL。

3. 配置扩展 ACL，使得 PC1 可以访问 PC4 的 WWW 服务，PC2 不能访问 PC4 的 WWW 服务，4 个 PC 之间相互能够 ping 通。使该配置生效，然后删除该条 ACL。

# 项目二

## 交换机端口安全

### 工单任务1　配置允许最大 MAC 地址数

#### 一、工作准备

【想一想】

1. 为什么要配置允许最大 MAC 地址数?

2. 默认所有接口的 Port - Security 配置有哪些?

#### 二、任务描述

【任务场景】

在 SW1 的 F0/1 口上开启端口安全，并配置最大 MAC 地址数为 1，如图 3 - 10 所示。

【施工拓扑】

施工拓扑图如图 3 - 10 所示。

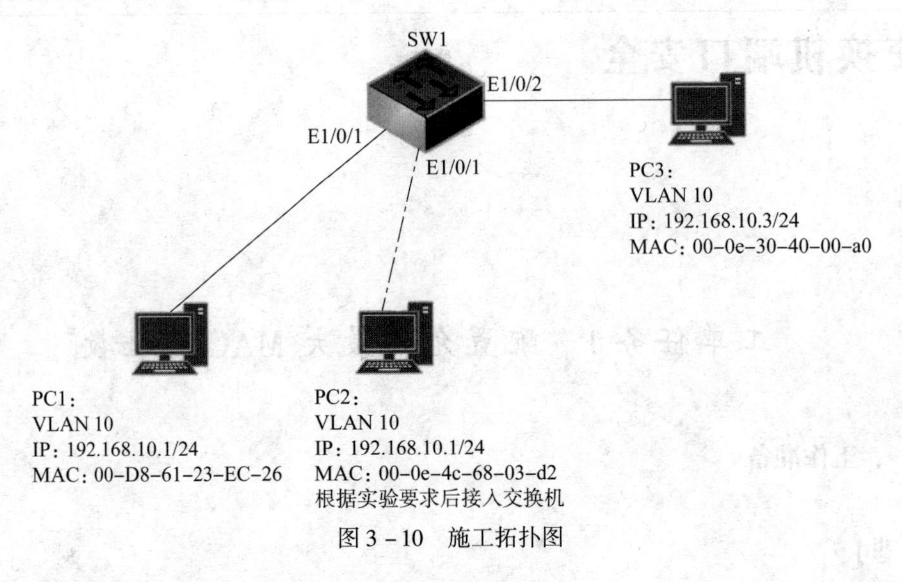


图 3 - 10　施工拓扑图

【设备环境】

本实验采用真实设备进行实验，使用的设备为神州数码二层交换机，型号为 S4600，数量为 1 台，计算机 3 台。

## 三、任务实施

### 1. 在 SW1 交换机上配置 VLAN，并将端口放入 VLAN

```
SW1(config)#vlan 10
SW1(config)#int Ethernet1/0/1
SW1(config-if)#switchport access vlan 10
SW1(config)#int Ethernet1/0/2
SW1(config-if)#switchport access vlan 10
```

### 2. SW1 交换机的端口安全配置

```
SW1(config-if-ethernet1/0/1)#switch port-security
SW1(config-if-ethernet1/0/1)#switch port-security maximum 1
```

### 3. 验证测试

查看端口安全的基本配置：

```
SW1(config)#show port - security
Secure Port    MaxSecureAddr(count)  CurrentAddr(count)  SecurityViolation(count)
Security Action
----------------------------------------------------------------------------------
--------
Ethernet1/0/1        1                        1                                 0
     Shutdown
```

通过查看信息发现，交换机的安全口为 ethernet1/0/1，允许通过的最大 MAC 地址数为 1，默认的违规动作为关闭端口，实验成功。

## 四、任务评价

| 评价项目 | 评价内容 | 参考分 | 评价标准 | 得分 |
| --- | --- | --- | --- | --- |
| 拓扑图绘制 | 选择正确的连接线<br>选择正确的端口 | 20 | 选择正确的连接线，10 分<br>选择正确的端口，10 分 | |
| IP 地址设置 | 正确配置两台主机的 IP 和网关地址<br>正确配置交换机端口 | 20 | 正确配置两台主机的 IP 和网关地址，10 分<br>正确配置交换机端口，10 分 | |
| 交换机命令配置 | 正确配置交换机信息<br>正确配置端口安全验证 | 20 | 配置交换机设备名称，10 分<br>使用配置端口安全验证，10 分 | |
| 验证测试 | 会查看交换机配置表<br>会进行安全验证测试 | 30 | 使用命令查看交换机配置，10 分<br>分析查看端口信息，10 分<br>在设备中进行安全验证测试，10 分 | |
| 职业素养 | 任务单填写齐全、整洁、无误 | 10 | 任务单填写齐全、工整，5 分<br>任务单填写无误，5 分 | |

## 五、相关知识

1）在部署园区网的时候，对于交换机，往往有如下几种特殊的需求：

①限制交换机每个端口下接入主机的数量（MAC 地址数量）。

②限定交换机端口下所连接的主机（根据 IP 或 MAC 地址进行过滤）。

③当出现违例时间的时候能够检测到，并可采取惩罚措施。

2）上述需求可通过交换机的 Port – Security 功能来实现，如图 3 – 11 所示。

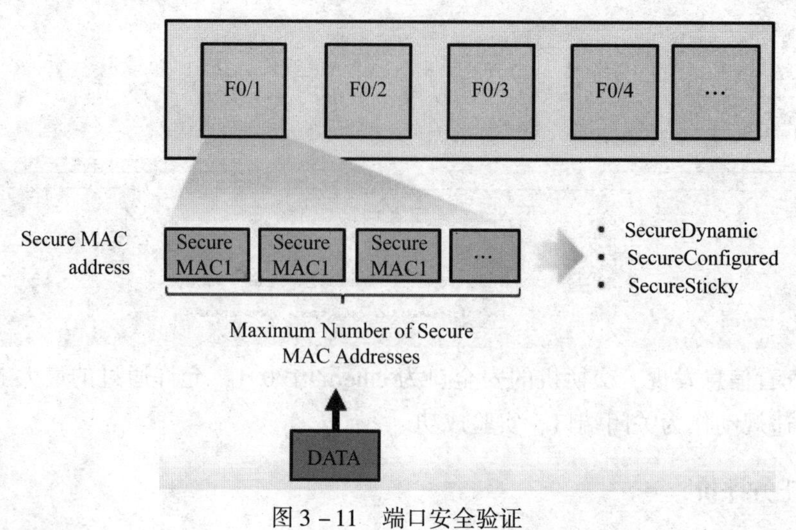


图 3－11　端口安全验证

## 六、课后练习

1. 交换机端口安全的老化地址时间最长为（　　）min。

A. 10　　B. 256　　C. 720　　D. 1 440

2. 以下对交换机安全端口的描述正确的是（　　）。

A. 交换机安全端口的模式可以是 Trunk　　B. 交换机安全端口违例处理方式有两种

C. 交换机安全端口模式是默认打开的　　D. 交换机安全端口必须是 Access 模式

3. 交换机端口安全可以完成的需求有（　　）。（多选题）

A. 限制交换机每个端口下接入主机的数量

B. 限定交换机端口下所连接的主机

C. 当出现违例时间的时候能够检测到，并可采取惩罚措施

D. 限制交换机的 STP 协议运行

# 工单任务 2　绑定 MAC 地址

## 一、工作准备

**【想一想】**

1. 为什么要绑定 MAC 地址？

2. 绑定 MAC 地址的配置有哪些？

## 二、任务描述

【任务场景】

在 SW1 的 F0/1 口上开启端口安全，配置最大 MAC 地址数为 1，并且绑定 PC1 的 MAC 地址到 SW1 的 E1/0/1 口上，如图 3－12 所示。

【施工拓扑】

施工拓扑图如图 3－12 所示。

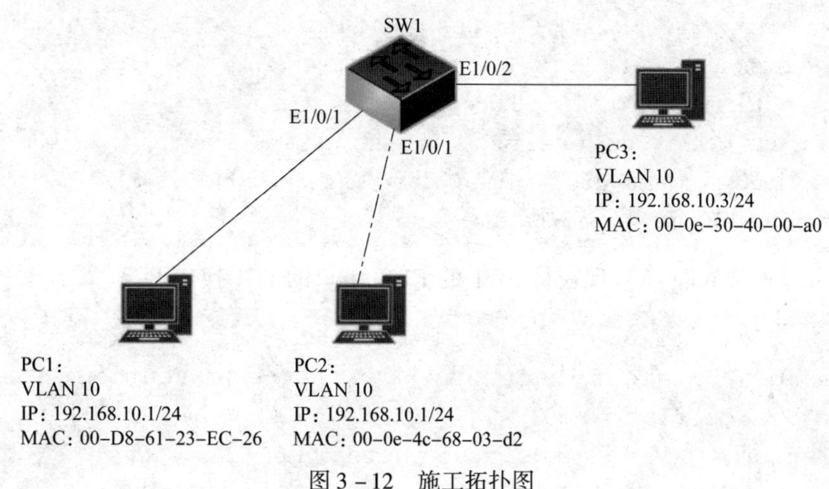


图 3－12　施工拓扑图

【设备环境】

本实验采用真实设备进行实验，使用的设备为神州数码二层交换机，型号为 S4600，数量为 1 台，计算机 3 台。

## 三、任务实施

1. SW1 交换机上配置 VLAN，并将端口放入 VLAN

```
SW1(config)#vlan 10
SW1(config)#int Ethernet1/0/1
SW1(config-if)#switchport access vlan 10
SW1(config)#int Ethernet1/0/2
SW1(config-if)#switchport access vlan 10
```

2. SW1 交换机端口安全

```
SW1(config-if-ethernet1/0/1)#switch port-security
SW1(config-if-ethernet1/0/1)#switch port-security maximum 1
SW1(config-if-ethernet1/0/1)#switch port-security  mac-address
00-D8-61-23-EC-26 vlan 10   #绑定 MAC 地址为 PC1 的 MAC 地址
```

3. 验证配置

（1）PC1 ping PC3

```
C:\>ping 192.168.10.3
Pinging 192.168.10.3 with 32 bytes of data:
Reply from 192.168.10.3:bytes=32 time<1ms TTL=128
Reply from 192.168.10.3:bytes=32 time<1ms TTL=128
Reply from 192.168.10.3:bytes=32 time<1ms TTL=128
Reply from 192.168.10.3:bytes=32 time<1ms TTL=128
Ping statistics for 192.168.10.3:
  Packets:Sent=4,Received=4,Lost=0(0% loss),
Approximate round trip times in milli-seconds:
  Minimum=0ms,Maximum=0ms,Average=0ms
```

目前可以正常 ping 通，现在将 SW1 的 E1/0/1 口的 PC1 换成 PC2。

```
SW1#Sep 25 17:05:45:000 2019 SW1 DEFAULT/5/:Port-security has reached
the threshold on Interface Ethernet1/0/1,unkown source mac addr 00-e0
-4c-68-03-d2,vlan id 10
and violation mode is shutdown,so shutdown it!
Sep 25 17:05:45:000 2019 SW1 MODULE_PORT/5/:% LINEPROTO-5-UPDOWN:Line
protocol on Interface Ethernet1/0/1,changed state to DOWN
Sep 25 17:05:45:000 2019 SW1 MODULE_PORT/5/:% LINK-5-CHANGED:Inter-
face Ethernet1/0/1,changed state to administratively DOWN
```

交换机 SW1 直接跳出提示信息，由于 E1/0/1 口上出现了一个未知的 MAC 地址，并不是绑定在接口上地址 MAC 地址，所以交换机根据端口安全策略，自动将接口关闭。

（2）查看 E1/0/1 口

```
SW1#show int ethernet 1/0/1
Interface brief:
 Ethernet1/0/1 is administratively down,line protocol is down
Ethernet1/0/1 is shutdown by port security      #显示端口被安全端口关闭
 Ethernet1/0/1 is layer 2 port,alias name is(null),index is 1
 Hardware is Gigabit-TX,address is 00-03-0f-83-66-9a
```

```
  PVID is 1
  MTU 1500 bytes,BW 10000 Kbit
  Time since last status change:0w-0d-0h-1m-0s  (60 seconds)
  Encapsulation ARPA,Loopback not set
  Auto-duplex,Auto-speed
  FlowControl is off,MDI type is auto
Statistics:
  5 minute input rate 768 bits/sec,0 packets/sec
  5 minute output rate 24 bits/sec,0 packets/sec
  The last 5 second input rate 0 bits/sec,0 packets/sec
  The last 5 second output rate 0 bits/sec,0 packets/sec
  Input packets statistics:
    301 input packets,55686 bytes,0 no buffer
    0 unicast packets,210 multicast packets,91 broadcast packets
    0 input errors,0 CRC,0 frame alignment,0 overrun,0 ignored,
    0 abort,0 length error,0 undersize 0 jabber,0 fragments,0 pause frame
  Output packets statistics:
    4 output packets,880 bytes,0 underruns
    0 unicast packets,4 multicast packets,0 broadcast packets
    0 output errors,0 collisions,0 late collisions,0 pause frame
SW1#
```

（3）恢复被端口安全关闭的端口

在全局模式下输入 errdisable recovery cause psecure-violation，然后再 shutdown（关闭）和 no shutdown（开启）该端口。有些品牌的交换机只需要开启和关闭端口就可以取消端口安全的策略。

## 四、任务评价

| 评价项目 | 评价内容 | 参考分 | 评价标准 | 得分 |
|---|---|---|---|---|
| 拓扑图绘制 | 选择正确的连接线<br>选择正确的端口 | 20 | 选择正确的连接线，10 分<br>选择正确的端口，10 分 | |
| IP 地址设置 | 正确配置两台主机的 IP 和网关地址<br>正确配置交换机端口 | 20 | 正确配置两台主机的 IP 和网关地址，10 分<br>正确配置交换机端口，10 分 | |
| 交换机命令配置 | 正确配置交换机信息<br>正确配置绑定 MAC 地址 | 20 | 配置交换机设备信息，10 分<br>正确配置绑定 MAC 地址，10 分 | |

续表

| 评价项目 | 评价内容 | 参考分 | 评价标准 | 得分 |
|---|---|---|---|---|
| 验证测试 | 会查看交换机配置表<br>会进行绑定 MAC 测试 | 30 | 使用命令查看交换机配置，10 分<br>分析查看配置信息，10 分<br>在设备中进行绑定 MAC 测试，10 分 | |
| 职业素养 | 任务单填写齐全、整洁、无误 | 10 | 任务单填写齐全、工整，5 分<br>任务单填写无误，5 分 | |

## 五、相关知识

1. Port－Security 安全地址：secure MAC address

①在接口上激活 Port－Security 后，该接口就具有了一定的安全功能，例如，能够限制接口（所连接的）的最大 MAC 数量，从而限制接入的主机用户；或者限定接口所连接的特定 MAC，从而实现接入用户的限制。要执行过滤或者限制动作，就需要有依据，这个依据就是安全地址——secure MAC address。

②安全地址表可以通过 3 种方式进行：动态学习（SecureDynamic）、手工配置（SecureConfigured）、sticy MAC address（SecureSticky）。

③当将接口允许的 MAC 地址数量设置为 1 并且为接口设置一个安全地址时，这个接口将只为该 MAC 所属的 PC 服务，也就是只有源 MAC 地址为配置的安全 MAC 地址时，数据帧才能进入该接口。

2. 当以下情况发生时，激活惩罚（violation）

①当一个激活了 Port－Security 的接口上，MAC 地址数量已经达到了配置的最大安全地址数量，并且又收到了一个新的数据帧，而这个数据帧的源 MAC 并不在这些安全地址中时，启动惩罚措施。

②当在一个 Port－Security 接口上配置了某个安全地址，而这个安全地址的 MAC 又企图在同一 VLAN 的另一个 Port－Security 接口上接入时，启动惩罚措施。

③在设置了 Port－Security 接口的最大允许 MAC 的数量后，接口关联的安全地址表项可以通过如下方式获取：

a. 在接口下使用 switchport port－security mac－address 来配置静态安全地址表项。

b. 使用接口动态学习到的 MAC 来构成安全地址表项。

c. 一部分静态配置，一部分动态学习。

④当接口出现 up/down 时，所有动态学习的 MAC 安全地址表项将清空，而静态配置的安全地址表项依然保留。

3. Port－Security 与 Sticky MAC 地址

在接口出现 up/down 后，将会丢失通过动态学习到的 MAC 构成的安全地址表项，但是

所有的接口都用 switchport port - security mac - address 来手工配置，工作量太大。因此，sticky mac 地址可以将这些动态学习到的 MAC 变成“黏滞状态”，可以简单地理解为：先动态地学，学到之后再将其黏结起来，形成一条“静态”（实际上是 SecureSticky）的表项。其在 up/down 现象出现后仍能保存，而在使用 wr 后，这些 sticky 安全地址将被写入 start - up config，即使设备重启，也不会丢失。

## 六、课后练习

1. 下面关于 sticky 安全地址的说法正确的是（　　）。

A. port - security 支持 private vlan

B. port - security 不支持 802. 1Q tunnel 接口

C. port - security 支持 SPAN 的目的接口

D. port - security 支持 etherchannel 的 port - channel 接口

2. 当设置了 Port - Security 接口的最大允许 MAC 的数量后，接口关联的安全地址表项可以通过（　　）获取。(多选题)

A. 在接口下使用 switchport port - security mac - address 来配置静态安全地址表项

B. 使用接口动态学习到的 MAC 来构成安全地址表项

C. 一部分静态配置，一部分动态学习

D. 通过 bind 命令绑定

3. 当在接口上激活了 port - security mac - address sticky 时，下列选项正确的有（　　）。(多选题)

A. 该接口上所有通过动态学习到的 MAC，将被转成 sticky mac address，从而形成安全地址

B. 接口上的静态手工配置的安全地址不会被转成 sticky mac address

C. 通过 voice vlan 动态学习到的安全地址不会被转成 sticky mac address

D. 命令配置后，新学习到的 MAC 地址也是 sticky 的

# 工单任务3　配置违规处理

## 一、工作准备

**【想一想】**

1. 为什么要配置违规处理？

2. 违规处理的方法和时间的配置有哪些？

## 二、任务描述

【任务场景】

在SW1的F0/1口上开启端口安全，配置最大MAC地址数为1，修改违规处罚方式为protect，并且修改围攻恢复时间为10 s，如图3-13所示。

【施工拓扑】

施工拓扑图如图3-13所示。

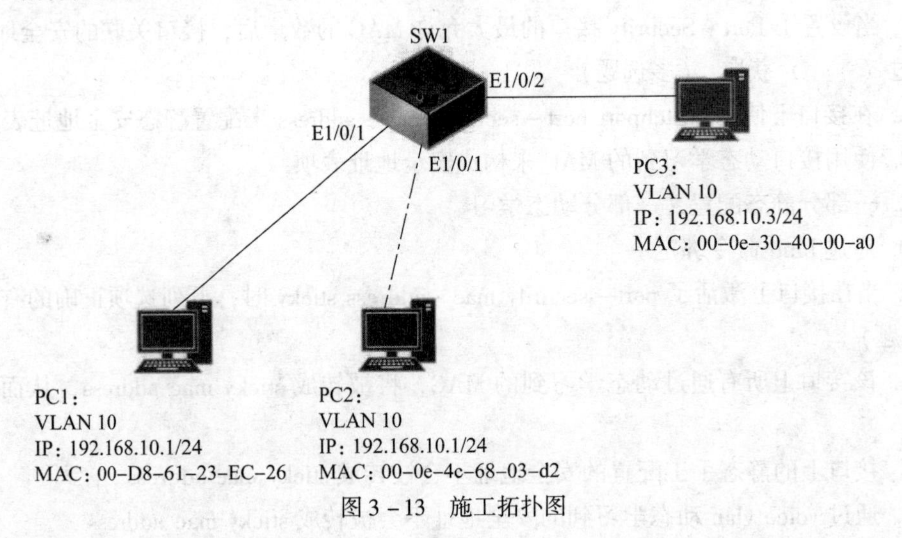


图3-13 施工拓扑图

【设备环境】

本实验采用真实设备进行实验，使用的设备为神州数码二层交换机，型号为S4600，数量为1台，计算机3台。

## 三、任务实施

1. SW1交换机上配置VLAN，并将端口放入VLAN

```
SW1(config)#vlan 10
SW1(config)#int Ethernet1/0/1
SW1(config-if)#switchport access vlan 10
SW1(config)#int Ethernet1/0/2
SW1(config-if)#switchport access vlan 10
```

2. SW1 交换机端口安全

```
SW1(config-if-ethernet1/0/1)#switch port-security
SW1(config-if-ethernet1/0/1)#switch port-security maximum 1
SW1(config-if-ethernet1/0/1)#switch port-security mac-address 00-D8-61-23-EC-26 vlan 10
#绑定 MAC 地址为 PC1 的 MAC 地址
SW1(config-if-ethernet1/0/1)#switchport port-security violation protect
#将违规类型改成 protect
SW1(config-if-ethernet1/0/1)#switchport port-security violation shutdown recovery 10
#设置恢复违规恢复实践为 10 s,这里 recovery 后面单位为 s,取值范围为 5~3600 s
```

3. 验证配置

查看交换机提示信息：

```
SW1#Sep 25 17:44:17:000 2019 SW1 MODULE_PORT/5/:% LINEPROTO-5-UPDOWN:Line protocol on Interface Ethernet1/0/1,changed state to UP
Sep 25 17:44:17:000 2019 SW1 DEFAULT/5/:Port-security has reached the threshold on Interface Ethernet1/0/1,unkown source mac addr 00-e0-4c-68-03-d2,vlan id 1 and violation mode is shutdown,so shutdown it!
Sep 25 17:44:17:000 2019 SW1 MODULE_PORT/5/:% LINEPROTO-5-UPDOWN:Line protocol on Interface Ethernet1/0/1,changed state to DOWN
Sep 25 17:44:17:000 2019 SW1 MODULE_PORT/5/:% LINK-5-CHANGED:Interface Ethernet1/0/1,changed state to administratively DOWN
Sep 25 17:44:27:000 2019 SW1 MODULE_PORT/5/:% LINK-5-CHANGED:Interface Ethernet1/0/1,changed state to UP
Sep 25 17:44:27:000 2019 SW1 MODULE_PORT/5/:% LINEPROTO-5-UPDOWN:Line protocol on Interface Ethernet1/0/1,changed state to DOWN
```

从以上信息可以看出，交换机每隔 10 s 会对接口进行一次恢复。

## 四、任务评价

| 评价项目 | 评价内容 | 参考分 | 评价标准 | 得分 |
| --- | --- | --- | --- | --- |
| 拓扑图绘制 | 选择正确的连接线<br>选择正确的端口 | 20 | 选择正确的连接线，10 分<br>选择正确的端口，10 分 | |

续表

| 评价项目 | 评价内容 | 参考分 | 评价标准 | 得分 |
| --- | --- | --- | --- | --- |
| IP 地址设置 | 正确配置两台主机的 IP 和网关地址<br>正确配置交换机端口 | 20 | 正确配置两台主机的 IP 和网关地址，10 分<br>正确配置交换机端口，10 分 | |
| 交换机命令配置 | 正确配置交换机信息<br>正确配置违规处理 | 20 | 配置交换机设备，10 分<br>使用命令配置违规处理，10 分 | |
| 验证测试 | 会查看交换机配置表<br>会进行连通性测试 | 30 | 使用命令查看交换机配置，10 分<br>分析查看端口信息，10 分<br>在设备中进行连通性测试，10 分 | |
| 职业素养 | 任务单填写齐全、整洁、无误 | 10 | 任务单填写齐全、工整，5 分<br>任务单填写无误，5 分 | |

## 五、相关知识

1. 默认所有接口的 Port – Security 配置

- Port – Security 默认关闭。
- 默认最大允许的安全 MAC 地址数量 1。
- 惩罚模式：shutdown（进入 err – disable 状态），同时发送一个 SNMP trap。

2. 在接口上激活 Port – Security

```
Switch(config)#interface Ethernet1/0/1                          #进入接口
Switch(config-if-ethernet1/0/1)#switch port-security    #激活 Port-Security
```

3. 配置每个接口的安全配置（Secure MAC Address）

```
Switch(config-if-ethernet1/0/1)#switch port-security maximum
<1-4096>      #配置允许通过的最大 MAC 地址数
Switch(config-if-ethernet1/0/1)#switch port-security  mac-address <Mac-address> vlan <1-4096>   #手工绑定允许通过的 MAC 地址
Switch(config-if-ethernet1/0/1)#switch port-security
<Mac-address> sticky      #使用 STICKY 模式绑定 MAC 地址
```

4. 配置 Port – Security 惩罚机制

```
Switch(config-if-ethernet1/0/1)#switch port-security violation
[protect|restrict|shutdown]
```

protect：仅丢弃非法的数据帧。

restrict：丢弃非法数据帧的同时，产生一个 syslog 信息。

shutdown：将端口设置为 err - disable，端口不可用，同时产生一个 syslog 信息。

5. 清除接口上动态学习到的安全地址表项

```
    Switch#clear port - security dynamic
#清除所有 port - security 接口上通过动态学习到的安全地址表项
    Switch#clear port - security sticky       #清除所有 sticky 安全地址表项
    Switch#clear port - security configured #清除所有手工配置的安全地址表项
    Switch#clear port - security all          #清除所有安全地址表项
```

## 六、课后练习

1. 如果一个端口被配置为一个安全端口，并开启了最大连接数限制和安全地址绑定，则端口安全的违例产生于（　　）。(多选题)

A. 用户受到网关欺骗的攻击

B. 当其安全地址的数目已经达到允许的最大个数

C. 该端口收到一个源地址不属于端口上的安全地址的包

D. 用户修改了自己的 IP 地址

2. 下列属于交换机安全端口违规处理方式的有（　　）。(多选题)

A. shutdown　　B. protect　　C. restrict　　D. drop

3. 下列有关交换机端口默认的 Port - Security 配置，正确的是（　　）。(多选题)

A. Port - Security 默认关闭

B. 默认最大允许的安全 MAC 地址数量为 1

C. 惩罚模式默认为 protect

D. 会自动绑定端口所连接主机的 MAC 地址

## ——项目小结——

本项目主要介绍端口安全技术，端口安全用于限制具体端口通过的 MAC 地址的数量，或者在具体的端口不允许某些 MAC 地址的帧流量通过时，允许动态配置安全 MAC 地址。通过 MAC 地址绑定虽然在一定程度上可保证内网安全，但效果并不是很好，建议使用 802.1X 身份验证协议。

通过配合违规机制，可以很好地保护端口，并且在受到攻击后可以及时知晓，并做出处理。

## ——项目实践——

使用真实设备完成图 3 - 14 所示的拓扑图配置。

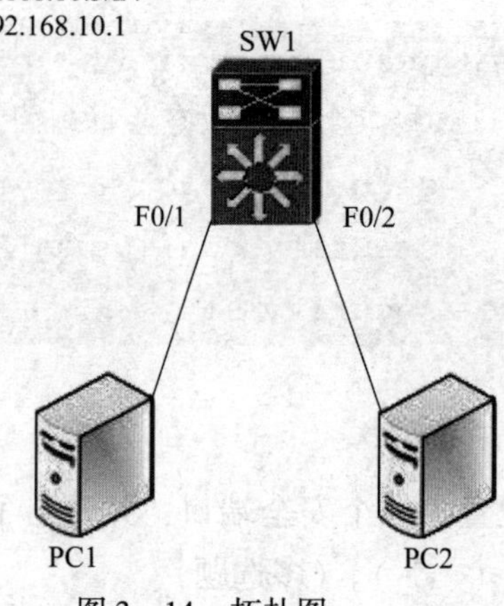


图 3－14　拓扑图

配置要求：

1. 接口为 F0/1 的，只能接入 PC1 的 MAC 地址（PC1 的 MAC 地址根据实验时的实际情况修改）。配置完成后，可将 PC1 和 PC2 位置，以调换观察端口安全情况。

2. 限制交换机接口的最大连接数为 2，配置完成后，可以在 PC1 或 PC2 上使用虚拟机软件创造超出最大连接数的情况，并观察端口安全情况。

3. 配置交换机端口处理违规的方式为 protect。出现违规后，观察接口状态信息。

# 项目三

# 路由控制

## 工单任务1 配置RIP和OSPF重分发

### 一、工作准备

【想一想】

1. 为什么需要路由重分发？

2. 路由重分发的方式有哪些？

### 二、任务描述

【任务场景】

R1运行OSPF协议，R3运行RIP协议，R2作为中间路由器。在R2上配置路由重分发，从而实现全网通，如图3－15所示。

【施工拓扑】

施工拓扑图如图3－15所示。

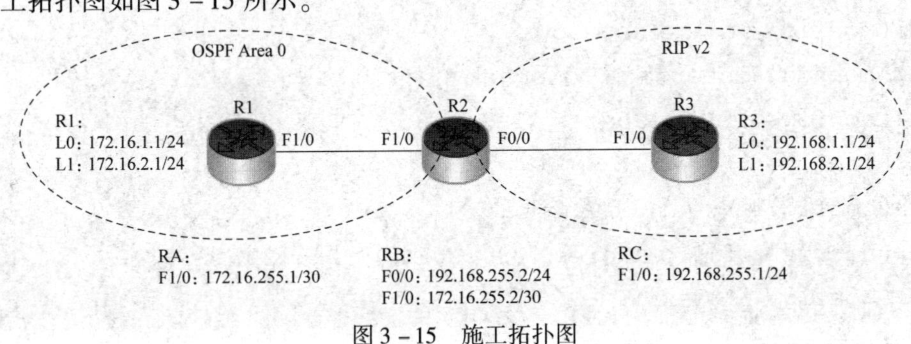


图3－15 施工拓扑图

【设备环境】

本实验采用 Packet Tracert 进行实验，使用的路由器型号为 Router－PT，数量为 3 台。

## 三、任务实施

### 1. 路由器各端口配置

(1) 在 R1 路由器上配置 IP 地址

```
R1(config)#interface fastEthernet 1/0
R1(config-if)#ip address 172.16.255.1 255.255.255.252
R1(config-if)#no shutdown
R1(config)#interface loopback 0
R1(config-if)#ip address 172.16.1.1 255.255.255.0
R1(config-if)#exit
R1(config)#interface loopback 1
R1(config-if)#ip address 172.16.2.1 255.255.255.0
R1(config-if)#exit
```

(2) 在 R2 路由器上配置 IP 地址

```
R2(config)#interface fastEthernet 0/0
R2(config-if)#ip address 192.168.255.2 255.255.255.0
R2(config-if)#no shutdown
R2(config-if)#exit
R2(config)#interface fastEthernet 1/0
R2(config-if)#ip address 172.16.255.2 255.255.255.252
R2(config-if)#no shutdown
```

(3) 在 R3 路由器上配置 IP 地址

```
R3(config)#interface fastEthernet 1/0
R3(config-if)#ip address 192.168.255.1 255.255.255.0
R3(config-if)#no shutdown
R3(config)#interface loopback 0
R3(config-if)#ip address 192.168.1.1 255.255.255.0
R3(config-if)#exit
R3(config)#interface loopback 1
R3(config-if)#ip address 192.168.2.1 255.255.255.0
R3(config-if)#exit
```

2. 根据拓扑图配置路由协议

（1）在 R1 路由器上配置 OSPF 路由协议

```
R1(config)#router ospf 100
R1(config-router)#router-id 1.1.1.1
R1(config-router)#network 172.16.1.0 0.0.0.255 area 0
R1(config-router)#network 172.16.1.0 0.0.0.255 area 0
R1(config-router)#network 172.16.255.0 0.0.0.3 area 0
```

（2）在 R2 路由器上配置 RIP 和 OSPF 路由协议

```
R2(config)#router rip
R2(config-router)#version 2
R2(config-router)#network 192.168.255.0
R2(config-router)#exit
R2(config)#router ospf 100
R2(config-router)#router-id 2.2.2.2
R2(config-router)#network 172.16.255.0 0.0.0.3 area 0
```

（3）在 R3 路由器上配置 RIP 路由协议

```
R3(config)#router rip
R3(config-router)#version 2
R3(config-router)#network 192.168.255.0
R3(config-router)#network 192.168.1.0
R3(config-router)#network 192.168.2.0
```

3. 在中间路由器（R2）上配置路由重分发

```
R2(config)#router ospf 100
R2(config-router)#redistribute rip metric 200 subnets
#将 rip 网络的路由重发布到 OSPF 的网络中,指定其度量为 200,Subnets 命令可以确保
#RIP 网络中的无类子网路由能够正确地被发布
R2(config-router)#exit
R2(config)#router rip
R2(config-router)#redistribute ospf 100 metric 10
#将 OSPF 网络路由重发布到 RIP 中,并指定其度量跳数为 10。
```

4. 验证配置

（1）查看 R1 的路由表

```
R1#show ip route
       172.16.0.0/16 is variably subnetted,3 subnets,2 masks
C         172.16.255.0/30 is directly connected,fastEthernet 1/0
C         172.16.1.0/24 is directly connected,Loopback0
C         172.16.2.0/24 is directly connected,Loopback1
       192.168.255.0/30 is subnetted,1 subnets
O E2        192.168.255.0[110/200]via 172.16.255.2,00:02:47,fastEther-
net 1/0
O E2       192.168.1.0/24[110/200]via 172.16.255.2,00:02:53,fastEth-
ernet 1/0
O E2       192.168.2.0/24[110/200]via 172.16.255.2,00:02:53,fastEth-
ernet 1/0
```

R1 已经通过重发布的配置学习到了 RIP 网络的路由。

（2）查看 R3 的路由表

```
R3#show ip route
R        172.16.0.0/16[120/10]via     192.168.255.2,00:00:24,fastEth-
ernet 1/0
C        192.168.255.0/24 is directly connected,fastEthernet 1/0
C        192.168.1.0/24 is directly connected,Loopback0
C        192.168.2.0/24 is directly connected,Loopback1
```

由于 R2 处于主类的边界，所以此处学习到的是汇总路由。

（3）通过 R1 ping R3 的回环口 192. 168. 1. 1

```
R1#ping 192.168.1.1
Type escape sequence to abort.
Sending 5,100-byte ICMP Echos to    192.168.1.1,timeout is 2 seconds:
!!!!!
Success rate is 100 percent(5/5),round-trip min/avg/max=112/137/144 ms
```

（4）通过 R3 ping R1 的回环口 172. 16. 1. 1

```
R3#ping 172.16.1.1
Type escape sequence to abort.
Sending 5,100-byte ICMP Echos to     172.16.1.1,timeout is 2 seconds:
!!!!!
Success rate is 100 percent(5/5),round-trip min/avg/max=120/148/192 ms
```

以上两台路由器都能正常通信，实验成功。

【写一写】

写出在 RA 路由器上路由重分发的命令：

结论：

## 四、任务评价

| 评价项目 | 评价内容 | 参考分 | 评价标准 | 得分 |
|---|---|---|---|---|
| 拓扑图绘制 | 选择正确的连接线<br>选择正确的端口 | 20 | 选择正确的连接线，10 分<br>选择正确的端口，10 分 | |
| IP 地址设置 | 正确配置两台主机的 IP 和网关地址<br>正确配置路由器端口地址 | 20 | 正确配置两台主机的 IP 和网关地址，10 分<br>正确配置路由器端口地址，10 分 | |
| 路由器命令配置 | 正确配置动态路由<br>正确配置路由重分发 | 30 | 配置路由器 RIP 路由，10 分<br>配置路由器 OSPF 路由，10 分<br>配置路由器路由重分发，10 分 | |
| 验证测试 | 会查看路由表<br>能读懂路由表信息<br>会进行连通性测试 | 20 | 使用命令查看路由表，10 分<br>在设备中进行连通性测试，10 分 | |
| 职业素养 | 任务单填写齐全、整洁、无误 | 10 | 任务单填写齐全、工整，5 分<br>任务单填写无误，5 分 | |

## 五、相关知识

### 1. 为什么需要路由重分发

在大型企业中，可能在同一网内使用到多种路由协议，为了实现多种路由协议的协同工作，路由器可以使用路由重分发（route redistribution）将其学习到的一种路由协议的路由通过另一种路由协议广播出去，这样网络的所有部分都可以连通了。为了实现重分发，路由器必须同时运行多种路由协议，这样每种路由协议才可以取路由表中的所有或部分其他协议的路由进行广播。

2. 路由重分发的概念

路由重分发是指连接到不同路由选择域的边界路由器在不同自主系统之间交换和通告路由选择信息的能力。路由必须位于路由选择表中，才能被重分发。

3. 路由重分发需要考虑的问题

①路由选择环路。

②路由选择信息不兼容。

③汇聚时间不一致的。

4. 路由重分发的方式

（1）双向重分发

在两个路由选择进程之间重分发所有路由。

（2）单向重分发

将一条默认路由传递给一种路由选择协议，同时只将通过该路由选择协议获悉的网络传递给其他路由选择协议。单向重分发最安全，但这将导致网络中的单点故障。

5. 配置路由重分发

（1）RIP

```
Router(config)#router rip
Router(config - router)#Redistribute protocol[process - id][matchroute - type][metric metric - value][route - mapmap - tag]
```

- Protocol：重分发路由的源协议。

- Process - id：对于 BGP、EGP、EIGRP，为 AS 号；对于 OSPF，为进程号。

- Router - type：将 OSPF 路由重分发到另一种路由选择协议中时使用的参数。

- Internal：重分发特定 AS 的内部路由。

- External1：重分发特定 AS 的外部路由，但作为 1 类外部路由导入 OSPF 中。

- External2：重分发特定 AS 的外部路由，但作为 2 类外部路由导入 OSPF 中。

- Metric - value：指定重分发路由条目的 RIP 度量值。

- Map - tag：配置路由映射表的可选标识符，重分发时将查询它，以便过滤从源路由选择协议导入当前路由选择协议中的路由。

（2）OSPF

```
Router(config)#router ospf 100
Router(config - router)#Redistribute protocol[process - id][met-ricmetric - value][matric - type type - value][route - mapmap - tag][sub-nets][tag tag - value]
```

- Protocol：重分发路由的源协议。

– Process – id：对于 BGP、EGP、EIGRP，为 AS 号；对于 OSPF，为进程号。

– Type – value：一个 OSPF 参数，它指定通告到 OSPF 路由选择域的外部路由的外部链路类型（E1 或 E2）。

– Metric – value：指定重分发路由条目的 OSPF 度量值。

– Map – tag：配置路由映射表的可选标识符，重分发时将查询它，以便过滤从源路由选择协议导入当前路由选择协议中的路由。

– Subnets：一个可选 OSPF 参数，用于指定应该同时重分发子网路由。如果没有指定关键字 subnets，则只重分发主类网络路由。

– Tag – value：一个可选的 32 位十进制值，附加到每条外部路由上。OSPF 协议本身不使用该参数，它用于在 AS 边界路由之间交换信息。

### 六、课后练习

1. 路由重分布可以实现的功能有（　　）。（多选题）

A. 共享路由信息　　B. 交换路由信息

C. 自动学习路由　　D. 修改路由

2. 下列关于重分发的类型正确是（　　）。（多选题）

A. 单点单向　　B. 单点双向　　C. 双点单向　　D. 双点双向

3. 根据管理距离（AD），下列路由协议中默认 AD 值正确的有（　　）。（多选题）

A. 直连接口：0　　B. OSPF：110　　C. RIP：120　　D. IS – IS：115

## 工单任务 2　OSPF 外部路由汇总

### 一、工作准备

**【想一想】**

1. 为什么需要进行 OSPF 外部路由汇总？

2. OSPF 外部路由汇总配置过程有哪些？

## 二、任务描述

**【任务场景】**

在 R1、R2、R3 和 R4 上运行 OSPF 路由协议和 RIP 协议，实现全网通。在 R3（自治域系统边界路由器）上做外部路由汇总，将 OSPF 从 R4 上学到的外部路由进行汇总，缩减路由表条目，如图 3－16 所示。

**【施工拓扑】**

施工拓扑图如图 3－16 所示。

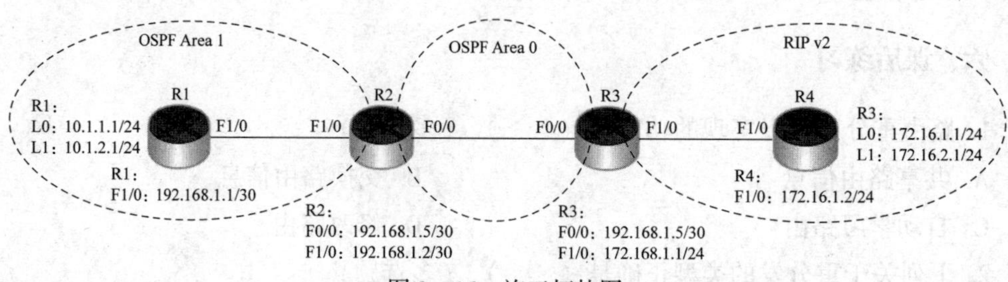

图 3－16　施工拓扑图

**【设备环境】**

本实验采用 GNS3 或真实设备进行实验，如使用 GNS3 进行实验，路由器的 IOS 编号为 c3640，数量为 4 台。

## 三、任务实施

1. 配置各路由器的接口地址

（1）在 R1 路由器上配置 IP 地址

```
R1(config)#interface fastEthernet 1/0
R1(config-if)#ip address 192.168.1.1 255.255.255.252
R1(config-if)#no shutdown
R1(config)#interface loopback 0
R1(config-if)#ip address 10.1.1.1 255.255.255.0
R1(config-if)#exit
R1(config)#interface loopback 1
R1(config-if)#ip address 10.1.2.1 255.255.255.0
R1(config-if)#exit
```

（2）在 R2 路由器上配置 IP 地址

```
R2(config)#interface fastEthernet 0/0
R2(config-if)#ip address 192.168.1.5 255.255.255.0
```

```
R2(config-if)#no shutdown
R2(config-if)#exit
R2(config)#interface fastEthernet 1/0
R2(config-if)#ip address 192.168.1.2 255.255.255.252
R2(config-if)#no shutdown
```

（3）在 R3 路由器上配置 IP 地址

```
R3(config)#interface fastEthernet 1/0
R3(config-if)#ip address 192.168.1.6 255.255.255.252
R3(config-if)#no shutdown
R3(config-if)#exit
R2(config)#interface fastEthernet 0/0
R3(config-if)#ip address 172.16.1.1 255.255.255.0
R3(config-if)#exit
```

（4）在 R4 路由器上配置 IP 地址

```
R4(config)#interface fastEthernet 1/0
R4(config-if)#ip address 172.16.1.2 255.255.255.0
R4(config-if)#no shutdown
R4(config)#interface loopback 0
R4(config-if)#ip address 10.1.1.1 255.255.255.0
R4(config-if)#exit
R4(config)#interface loopback 1
R4(config-if)#ip address 10.1.2.1 255.255.255.0
R4(config-if)#exit
```

2. 根据拓扑图配置路由协议

（1）在 R1 路由器上配置 OSPF 路由协议

```
R1(config)#router ospf 100
R1(config-router)#router-id 1.1.1.1
R1(config-router)#network 10.1.1.0 0.0.0.255 area 1
R1(config-router)#network 10.1.2.0 0.0.0.255 area 1
R1(config-router)#network 192.168.1.0 0.0.0.3 area1
```

（2）在 R2 路由器上配置 OSPF 路由协议

```
R2(config)#router ospf 100
R2(config-router)#router-id 2.2.2.2
```

```
R2(config-router)#network 192.168.1.0 0.0.0.3 area 1
R2(config-router)#network 192.168.1.4 0.0.0.3 area 0
```

（3）在 R3 路由器上配置 RIP 和 OSPF 路由协议

```
R3(config)#router rip
R3(config-router)#version 2
R3(config-router)#network 172.16.0.0
R3(config)#router ospf 100
R3(config-router)#router-id 3.3.3.3
R3(config-router)#network 192.168.1.4 0.0.0.3 area 0
```

（4）在 R4 路由器上配置 RIP 路由协议

```
R4(config)#router rip
R4(config-router)#version 2
R4(config-router)#network 172.16.0.0
```

（5）在 R3 上配置路由重分发，实现全网通

```
R3(config)#router ospf 1
R3(config-router)#redistribute rip metric 200 subnets #将 rip 的路由重发布到 ospf 自治系统中
R3(config-router)#exit
R3(config)#router rip
R3(config-router)#redistribute ospf 1 metric 10 #将 ospf 自治系统路由重发布到 rip 网络中
```

（6）在 R3 上配置路由汇总

```
R3(config-router)#summary-address   172.16.0.0   255.255.0.0 #对 RIP 的网络进行汇总
```

3. 验证

（1）查看 R1 路由表，确认汇总成功

```
R1#show ip route
Gateway of last resort is not set
O E1      172.16.0.0/16[110/328]via   192.168.1.2,00:01:29,fastEthernet 1/0 #此处显示的路由已经表明汇总成功
        10.0.0.0/24 is subnetted,2 subnets
C          10.1.2.0 is directly connected,Loopback1
C          10.1.1.0 is directly connected,Loopback0
```

```
            192.168.1.0/30 is subnetted,2 subnets
C          192.168.1.0 is directly connected,fastEthernet 1/0
O IA     192.168.1.4[110/128]via  192.168.1.2,00:24:56,fastEthernet 1/0
```

（2）在 R1 上 ping R4 上的回环口 172. 16. 2. 1

```
R1#ping     172.16.2.1

Type escape sequence to abort.
Sending 5,100 -byte ICMP Echos to      172.16.2.1,timeout is 2 seconds:
!!!!!
Success rate is 100 percent(5/5),round -trip min/avg/max =112/137/144 ms
```

可以正常通信，实验成功。

【写一写】

写出在 OSPF 外部路由汇总的命令：

结论：

## 四、任务评价

| 评价项目 | 评价内容 | 参考分 | 评价标准 | 得分 |
|---|---|---|---|---|
| 拓扑图绘制 | 选择正确的连接线<br>选择正确的端口 | 20 | 选择正确的连接线，10 分<br>选择正确的端口，10 分 | |
| IP 地址设置 | 正确配置两台主机的 IP 和网关地址<br>正确配置路由器端口地址 | 20 | 正确配置两台主机的 IP 和网关地址，10 分<br>正确配置路由器端口地址，10 分 | |
| 路由器命令配置 | 正确配置路由器动态路由<br>正确配置外部路由汇总 | 30 | 配置路由器 RIP 路由，10 分<br>配置路由器 OSPF 路由，10 分<br>配置外部路由汇总，10 分 | |
| 验证测试 | 会查看路由表<br>能读懂路由表信息<br>会进行连通性测试 | 20 | 使用命令查看路由表，10 分<br>在设备中进行连通性测试，10 分 | |
| 职业素养 | 任务单填写齐全、整洁、无误 | 10 | 任务单填写齐全、工整，5 分<br>任务单填写无误，5 分 | |

## 五、相关知识

### 外部路由汇总概念

OSPF 路由汇总可以减少路由表条目，减少类型 3 和类型 5 的 LSA 的洪泛，节约带宽资源和减轻路由器 CPU 负载，还能够将拓扑的变化本地化。

外部路由汇总发生在自治域系统边界路由器（ASBR）上，主要用于汇总五类的 LSA。

路由汇总的含义是把一组路由汇聚为单个的路由广播。路由汇总的最终结果和最明显的优点是缩小网络上的路由表的尺寸。这样将减少与每一个路由跳有关的延迟，因为减少了路由表数量，查询路由表的平均时间会缩短。由于路由表广播的数量减少，路由协议的开销也会显著减少。随着整个网络（以及子网的数量）的扩大，路由汇总将变得更加重要。

ASBR（Autonomous System Boundary Router，自治系统边界路由器）位于 OSPF 自主系统和非 OSPF 网络之间，可以运行 OSPF 和另一路由选择协议（如 RIP），把 OSPF 上的路由发布到其他路由协议上。

## 六、课后练习

1. 下列关于 OSPF 的路由汇总，说法正确的是（　　）。(多选题)

A. area x range 命令仅在 ABR 将 1/2 类 LSA 转换为 3 类 LSA 时生效

B. area x range 命令也可以在 ABR 将 3 类 LSA 转换为 3 类 LSA 时生效

C. summary－address 命令对本地产生的 5 类 LSA 生效

D. summary－address 命令在 NSSA 区域的 ABR 进行 7 类转换为 5 类 LSA 时是不生效的

2. 关于域间路由汇总的描述正确的是（　　）。(多选题)

A. 当汇总路由条目 metric 不一致时，选择 metric 最小的值作为汇总路由 metric

B. 当汇总路由条目 metric 不一致时，选择 metric 最大的值作为汇总路由 metric

C. 当汇总路由存在一条明细条目时，汇总路由存在；当没有明细路由时，汇总路由丢失

D. 配置汇总路由的路由器自动生成一条指向 NULL0 的汇总路由

E. 配置汇总路由的路由器不会自动生成一条指向 NULL0 的汇总路由

3. 通过（　　）命令可以查看路由器 OSPF 进程、ROUTE－ID 等信息。(多选题)

A. Show ip ospf　　　　B. Show ip ospf interface XX

C. Show ip ospf datebase　　　　D. Show ip protrolE、Show ip ospf nei

## ——项目小结——

本项目主要介绍路由重分发和 OSPF 外部路由汇总：

1. 路由重分发

路由重分发的本质就是复制路由表，并且路由必须位于路由表中才能被重分发。路由重

分发可能带来次优路径选择、环路等问题。不同路由协议由于算法不用，在重分发进不同协议时，所配置的 METRIC 值也不同。所以，在设计路由重分发时，需要对路由结构有很清晰的了解，对各个路由协议也要十分了解。

2. OSPF 外部路由汇总

OSPF 外部路由汇总一般配置在 ASBR 上。ASBR 位于 OSPF 网络和非 OSPF 网络之间，运行 OSPF 和另一路由选择协议（如 RIP）。OSPF 外部路由汇总主要是将其他路由协议的路由汇总进 OSPF，汇总的路由会传播到骨干区域，避免了大量 LSA 占用带宽。

## ——项目实践——

使用模拟器或者真实设备完成图 3－17 所示的拓扑图配置。

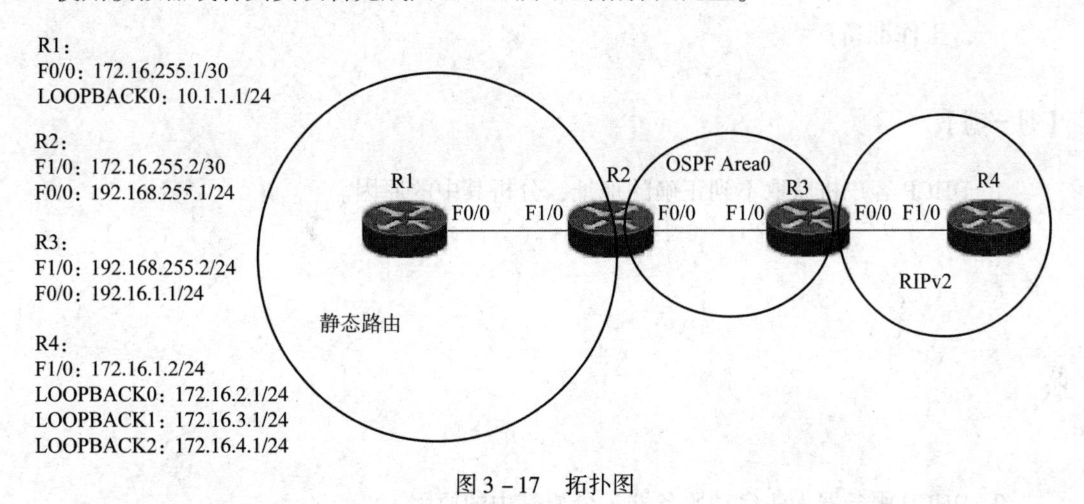


图 3－17　拓扑图

配置要求：

1. 按照拓扑图要求配置各路由接口地址、回环口地址。
2. 按照拓扑图要求配置路由协议和路由重分发，使其全网通。
3. 在 R3 上配置 OSPF 路由外部汇总缩减路由表。

# 项目四

# DHCP 服务

## 工单任务 1　配置交换机作为 DHCP 服务器

### 一、工作准备

【想一想】

1. DHCP 客户机获取不到正确的地址，分析其中的原因。

2. DHCP 服务器无法启动服务器，分析其中的原因。

### 二、任务描述

【任务场景】

将 SW2 设置为 DHCP 服务器为 VLAN 10 和 VLAN 20 的 PC 分配地址，分配地址范围为 VLAN 10：192.168.10.10 ~ 200，VLAN 20：192.168.20.10 ~ 200。网关为 VLAN 10：192.168.10.1，VLAN 20：192.168.20.1。DNS 都分配为 172.16.1.1。租期都为一个月（30 天)。如图 3－18 所示。

【施工拓扑】

施工拓扑图如图 3－18 所示。

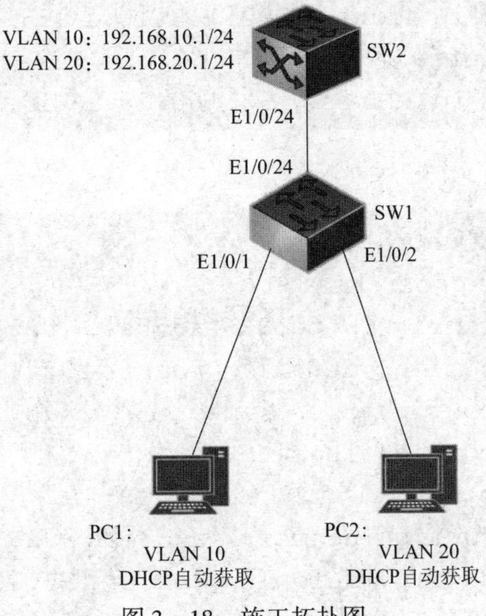


图 3－18　施工拓扑图

【设备环境】

本实验采用真实设备进行实验，使用的设备为神州数码二层交换机，型号为 S4600，数量为 1 台，三层交换机器为 CS6200，计算机 2 台。

## 三、任务实施

1. SW1 交换机配置

```
SW1(config)#vlan 10
SW1(config)#vlan 20
SW1(config)#interface Ethernet 1/0/1
SW1(config-if)#switchport access vlan 10
SW1(config)#interface Ethernet 1/0/2
SW1(config-if)#switchport access vlan 20
SW1(config)#int Ethernet 1/0/24
SW1(config-if)#switchport mode trunk
```

2. SW2 交换机配置

```
SW2(config)#vlan 10
SW2(config)#vlan 20
```

```
SW2(config)#int Ethernet 1/0/24
SW2(config-if)#switchport mode trunk
SW2(config)#interface vlan 10
SW2(config-if)#ip address 192.168.10.1 255.255.255.0
SW2(config)#interface vlan 20
SW2(config-if)#ip address 192.168.20.1 255.255.255.0
```

3. DHCP 配置

```
SW2(config)#service dhcp
SW2(config)#ip dhcp pool vlan 10
SW2(dhcp-vlan10-config)#network-address 192.168.10.0 255.255.255.0
SW2(dhcp-vlan10-config)#default-router 192.168.10.1
SW2(dhcp-vlan10-config)#dns-server 172.16.1.1
SW2(dhcp-vlan10-config)#lease 30
SW2(config)#ip dhcp pool vlan 20
SW2(dhcp-vlan10-config)#network-address 192.168.20.0 255.255.255.0
SW2(dhcp-vlan10-config)#default-router 192.168.20.1
SW2(dhcp-vlan10-config)#dns-server 172.16.1.1
SW2(dhcp-vlan10-config)#lease 30
SW2(config)#ip dhcp excluded-address 192.168.10.1 192.168.10.9
SW2(config)#ip dhcp excluded-address 192.168.10.201 192.168.10.254
SW2(config)#ip dhcp excluded-address 192.168.20.1 192.168.20.9
SW2(config)#ip dhcp excluded-address 192.168.20.201 192.168.20.254
```

4. 验证配置

（1）查看 PC1 的地址（图 3-19）

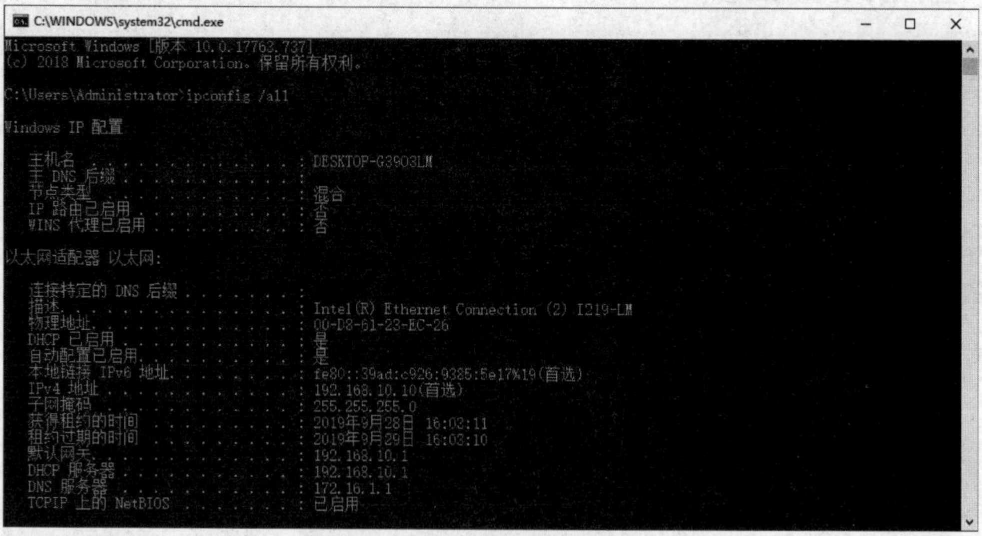

```
C:\WINDOWS\system32\cmd.exe
Microsoft Windows [版本 10.0.17763.737]
(c) 2018 Microsoft Corporation。保留所有权利。

C:\Users\Administrator>ipconfig /all

Windows IP 配置

   主机名 . . . . . . . . . . . . . : DESKTOP-G3903LM
   主 DNS 后缀 . . . . . . . . . . . :
   节点类型 . . . . . . . . . . . . : 混合
   IP 路由已启用 . . . . . . . . . . : 否
   WINS 代理已启用 . . . . . . . . . : 否

以太网适配器 以太网:

   连接特定的 DNS 后缀 . . . . . . . :
   描述. . . . . . . . . . . . . . . : Intel(R) Ethernet Connection (2) I219-LM
   物理地址. . . . . . . . . . . . . : 00-D8-61-23-EC-26
   DHCP 已启用 . . . . . . . . . . . : 是
   自动配置已启用. . . . . . . . . . : 是
   本地链接 IPv6 地址. . . . . . . . : fe80::39ad:c926:9385:5e17%19(首选)
   IPv4 地址 . . . . . . . . . . . . : 192.168.10.10(首选)
   子网掩码 . . . . . . . . . . . . : 255.255.255.0
   获得租约的时间 . . . . . . . . . : 2019年9月28日 16:03:11
   租约过期的时间 . . . . . . . . . : 2019年9月29日 16:03:10
   默认网关. . . . . . . . . . . . . : 192.168.10.1
   DHCP 服务器 . . . . . . . . . . . : 192.168.10.1
   DNS 服务器 . . . . . . . . . . . : 172.16.1.1
   TCPIP 上的 NetBIOS . . . . . . . : 已启用
```

图 3-19　查看 PC1 地址

(2) 查看 PC2 的地址（图 3－20）

```
C:\WINDOWS\system32\cmd.exe
C:\Users\Administrator>
C:\Users\Administrator>
C:\Users\Administrator>
C:\Users\Administrator>ipconfig /all

Windows IP 配置

   主机名 . . . . . . . . . . . . . : DESKTOP-G3903LM
   主 DNS 后缀 . . . . . . . . . . . :
   节点类型 . . . . . . . . . . . . : 混合
   IP 路由已启用 . . . . . . . . . . : 否
   WINS 代理已启用 . . . . . . . . . : 否

以太网适配器 以太网:

   连接特定的 DNS 后缀 . . . . . . . :
   描述. . . . . . . . . . . . . . . : Intel(R) Ethernet Connection (2) I219-LM
   物理地址. . . . . . . . . . . . . : 00-D8-61-23-BC-26
   DHCP 已启用 . . . . . . . . . . . : 是
   自动配置已启用. . . . . . . . . . : 是
   本地链接 IPv6 地址. . . . . . . . : fe80::39ad:c926:9385:5e17%19(首选)
   IPv4 地址 . . . . . . . . . . . . : 192.168.20.10(首选)
   子网掩码 . . . . . . . . . . . . : 255.255.255.0
   获得租约的时间 . . . . . . . . . : 2019年9月28日 16:04:37
   租约过期的时间 . . . . . . . . . : 2019年9月29日 16:04:37
   默认网关. . . . . . . . . . . . . : 192.168.20.1
   DHCP 服务器 . . . . . . . . . . . : 192.168.20.1
   DNS 服务器 . . . . . . . . . . . : 172.16.1.1
   TCPIP 上的 NetBIOS . . . . . . . : 已启用
```

图 3－20　查看 PC2 地址

如图 3－19 和图 3－20 所示，两台 PC 都可以取得正确的 IP 地址，实验成功。

**【写一写】**

写出在 PC1 和 PC2 上释放和获取 IP 地址的命令：

结论：

## 四、任务评价

| 评价项目 | 评价内容 | 参考分 | 评价标准 | 得分 |
|---|---|---|---|---|
| 拓扑图绘制 | 选择正确的连接线<br>选择正确的端口 | 20 | 选择正确的连接线，10 分<br>选择正确的端口，10 分 | |
| IP 地址设置 | 正确获取两台主机的 IP 和网关地址<br>正确配置交换机 VLAN 接口地址 | 20 | 正确获取两台主机的 IP 和网关地址，10 分<br>正确配置交换机 VLAN 接口地址，10 分 | |

续表

| 评价项目 | 评价内容 | 参考分 | 评价标准 | 得分 |
| --- | --- | --- | --- | --- |
| 设备命令配置 | 正确配置交换机设备名称<br>正确配置 DHCP 服务 | 20 | 正确配置交换机设备名称，10 分<br>正确配置 DHCP 服务，10 分 | |
| 验证测试 | 获取到正确的 IP 地址<br>获取到正确的网关地址<br>会进行连通性测试 | 30 | 获取到正确的 IP 地址，10 分<br>获取到正确的网关地址，10 分<br>在设备中进行连通性测试，10 分 | |
| 职业素养 | 任务单填写齐全、整洁、无误 | 10 | 任务单填写齐全、工整，5 分<br>任务单填写无误，5 分 | |

## 五、相关知识

### 1. DHCP 介绍

DHCP（Dynamic Host Configuration Protocol）是一种动态的向 Internet 终端提供配置参数的协议。在终端提出申请之后，DHCP 可以向终端提供 IP 地址、网关、DNS 服务器地址等参数。

### 2. DHCP 的必要性

在大型网络中，确保所有主机都拥有正确的配置是一件相当困难的管理任务，尤其对于含有漫游用户和笔记本电脑的动态网络更是如此。经常有计算机从一个子网移到另一个子网及从网络中移出。手动配置或重新配置数量巨大的计算机可能要花很长时间，而 IP 主机配置过程中的错误可能导致该主机无法与网络中的其他主机通信。

### 3. DHCP 报文

（1）DHCPDISCOVER

客户机广播发现可用的 DHCP 服务器。

（2）DHCPOFFER

服务器响应客户机的 DHCPDISCOVER 报文，并向客户机提供各种配置参数。

（3）DHCPREQUEST

①客户机向服务器申请地址及其他配置参数。

②客户机重新启动后，确认原来的地址及其他配置参数的正确性。

③客户机向服务器申请延长地址及其他配置参数的使用期限。

（4）DHCPACK

服务器向客户机发送所需分配的地址及其他配置参数。

### 4. DHCP 流程

①客户机在本网段内广播 DHCPDISCOVER 报文，用于发现网络中的 DHCP 服务器。DHCPRelay 可将此报文广播到其他的网段。

②服务器向客户机回应请求，并给出一个可用的 IP 地址。此地址并非真的被分配。但在给出此地之前，应当用 ICMP ECHO REQUEST 报文进行检查。

③如果收到多个 DHCPOFFER 报文，DHCP 客户机会根据报文的内容从其中选择一个进行响应。如果客户机之前曾经获得过一个 IP 地址，它会将此地址写在 DHCPREQUEST 报文的 OPTIONS 域的“REQUESTD IP ADDRESS”中发给服务器。

④当收到 DHCPREQUEST 报文后，服务器将客户机的网络的（网络地址，硬件地址）同分配的 IP 地址绑定，再将 IP 地址发送给客户机。

⑤当收到 DHCPREQUEST 报文后，如果发现其申请的地址无法被分配，则用 DHCPNAK 报文回应。

⑥客户机收到 DHCPACK 报文后，再对所有的参数进行一次最后检查，如果发现有地址冲突存在，则使用 DHCPDECLINE 报文回复服务器。

⑦如果客户机放弃现在使用的 IP 地址，则它使用 DHCPRELEASE 报文通知服务器，服务器将此地址回收，以备下次使用。

⑧当客户机的地址到达 50% 租用期（$T_1$）时，客户机进入 RENEW 状态，使用 DHCPREQUEST 报文续约。

⑨当客户机的地址到达 87.5% 租用期（$T_2$）时，客户机进入 REBINDING 状态，使用 DHCPREQUEST 报文续约。

5. DHCP 配置

（1）开启交换机的 DHCP 服务

```
Switch(config)#service dhcp
```

（2）配置 DHCP 服务的地址池

```
Switch(config)#ip dhcp pool[dhcp-pool-name]
```

（3）配置分配的网段地址

```
Switch(dhcp-[pool-name]-config)#network-address[network-address][network-masks]
```

（4）配置分配的网关地址

```
Switch(dhcp-[pool-name]-config)#default-router[ip-address]
```

（5）配置分配的 DNS 地址

```
Switch(dhcp-[pool-name]-config)#dns-server[ip-address]
```

（6）配置租期单位为天

```
Switch(dhcp-[pool-name]-config)#lease[days]
```

（7）排除不分配的地址

```
Switch(config)#ip dhcp excluded-address[low-ip-address][high-ip-address]
```

## 六、课后练习

1. 如果客户机同时得到多台 DHCP 服务器的 IP 地址，它将（　　）。

A. 随机选择　　B. 选择最先得到的

C. 选择网络号较小的　　D. 选择网络号较大的

2. 某部门有越来越多的用户抱怨 DHCP 服务器自动分配的 IP 地址。因此，希望使用 Networking Monitor 来监视使用 DHCP 的客户和该 DHCP 服务器之间的通信。感兴趣的数据包是 DHCP 客户的请求和服务器的拒绝信号。为了寻找排除故障的办法，应该监视的 DHCP 消息是（　　）。

A. DHCPDISCOVER 和 DHCPREQUEST　　B. DHCPREQUEST 和 DHCPNACK

C. DHCPACK 和 DHCPNACK　　D. DHCPREQUEST 和 DHCPOFFER

3. 如果提议引入 DHCP 服务器，以自动分配 IP 地址，那么（　　）网络 ID 将是最好的选择。

A. 24.×.×.×　　B. 172.16.×.×

C. 194.150.×.×　　D. 206.100.×.×

# 工单任务2　配置交换机作为 DHCP 中继代理

## 一、工作准备

**【想一想】**

DHCP 中继代理的作用是什么?

**【填一填】**

建立一个 DHCP 服务器，IP 地址一定是________态。

DHCP 建立多播作用域是________类地址。

## 二、任务描述

【任务场景】

PC3 安装了 CentOS 系统，将其作为 DHCP 服务器为 VLAN 10 和 VLAN 20 分配地址。由于 DHCP 服务器和 PC1、PC2 不在一个网段，在 SW2 上配置 DHCP 中继代理，使 PC1 和 PC2 能获取地址，如图 3－21 所示。

【施工拓扑】

施工拓扑图如图 3－21 所示。

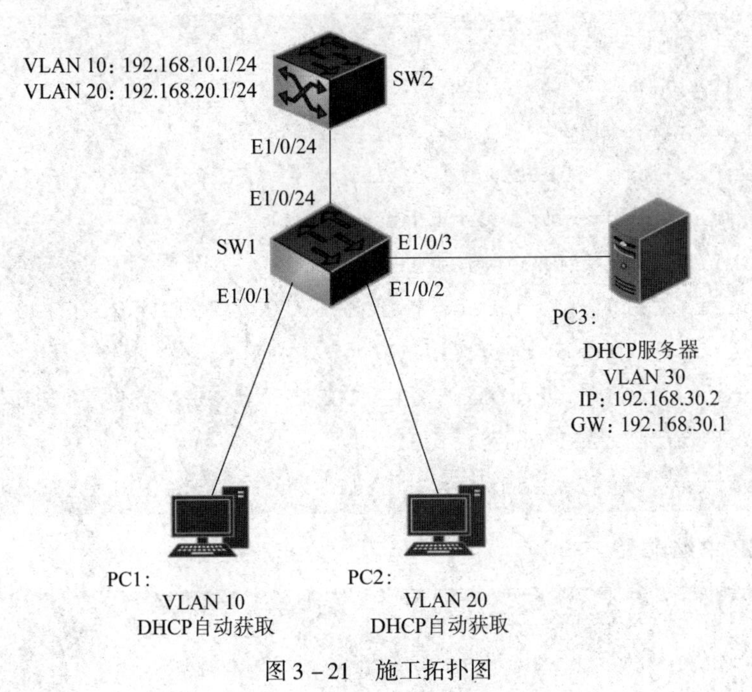


图 3－21　施工拓扑图

【设备环境】

本实验采用真实设备进行实验，使用的设备为神州数码二层交换机，型号为 S4600，数量为 1 台，三层交换机器为 CS6200，计算机 2 台，服务器 1 台。

## 三、任务实施

1. SW1 交换机配置

```
SW1(config)#vlan 10
SW1(config)#vlan 20
SW1(config)#vlan 30
```

```
SW1(config)#interface Ethernet 1/0/1
SW1(config-if)#switchport access vlan 10
SW1(config)#interface Ethernet 1/0/2
SW1(config-if)#switchport access vlan 20
SW1(config)#interface Ethernet 1/0/3
SW1(config-if)#switchport access vlan 30
SW1(config)#int Ethernet 1/0/24
SW1(config-if)#switchport mode trunk
```

2. SW2 交换机配置

```
SW2(config)#vlan 10
SW2(config)#vlan 20
SW2(config)#vlan 30
SW2(config)#int Ethernet 1/0/24
SW2(config-if)#switchport mode trunk
SW2(config)#interface vlan 10
SW2(config-if)#ip address 192.168.10.1 255.255.255.0
SW2(config)#interface vlan 20
SW2(config-if)#ip address 192.168.20.1 255.255.255.0
SW2(config)#interface vlan 30
SW2(config-if)#ip address 192.168.30.1 255.255.255.0
```

3. DHCP 中继配置

```
SW1(config)#service dhcp
SW1(config)#ip forward-protocol udp bootps
SW1(config)#interface vlan 10
SW1(config-if-vlan10)#ip helper-address 192.168.30.2
SW1(config-if-vlan10)#exit
SW1(config)#interface vlan 20
SW1(config-if-vlan10)#ip helper-address 192.168.30.2
SW1(config-if-vlan10)#exit
```

4. 验证

（1）查看 PC1 的地址（图 3-22）

（2）查看 PC2 的地址（图 3-23）

如图 3-22 和图 3-23 所示，两台 PC 均可以获得正确的 IP 地址，实验成功。

```
C:\WINDOWS\system32\cmd.exe
Microsoft Windows [版本 10.0.17763.737]
(c) 2018 Microsoft Corporation。保留所有权利。

C:\Users\Administrator>ipconfig /all

Windows IP 配置

   主机名  . . . . . . . . . . . . . : DESKTOP-G390SLM
   主 DNS 后缀 . . . . . . . . . . . :
   节点类型  . . . . . . . . . . . . : 混合
   IP 路由已启用 . . . . . . . . . . : 否
   WINS 代理已启用 . . . . . . . . . : 否

以太网适配器 以太网:

   连接特定的 DNS 后缀 . . . . . . . :
   描述. . . . . . . . . . . . . . . : Intel(R) Ethernet Connection (2) I219-LM
   物理地址. . . . . . . . . . . . . : 00-D8-61-23-EC-26
   DHCP 已启用 . . . . . . . . . . . : 是
   自动配置已启用. . . . . . . . . . : 是
   本地链接 IPv6 地址. . . . . . . . : fe80::39ad:c926:9385:5e17%19(首选)
   IPv4 地址 . . . . . . . . . . . . : 192.168.10.10(首选)
   子网掩码  . . . . . . . . . . . . : 255.255.255.0
   获得租约的时间  . . . . . . . . . : 2019年9月28日 16:03:11
   租约过期的时间  . . . . . . . . . : 2019年9月29日 16:03:10
   默认网关. . . . . . . . . . . . . : 192.168.10.1
   DHCP 服务器 . . . . . . . . . . . : 192.168.10.1
   DNS 服务器  . . . . . . . . . . . : 172.16.1.1
   TCPIP 上的 NetBIOS  . . . . . . . : 已启用
```

图 3－22　PC1 的 IP 地址

```
C:\WINDOWS\system32\cmd.exe
C:\Users\Administrator>
C:\Users\Administrator>
C:\Users\Administrator>
C:\Users\Administrator>ipconfig /all

Windows IP 配置

   主机名  . . . . . . . . . . . . . : DESKTOP-G390SLM
   主 DNS 后缀 . . . . . . . . . . . :
   节点类型  . . . . . . . . . . . . : 混合
   IP 路由已启用 . . . . . . . . . . : 否
   WINS 代理已启用 . . . . . . . . . : 否

以太网适配器 以太网:

   连接特定的 DNS 后缀 . . . . . . . :
   描述. . . . . . . . . . . . . . . : Intel(R) Ethernet Connection (2) I219-LM
   物理地址. . . . . . . . . . . . . : 00-D8-61-23-EC-26
   DHCP 已启用 . . . . . . . . . . . : 是
   自动配置已启用. . . . . . . . . . : 是
   本地链接 IPv6 地址. . . . . . . . : fe80::39ad:c926:9385:5e17%19(首选)
   IPv4 地址 . . . . . . . . . . . . : 192.168.20.10(首选)
   子网掩码  . . . . . . . . . . . . : 255.255.255.0
   获得租约的时间  . . . . . . . . . : 2019年9月28日 16:04:37
   租约过期的时间  . . . . . . . . . : 2019年9月29日 16:04:37
   默认网关. . . . . . . . . . . . . : 192.168.20.1
   DHCP 服务器 . . . . . . . . . . . : 192.168.20.1
   DNS 服务器  . . . . . . . . . . . : 172.16.1.1
   TCPIP 上的 NetBIOS  . . . . . . . : 已启用
```

图 3－23　PC2 的 IP 地址

## 四、任务评价

| 评价项目 | 评价内容 | 参考分 | 评价标准 | 得分 |
| --- | --- | --- | --- | --- |
| 拓扑图绘制 | 选择正确的连接线<br>选择正确的端口 | 20 | 选择正确的连接线，10 分<br>选择正确的端口，10 分 | |
| IP 地址设置 | 正确获取两台主机的 IP 和网关地址<br>正确配置交换机 VLAN 接口地址 | 20 | 正确获取两台主机的 IP 和网关地址，10 分<br>正确配置交换机 VLAN 接口地址，10 分 | |
| 设备命令配置 | 正确配置交换机设备名称<br>正确配置 DHCP 中继 | 20 | 正确配置交换机设备名称，10 分<br>正确配置 DHCP 中继，10 分 | |

续表

| 评价项目 | 评价内容 | 参考分 | 评价标准 | 得分 |
| --- | --- | --- | --- | --- |
| 验证测试 | 获取到正确的 IP 地址<br>获取到正确的网关地址<br>会进行连通性测试 | 30 | 获取到正确的 IP 地址，10 分<br>获取到正确的网关地址，10 分<br>在设备中进行连通性测试，10 分 | |
| 职业素养 | 任务单填写齐全、整洁、无误 | 10 | 任务单填写齐全、工整，5 分<br>任务单填写无误，5 分 | |

## 五、相关知识

1. DHCP 中继的概念

DHCP 中继代理是将一个局域网内的 DHCP 请求转发到其他局域网内的 DHCP 服务器上，实现一个 DHCP 服务器向多个局域网分配不同网段的 IP。

2. DHCP 中继的应用

在现实中，稍复杂一些的网络，服务器经常集中存放在服务器区，DHCP 服务器和客户端不在同一个网段，DHCP 的广播包被三层设备阻止，会导致 DHCP 获取地址失败。此时，可以在离客户端最近的三层设备接口上配置 DHCP 中继，让其进行辅助寻址，进行 DHCP 请求广播包的转发。

3. DHCP 中继配置

（1）开启交换机 DHCP 功能

```
Switch(config)#service dhcp
```

（2）开启 UDP 转发功能

```
Switch(config)#ip forward-protocol udp bootps
```

（3）配置 DHCP 中继，地址指向 DHCP 服务器

```
Switch(config)#interface vlan 10
Switch(config-if-vlan10)#ip helper-address [dhcp-server-ip-address]
```

## 六、课后练习

1. 某部门的网络使用 DHCP 为其客户机自动分配 IP 地址。由于公司的高速发展而新增了大量的台式机，故考虑创建一个新的网段。有一台非 RFC 1542 兼容的专用路由器将该网段接入。已知必须为新网段创建一个独立的作用域。那么，为了确保新网段上的客户能够自动取得 IP 地址并且不再增加网段费用，下列方式中，（　　）是必需的。

A. 在新网段上安装一台 DHCP 服务器

B. 用一台 RFC 1542 兼容的路由器取代现有路由器

C. 在新网段中安装 DHCP 中继代理

D. 在 Active Directory 中授权新的网段

2. 你的网络没有直接连在互联网上，使用私有 IP 网段 192.168.0.0。当通过拨号连接服务器时，连接成功建立，但是无法访问任何资源。当 ping 服务器时，得到错误信息“Request time out”；当运行 ipconfig 命令时，看到得到的 IP 地址为 169.254.75.182。则应该（　　）。

A. 使用 DHCP 为服务器配置 IP 地址

B. 授权服务器接收 DHCP 多播地址

C. 配置服务器作为 DHCP Relay Agent

D. 保证服务器能够连接到含有 DHCP 服务器的子网

3. 当 DHCP 服务器不在本网段时，（　　）。

A. DHCP 中继代理　　B. WINS 代理

C. 无法解决　　D. 去掉路由器

## ——项目小结——

本项目主要介绍 DHCP 服务，在实际的网络环境中，现在已经很少使用 Windows 或者 Linux 服务器来配置 DHCP 服务了，更多的是使用交换机来作为 DHCP 服务器。DHCP 在当今网络环境中已经变得十分重要。DHCP 中继代理解决了 DHCP 服务器跨网段的问题。

## ——项目实践——

使用模拟器或者真实设备完成图 3－24 所示的实验拓扑。

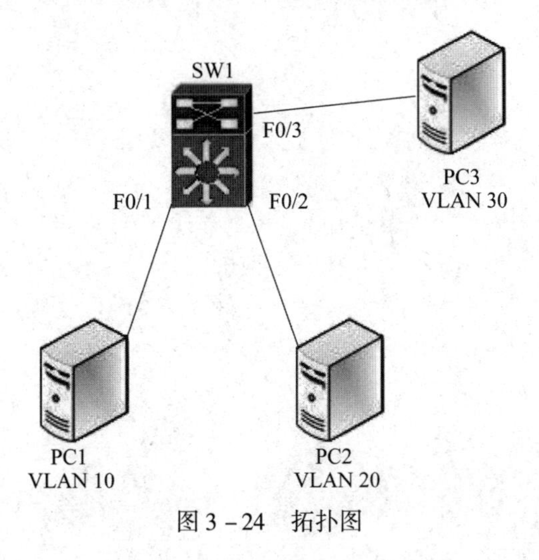


图 3－24　拓扑图

配置要求：

1. PC1 连接在 VLAN 10 中，PC2 连接在 VLAN 20 中，PC3 连接在 VLAN 30 中。在 SW1 上开启 DHCP 服务，能同时为 VLAN 10 与 VLAN 20、VLAN 30 中的 PC 分配正确的 IP 地址信息。

2. 各 VLAN 分配地址信息如下。

（1）分配网段（表 3-3）

表 3-3　网段

| | | |
|---|---|---|
| VLAN 10 | 192.168.10.0 | 255.255.255.0 |
| VLAN 20 | 192.168.20.0 | 255.255.255.0 |
| VLAN 30 | 192.168.30.0 | 255.255.255.0 |

（2）分配网关（表 3-4）。

表 3-4　网关

| | | |
|---|---|---|
| VLAN 10 | 192.168.10.0 | 255.255.255.0 |
| VLAN 20 | 192.168.20.0 | 255.255.255.0 |
| VLAN 30 | 192.168.30.0 | 255.255.255.0 |

（3）分配的 DNS 地址都为 172.16.1.1，租期为 10 天。

3. 配置完成后，使用各 PC 测试地址获取情况，验证正确性。

# 项目五

## 网络地址转换

### 工单任务1　静态网络地址转换

#### 一、工作准备

【想一想】

1. NAT（网络地址转换）的功能是什么?

2. 三类内网私有地址的范围分别是什么?

#### 二、任务描述

【任务场景】

局域网内 192.168.10.2 计算机现在需要访问外网。使用公网地址为 100.100.100.3。现需要配置 NAT 完成内网地址转换，如图 3－25 所示。

【施工拓扑】

施工拓扑图如图 3－25 所示。

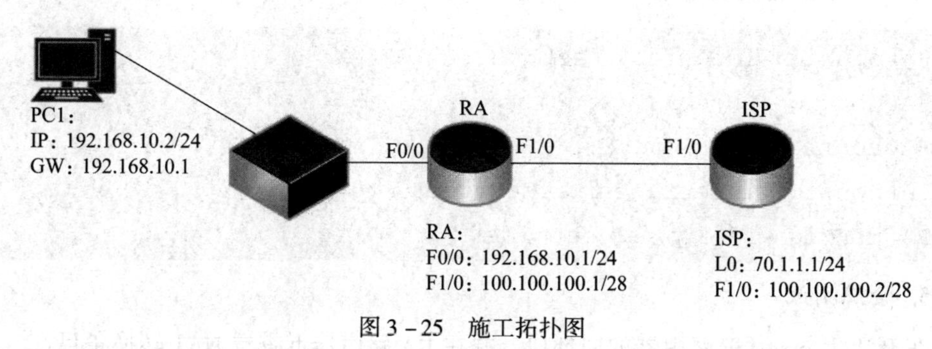


图 3－25　施工拓扑图

【设备环境】

本实验采用Packet Tracert进行实验，使用的路由器型号为Router－PT，数量为2台，二交换机型号为2950T－24，数量为1台，计算机1台。

## 三、任务实施

1. 路由器各端口配置

（1）在RA路由器上配置IP地址

```
RA(config)#interface fastEthernet 0/0
RA(config-if)#ip address 192.168.10.1 255.255.255.0
RA(config-if)#no shutdown
RA(config)#interface fastEthernet 1/0
RA(config-if)#ip address 100.100.100.1 255.255.255.240
RA(config-if)#exit
```

（2）在ISP路由器上配置IP地址

```
ISP(config)#interface loopback 0
ISP(config-if)#ip address 70.1.1.1 255.255.255.0
ISP(config-if)#exit
ISP(config)#interface fastEthernet 1/0
ISP(config-if)#ip address 100.100.100.1 255.255.255.240
ISP(config-if)#no shutdown
```

2. 在RA上配置缺省路由

```
RA(config)#ip route 0.0.0.0 0.0.0.0 100.100.100.2
```

3. 在RA上配置NAT

```
RA(config)#ip nat inside source static 192.168.10.2 100.100.100.3
```

4. 在RA上指定内部接口和外部接口

```
RA(config)#interface fastEthernet 0/0
RA(config-if)#ip nat inside
RA(config-if)#exit
RA(config)#interface fastEthernet 1/0
RA(config-if)#ip nat outside
```

5. 验证测试

在PC1上ping ISP路由器的回环口，并在RA路由器上查看NAT转换条目：

```
RA#show ip nat translations
Pro    Inside global       Inside local       Outside local     Outside global
icmp 100.100.100.3:512  192.168.10.2:512  70.1.1.1          70.1.1.1
```

【写一写】

在本实验转换的内部本地地址和本地全局地址分别是什么？

结论：

## 四、任务评价

| 评价项目 | 评价内容 | 参考分 | 评价标准 | 得分 |
|---|---|---|---|---|
| 拓扑图绘制 | 选择正确的连接线<br>选择正确的端口 | 20 | 选择正确的连接线，10 分<br>选择正确的端口，10 分 | |
| IP 地址设置 | 正确配置路由器各接口 IP 地址 | 20 | 正确配置路由器各接口 IP 地址，20 分 | |
| 设备命令配置 | 正确配置各设备名称<br>正确配置静态 NAT 转换 | 20 | 正确配置各设备名称，10 分<br>正确配置静态 NAT 转换，10 分 | |
| 验证测试 | 正确配置 NAT 转换条目<br>会进行连通性测试 | 30 | 正确配置 NAT 转换条目，15 分<br>在设备中进行连通性测试，15 分 | |
| 职业素养 | 任务单填写齐全、整洁、无误 | 10 | 任务单填写齐全、工整，5 分<br>任务单填写无误，5 分 | |

## 五、相关知识

1. NAT 概述

通常一个局域网由于申请不到足够多的 IP 地址，或者只是为了编址方便，在局域网内部采用私有 IP 地址为设备编址，当设备访问外网时，再通过 NAT 将私有地址翻译为合法地址。

2. 局域网专用 IP 地址（表 3-5）

表 3-5　局域网专用 IP 地址

| IP 地址范围 | 网络类型 | 网络个数 |
|---|---|---|
| 10.0.0.0～10.255.255.255 | A | 1 |
| 172.16.0.0～172.31.255.255 | B | 16 |
| 192.168.0.0～192.168.255.255 | C | 256 |

使用私有地址的注意事项：

私有地址不需要经过注册就可以使用，这导致这些地址是不唯一的。所以私有地址只能限制在局域网内部使用，不能把它们路由到外网中去。

3. NAT 基本原理

①当一个使用私有地址的数据包到达 NAT 设备时，NAT 设备负责把私有 IP 地址翻译成外部合法 IP 地址，然后再转发数据包，反之亦然。

②端口多路复用技术：NAT 支持把多个私有 IP 地址映射为一个合法 IP 地址的技术，这时各个主机通过端口进行区分，这就是端口多路复用技术。

③利用端口多路复用技术可以节省合法 IP 地址的使用量，但会加大 NAT 设备的负担，影响其转发速度。

4. 静态 NAT

将内部地址和外部地址进行一对一的转换。这种方法要求申请到的合法 IP 地址足够多，可以与内部 IP 地址一一对应。静态 NAT 一般用于那些需要固定的合法 IP 地址的主机，比如 Web 服务器、FTP 服务器、E-mail 服务器等。

5. 静态 NAT 配置

（1）静态 NAT

```
Router(config)#ip nat inside source static[inside-ip-address]
[global-ip-address]
```

（2）在接口启用 NAT

```
Router(config)#interface fastEthernet 0/0
Router(config-if)#ip nat inside                    #内网接口地址
Router(config-if)#interface fastEthernet 1/0
Router(config-if)#ip nat outside                   #外网接口地址
```

## 六、课后练习

1. NAT 是指（　　）。

A. 网络地址传输　　　　B. 网络地址转换

C. 网络地址跟踪

2.（　　）技术可以把内部网络中的某些私有的地址隐藏起来。

A. NAT　　B. CIDR　　C. BGP　　D. OSPF

3. 网络地址转换（NAT）的三种类型是（　　）。

A. 静态 NAT、动态 NAT 和混合 NAT

B. 静态 NAT、网络地址端口转换 NAPT 和混合 NAT

C. 静态 NAT、动态 NAT 和网络地址端口转换 NAPT

D. 动态 NAT、网络地址端口转换 NAPT 和混合 NAT

# 工单任务 2　动态网络地址转换

## 一、工作准备

【想一想】

NAT 地址转换有效地解决了因特网的哪些问题？

【填一填】

网络地址转换是用于将一个地址域________映射到另一个地址域________的标准方法。

## 二、任务描述

【任务场景】

SW1 为三层交换机，其中内网 PC1 属于 VLAN 10，PC2 属于 VLAN 20，ISP 提供商提供的公网地址为 100.100.100.5～100.100.100.10/24，需要内网的 PC1 和 PC2 使用这段地址访问外网，如图 3－26 所示。

【施工拓扑】

施工拓扑图如图 3－26 所示。

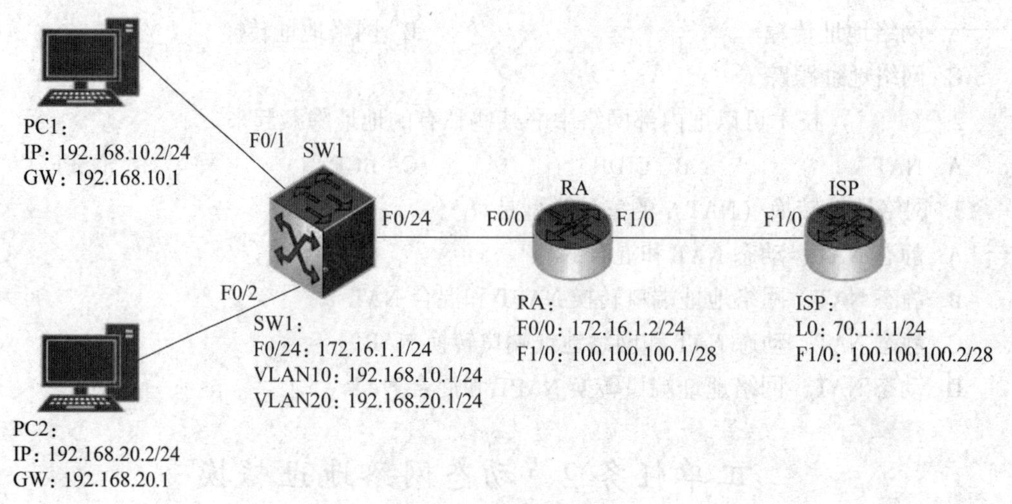


图 3－26　施工拓扑图

【设备环境】

本实验采用 Packet Tracert 进行实验，使用的路由器型号为 Router－PT，数量为 2 台，三层交换机型号为 S3560，数量为 1 台，计算机 2 台。

## 三、任务实施

1. 路由器、交换机各端口配置

（1）在 RA 路由器上配置 IP 地址

```
RA(config)#interface fastEthernet 0/0
RA(config-if)#ip address 172.16.1.2 255.255.255.0
RA(config-if)#no shutdown
RA(config)#interface fastEthernet 1/0
RA(config-if)#ip address 100.100.100.1 255.255.255.240
RA(config-if)#exit
```

（2）在 ISP 路由器上配置 IP 地址

```
ISP(config)#interface loopback 0
ISP(config-if)#ip address 70.1.1.1 255.255.255.0
ISP(config-if)#exit
ISP(config)#interface fastEthernet 1/0
ISP(config-if)#ip address 100.100.100.2 255.255.255.240
ISP(config-if)#no shutdown
```

（3）在 SW1 上配置各接口地址

```
SW1(config)#vlan 10
SW1(config)#vlan 20
SW1(config)#int fastEthernet 0/24
SW1(config-if)#no switchport
SW1(config-if)#ip address 172.16.1.1 255.255.255.0
SW1(config-if)#exit
SW1(config)#interface vlan 10
SW1(config-if)#ip address 192.168.10.1 255.255.255.0
SW1(config)#interface vlan 20
SW1(config-if)#ip address 192.168.20.1 255.255.255.0
```

2. 在设备上配置路由

（1）在 RA 上配置路由

```
RA(config)#ip route 192.168.10.0 255.255.255.0 172.16.1.1
RA(config)#ip route 192.168.20.0 255.255.255.0 172.16.1.1
RA(config)#ip route 0.0.0.0 0.0.0.0 100.100.100.2
```

（2）在 SW1 上配置路由

```
SW1(config)#ip route 0.0.0.0 0.0.0.0 172.16.1.2
```

3. 在 RA 上定义控制访问列表配置允许外网的列表

```
RA(config)#access-list 30 permit 192.168.10.0 0.0.0.255
RA(config)#access-list 30 permit 192.168.20.0 0.0.0.255
```

4. 配置动态 NAT

```
RA(config)#ip nat pool ip pool 100.100.100.5 100.100.100.10 netmask 
255.255.255.240
RA(config)#ip nat inside source list 30 pool ip pool
```

5. 在 RA 上指定内部接口和外部接口

```
RA(config)#interface fastEthernet 0/0
RA(config-if)#ip nat inside
RA(config-if)#exit
RA(config)#interface fastEthernet 1/0
RA(config-if)#ip nat outside
```

6. 验证测试

（1）在 PC1 上 ping ISP 路由器的回环口，并在 RA 路由器上查看 NAT 转换条目

```
RA#show ip nat translations
Pro   Inside global        Inside local         Outside local    Outside global
icmp  100.100.100.5:512    192.168.10.2:512     70.1.1.1         70.1.1.1
```

（2）在 PC2 上 ping ISP 路由器的回环口，并在 RA 路由器上查看 NAT 转换条目

```
RA#show ip nat translations
Pro   Inside global        Inside local         Outside local    Outside global
icmp  100.100.100.6:512    192.168.20.2:512     70.1.1.1         70.1.1.1
```

## 四、任务评价

| 评价项目 | 评价内容 | 参考分 | 评价标准 | 得分 |
|---|---|---|---|---|
| 拓扑图绘制 | 选择正确的连接线<br>选择正确的端口 | 20 | 选择正确的连接线，10 分<br>选择正确的端口，10 分 | |
| IP 地址设置 | 正确配置路由器各接口 IP 地址 | 20 | 正确配置路由器各接口 IP 地址，20 分 | |
| 设备命令配置 | 正确配置各设备名称<br>正确配置动态 NAT 转换 | 20 | 正确配置各设备名称，10 分<br>正确配置动态 NAT 转换，10 分 | |
| 验证测试 | 正确配置 NAT 转换条目<br>会进行连通性测试 | 30 | 正确配置 NAT 转换条目，15 分<br>在设备中进行连通性测试，15 分 | |
| 职业素养 | 任务单填写齐全、整洁、无误 | 10 | 任务单填写齐全、工整，5 分<br>任务单填写无误，5 分 | |

## 五、相关知识

1. NAT 池（动态 NAT）

将多个合法 IP 地址统一地组织起来，构成一个 IP 地址池，当有主机需要访问外网时，就分配一个合法 IP 地址与内部地址进行转换，当主机用完后，就归还该地址。对于 NAT 池，如果同时联网用户太多，可能出现地址耗尽的问题。

2. NAT 池（动态 NAT）的配置

（1）建立 IP 地址池

```
Router(config)#ip nat pool[pool-name][start-IP-address][end-IP-address]netmask[net-mask]
```

（2）配置 NAT 转换条目

```
Router(config)#ip nat inside source list[acl - number]pool[pool - name]
```

说明：地址池中的地址应该是经过注册的合法 IP 地址。

## 六、课后练习

1. 对于动态网络地址转换（NAT），不正确的说法是（　　）。

A. 将很多内部地址映射到单个真实地址

B. 外部网络地址和内部地址一对一地映射

C. 最多可有 64 000 个同时的动态 NAT 连接

D. 每个连接使用一个端口

2. 下列关于地址池的描述，说法正确的是（　　）。

A. 只能定义一个地址池

B. 地址池中的地址必须是连续的

C. 当某个地址池已和某个访问控制列表关联时，允许删除这个地址池

D. 以上说法都正确

3. 下列地址表示私有地址的是（　　）。

A. 202. 118. 56. 21　　B. 1. 2. 3. 4

C. 10. 0. 1. 2　　D. 172. 36. 10. 1

# 工单任务3　基于端口的网络地址转换（一对多）

## 一、工作准备

**【想一想】**

1. 如果企业内部需要接入 Internet 的用户一共有 400 个，但该企业只申请到一个 C 类的合法 IP 地址，则应该使用哪种 NAT 实现?

2. 网络地址和端口翻译（NAPT）把内部的所有地址映射到一个外部地址，这样做的好处是什么?

## 二、任务描述

【任务场景】

SW1 为三层交换机，其中内网 PC1 属于 VLAN 10，PC2 属于 VLAN 20，ISP 提供商提供的公网地址为 RA 的接口地址（100. 100. 100. 1/28），需要内网的 PC1 和 PC2 使用这段地址访问外网，如图 3－27 所示。

【施工拓扑】

施工拓扑图如图 3－27 所示。

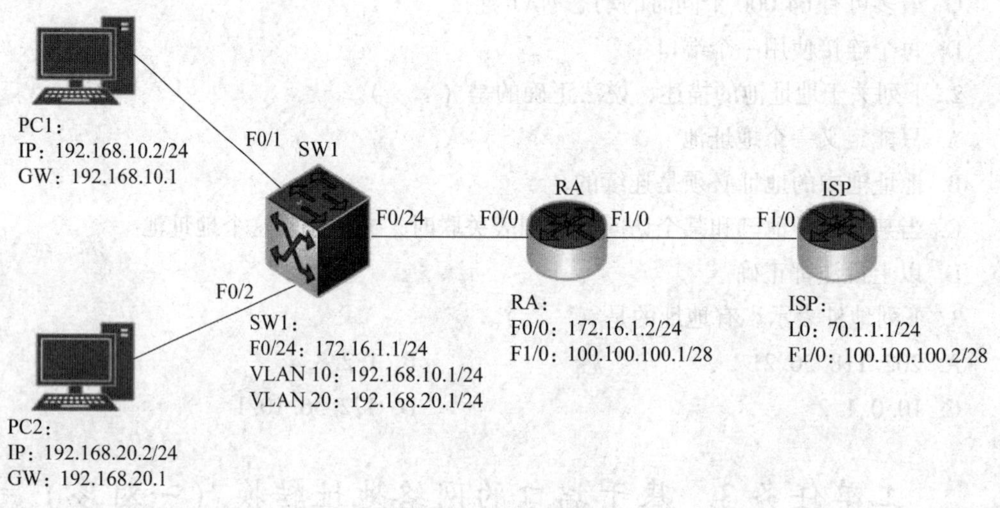


图 3－27　施工拓扑图

【设备环境】

本实验采用 Packet Tracert 进行实验，使用的路由器型号为 Router－PT，数量为 2 台；三层交换机型号为 S3560，数量为 1 台；计算机 2 台。

## 三、任务实施

1. 路由器、交换机各端口配置

（1）在 RA 路由器上配置 IP 地址

```
RA(config)#interface fastEthernet 0/0
RA(config-if)#ip address 172.16.1.2 255.255.255.0
RA(config-if)#no shutdown
RA(config)#interface fastEthernet 1/0
RA(config-if)#ip address 100.100.100.1 255.255.255.240
RA(config-if)#exit
```

（2）在 ISP 路由器上配置 IP 地址

```
ISP(config)#interface loopback 0
ISP(config-if)#ip address 70.1.1.1 255.255.255.0
ISP(config-if)#exit
ISP(config)#interface fastEthernet 1/0
ISP(config-if)#ip address 100.100.100.1 255.255.255.240
ISP(config-if)#no shutdown
```

（3）在 SW1 上配置各接口地址

```
SW1(config)#vlan 10
SW1(config)#vlan 20
SW1(config)#int fastEthernet 0/24
SW1(config-if)#no switchport
SW1(config-if)#ip address 172.16.1.1 255.255.255.0
SW1(config-if)#exit
SW1(config)#interface vlan 10
SW1(config-if)#ip address 192.168.10.1 255.255.255.0
SW1(config)#interface vlan 20
SW1(config-if)#ip address 192.168.20.1 255.255.255.0
```

2. 在设备上配置路由

（1）在 RA 上配置路由

```
RA(config)#ip route 192.168.10.0 255.255.255.0 172.16.1.1
RA(config)#ip route 192.168.20.0 255.255.255.0 172.16.1.1
RA(config)#ip route 0.0.0.0 0.0.0.0 100.100.100.2
```

（2）在 SW1 上配置路由

```
SW1(config)#ip route 0.0.0.0 0.0.0.0 172.16.1.2
```

3. 在 RA 上定义控制访问列表配置允许外网的列表

```
RA(config)#access-list 20 permit any
```

4. 配置动态 NAT

```
RA(config)#ip nat inside source list 20 interface fastEthernet 1/0
overload
```

5. 在 RA 上指定内部接口和外部接口

```
RA(config)#interface fastEthernet 0/0
RA(config-if)#ip nat inside
RA(config-if)#exit
RA(config)#interface fastEthernet 1/0
RA(config-if)#ip nat outside
```

6. 验证测试

（1）在 PC1 上 ping ISP 路由器的回环口并在 RA 路由器上查看 NAT 转换条目

```
RA#show ip nat translations
Pro   Inside global          Inside local        Outside local      Outside global
icmp 100.100.100.1:612     192.168.10.2:612    70.1.1.1           70.1.1.1
```

（2）在 PC2 上 ping ISP 路由器的回环口并在 RA 路由器上查看 NAT 转换条目

```
RA#show ip nat translations
Pro   Inside global          Inside local        Outside local      Outside global
icmp 100.100.100.1:612     192.168.20.2:612    70.1.1.1           70.1.1.1
```

## 四、任务评价

| 评价项目 | 评价内容 | 参考分 | 评价标准 | 得分 |
|---|---|---|---|---|
| 拓扑图绘制 | 选择正确的连接线<br>选择正确的端口 | 20 | 选择正确的连接线，10 分<br>选择正确的端口，10 分 | |
| IP 地址设置 | 正确配置路由器各接口 IP 地址 | 20 | 正确配置路由器各接口 IP 地址，20 分 | |
| 设备命令配置 | 正确配置各设备名称<br>正确配置端口 NAT 转换 | 20 | 正确配置各设备名称，10 分<br>正确配置端口 NAT 转换，10 分 | |
| 验证测试 | 正确配置 NAT 转换条目<br>会进行连通性测试 | 30 | 正确配置 NAT 转换条目，15 分<br>在设备中进行连通性测试，15 分 | |
| 职业素养 | 任务单填写齐全、整洁、无误 | 10 | 任务单填写齐全、工整，5 分<br>任务单填写无误，5 分 | |

## 五、相关知识

1. 复用 NAT 池

①当 NAT 池中的地址耗尽时，会导致后来的主机无法上网。所以，当内网的主机数超过 NAT 池中的地址数时，通常应配置成复用 NAT 池，这样每个 IP 地址可对应多个会话，各

个会话用端口号进行区分。

②理论上讲，一个 IP 地址可以映射约 65 000 个会话，但实际的路由器往往只支持几千个会话（Cisco 支持约 4 000 个）。

③在复用 NAT 池中，Cisco 首先复用地址池中的第一个地址，达到能力极限后，再复用第二个地址，依此类推。

④复用 NAT 池的配置方法与 NAT 池的配置方法基本相同。

2. PAT

PAT 是复用 NAT 池的特例，它是通过端口复用技术用于一个合法 IP 地址映射内网的所有私有 IP 地址，这个地址往往就是路由器出口的 IP 地址。

3. PAT 配置

（1）地址池复用

```
Router(config)#ip nat inside source list[acl-number]pool[pool-name]overload
```

（2）接口复用

```
Router(config)#ip nat inside source list[acl-number]interface[port-number]overload
```

## 六、课后练习

1. 如果企业内部需要连接入 Internet 的用户一共有 400 个，但企业只申请到一个 C 类的合法 IP 地址，则应该使用（　　）实现。

A. 静态 NAT　　B. 动态 NAT　　C. PAT　　D. TCP 负载均衡

2. NAPT 的好处是（　　）。

A. 可以快速访问外部主机　　B. 限制了内部对外部主机的访问

C. 增强了访问外部资源的能力　　D. 隐藏了内部网络的 IP 配置

3. Tom 的公司申请到 5 个 IP 地址，要使公司 20 台主机都能连到 Internet 上，它需要配置防火墙的（　　）功能。

A. 假冒 IP 地址的侦测　　B. 网络地址转换技术

C. 内容检查技术　　D. 基于地址的身份验证

## ——项目小结——

本项目主要介绍 NAT 技术，NAT 技术设计的初衷是节省日益减少的 IPv4 地址，它允许一个整体机构以一个公用 IP 地址出现在 Internet 上。顾名思义，它是一种把内部私有网络地址翻译成合法网络 IP 地址的技术。

NAT 技术还可以用于将内网的服务器映射到公网上。NAT 的缺点就是不能处理嵌入式

IP 地址或端口，NAT 设备不能翻译那些嵌入应用数据部分的 IP 地址或端口信息，它只能翻译那种正常位于 IP 首部中的地址信息和位于 TCP/UDP 首部中的端口信息。

## ——项目实践——

使用模拟器或真实设备完成图 3－28 所示的拓扑图的配置。

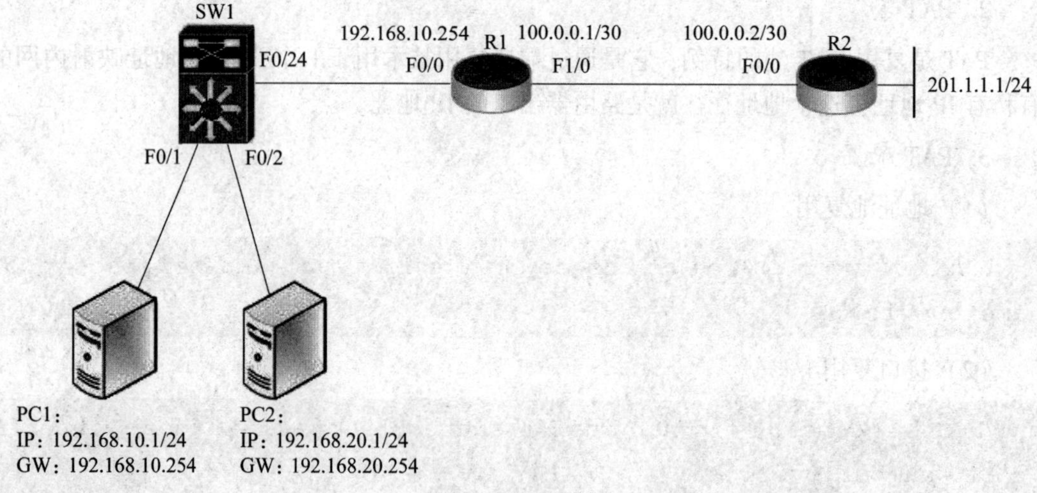


图 3－28　拓扑图

配置要求：

1. 根据上面的实验图完成路由器、交换机、计算机的基本配置，测试和记录 PC1、PC2 与 RT2 之间的连通性。(说明：RT2 上不得添加任何路由)

2. 在 RT1 上完成基于接口的 NAT 配置，实现内网 PC1、PC2 能够访问外网的 RT2 的回环口。

3. 做内网映射，将内网 PC2 的 FTP 和 Web 服务映射到公网。

# 模块四　无线局域网

# 项目一

## 搭建小型无线局域网络及安全维护

### 工单任务1　配置无线路由器

#### 一、工作准备

【想一想】

1. 家庭无线路由器怎么设置才能连接互联网？

2. 怎么安装无线路由器？

#### 二、任务描述

【任务场景】

某小型办公室拥有几台台式计算机和笔记本电脑，但只要一个电信的可供接入互联网的ADSL账号，现在需要使用无线路由器共享上网，还需要提供一定的安全设置。本任务需了解无线路由器的基本功能，配置无线路由器，实现对台式机和笔记本同时访问Internet的配置。

【施工拓扑】

小型办公室网络共享如图4－1所示。

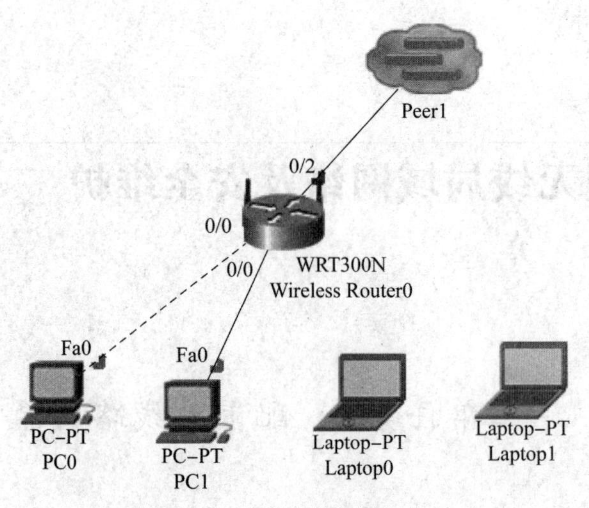


图 4-1　小型办公室网络共享

【设备环境】

双绞线，无线路由器（TP-LINK TL-WR340G+），PC 机 1 台。

## 三、任务实施

### 1. 了解无线路由器的外部结构

（1）了解无线路由器的前面板（图 4-2）

| 指示灯 | 描 述 | 功 能 |
| --- | --- | --- |
| ✲ | 系统状态指示灯 | 常灭—系统存在故障<br>常亮—系统初始化故障<br>闪烁—系统正常 |
|  | 无线状态指示灯 | 常灭—没有启用无线功能<br>常亮—已经启用无线功能<br>闪烁—正在进行无线数据传输 |
|  | 局域网状态指示灯 | 常灭—相应端口没有连接上<br>常亮—相应端口已正常连接<br>闪烁—相应端口正在进行数据传输 |
|  | 广域网状态指示灯 | 常灭—端口没有连接上<br>常亮—端口已正常连接<br>闪烁—端口正在进行数据传输 |
|  | 安全连接指示灯 | 慢闪—正在进行安全连接<br>此状态持续约2 min<br>慢闪转为常亮—安全连接成功<br>慢闪转为快闪—安全连接失败 |

图 4-2　前面板介绍

（2）了解无线路由器的后面板（图4－3）

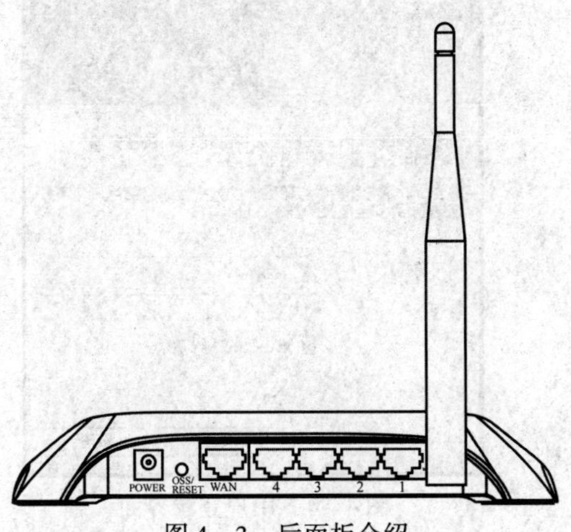


图4－3　后面板介绍

①POWER：用来连接电源，为路由器供电。

注意：如果使用不匹配的电源，可能会导致路由器损坏。

②QSS/ RESET：安全连接/复位按钮。短按时，启动快速安全连接功能，可用来与具备WPS功能的网络设备快速建立安全连接；长按超过5 s时，可使设备恢复到出厂默认设置。

③WAN：广域网端口插孔（RJ45）。该端口用来连接以太网电缆或xDSL Modem/Cable Modem。

④4/3/2/1：局域网端口插孔（RJ45）。该端口用来连接局域网中的集线器、交换机或安装了网卡的计算机。

⑤复位：如果要将路由器恢复到出厂默认设置，则在路由器通电的情况下，按压QSS/RESET按钮，同时观察系统状态指示灯，大约等待5 s，当系统状态指示灯由缓慢闪烁变为快速闪烁状态时，表示路由器已成功恢复出厂设置，此时松开QSS/RESET按钮，路由器将重启。

2. 正确搭建任务实施环境

（1）连接无线路由器

用网线将计算机直接连接到路由器LAN口。如果是笔记本，也可以将无线网卡IP地址设置为自动获取，连接到无线路由器即可。但如果是首次连接路由器并对无线路由器进行配置，PC应使用有线方式连接无线路由器。

（2）登录路由器

路由器的管理地址、登录用户名、密码，在初始的情况下，在路由器的说明书上查找。

本路由器默认LAN口的IP地址是192.168.1.1，默认子网掩码是255.255.255.0。这些值可以根据实际需要进行改变。计算机连接路由器后，将自动获取IP地址。

打开网页浏览器，在浏览器的地址栏中输入路由器的IP地址：192.168.1.1，将会看到如图4－4所示登录界面，输入用户名和密码（用户名和密码的出厂默认值均为admin），单击“确定”按钮。

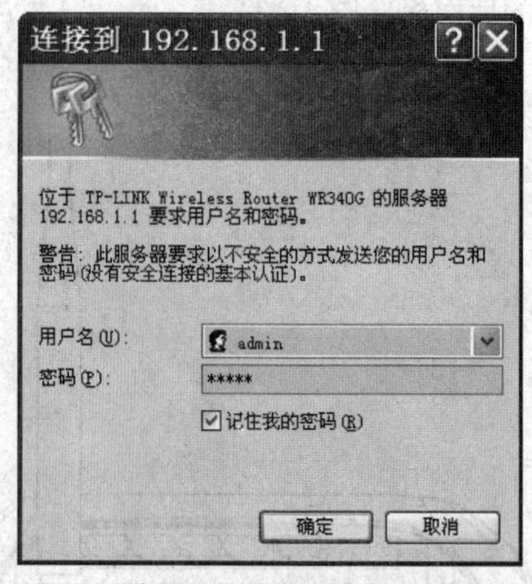


图4－4　用户登录界面

注意：为了更好地在实验室环境中完成以上实验建议，各组的无线路由器的 SSID 按 WLSYS＋组号进行命名，安装无线网卡，将管理计算机用无线方式接入无线路由器。

（3）WAN 口设置

家用无线路由器根据 ISP 提供的网络参数，设置路由器 WAN 口参数，即可使局域网计算机共享 ISP 提供的网络服务。在图 4－5 菜单中选择“WAN 口设置”。

WAN 口设置分为三种：PPPoE（ADSL 虚拟拨号）、动态 IP（以太网宽带，自动从网络服务商获取 IP 地址）、静态 IP（以太网宽带，网络服务商提供固定 IP 地址）。

图4－5　WAN 口设置

选择 PPPoE（ADSL 虚拟拨号），在图 4－6 所示页面中输入 ISP 提供的 ADSL 上网账号和口令。

WAN口设置
WAN口连接类型: PPPoE
拨号模式: 自动选择拨号模式
上网账号:
上网口令:
根据您的需要，请选择对应的连接模式:
◉按需连接，在有访问时自动连接
自动断线等待时间: 15 分钟 (0 表示不自动断线)
○自动连接，在开机和断线后自动连接
○定时连接，在指定的时间段自动连接
注意：只有当您到“系统工具”菜单的“时间设置”项设置了当前时间后，“定时连接”功能才能生效。
连接时段：从 0 : 0 到 23 : 59
○手动连接，由用户手动连接
自动断线等待时间: 15 分钟 (0 表示不自动断线)
连 接　断 线　未连接!
高级设置
保 存　帮 助

图4－6　PPPoE 拨号

至此，已经可以通过无线路由器访问 Internet 了。

【想一想】

①无线路由器的 LAN 口与计算机连接是使用交叉线还是直通线，还是二者均可？

②如何初始化无线路由器？

③WAN 口连接类型包括哪些连接方式？分别在什么情况下使用？

【任务归纳】

无线路由器借助路由器功能，可以实现小型无线网络中的 Internet 连接共享，实现 ADSL 和小区宽带的无线共享接入。

## 四、任务评价

| 评价项目 | 评价内容 | 参考分 | 评价标准 | 得分 |
| --- | --- | --- | --- | --- |
| 拓扑图绘制 | 选择正确的连接线<br>选择正确的端口 | 20 | 选择正确的连接线，10 分<br>选择正确的端口，10 分 | |
| IP 地址设置 | 正确配置主机及无线路由器地址 | 20 | 正确使用无线路由器的后台管理页面，配置 IP 地址池，使得主机能正常通过 DHCP 获取到 IP 地址，20 分 | |
| 设备命令配置 | 学会登录使用后台管理<br>正确配置 WAN 口连接类型<br>正确修改 LAN 口设置 | 30 | 学会登录使用后台管理，10 分<br>配置 WAN 口连接类型，10 分<br>修改 VLAN 设置，10 分 | |
| 验证测试 | 会查看，能读懂配置信息<br>能够进行连通性测试 | 20 | 会查看，能读懂配置信息，10 分<br>能够进行连通性测试，10 分 | |
| 职业素养 | 任务单填写齐全、整洁、无误 | 10 | 任务单填写齐全、工整，5 分<br>任务单填写无误，5 分 | |

## 五、相关知识

无线网络（Wireless Network）指的是任何形式的通过无线电进行连接的电脑网络，其普遍和电信网络结合在一起，不需要电缆即可在节点之间相互连接。

常见的无线网络形式有移动通信网络（如 GSM、CDMA）和无线局域网（如 WiFi）等。

WiFi 是一种可以将个人电脑、手持设备（如 PAD、手机）等终端以无线方式互相连接的技术。WiFi 是一个无线网络通信技术的品牌，由 WiFi 联盟（WiFi Alliance）所持有，目的是向改善基于 IEEE 802.11 标准的无线网络产品之间的互通性的厂商收取专利费。现时一般会把 WiFi 与 IEEE 802.11 混为一谈，甚至把 WiFi 等同于无线网络。

## 六、课后练习

1. 以下不属于 ADSL 网络接入特性的是（　　）。

A. 在家庭上网的同时，可用电话　　B. 上传与下载最高速率是一样的

C. 基于电话线路的传输　　D. 较适合山区有电话接入的家庭安装

2. 光纤到家的英文缩写是（　　）。

A. FTTB　　B. FTTZ　　C. FTTX　　D. FTTH

3. 宽带路由器登录口令忘记后，最常见的处理方式是（　　）。

A. 寄回厂家，重新设置

B. 选中“修改登录口令”菜单，根据提示修改即可

C. 在接通电源的情况下，长按 RESET 键

D. 关闭电源，重新启动

4. 无线路由器的无线工作频率（　　）。

A. 2 GHz　　B. 2.4 GHz　　C. 3 GHz　　D. 3.4 GHz

5. 向运营商提出 FTTX + LAN 类型接入安装申请后，运营商会安排工程师上门服务，一般不会提供（　　）。

A. 上网账号　　B. 域名服务器地址

C. 接入的 IP 地址　　D. 登录密码

# 工单任务 2　无线路由器的密码安全

## 一、工作准备

**【想一想】**

1. 怎么修改无线路由器密码?

2. 怎么才能使无线路由器传递信息更安全呢?

## 二、任务描述

【任务场景】

通过无线路由器提供的管理界面进行路由器的密码功能配置，实现对无线路由器的管理密码和无线接入密码的设置。

【设备环境】

双绞线，无线路由器（TP－LINK TL－WR340G＋），PC 机 1 台，笔记本 1 台。

## 三、任务实施

1. 无线网络密码设置

无线网络设置如图 4－7 所示。

在图 4－7 所示导航中选择“无线参数”下的“基本设置”，打开如图 4－8 所示界面。

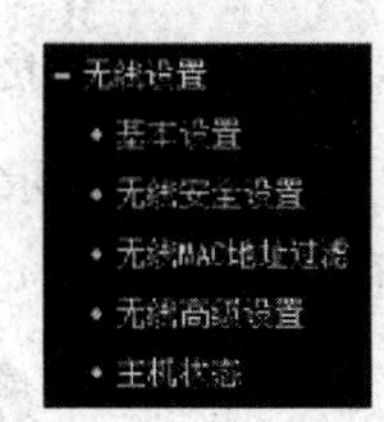


图 4－7　密码设置

无线状态：开启或者关闭路由器的无线功能。

SSID：设置任意一个字符串来标明这台路由器的无线网络。

信道：设置路由器的无线信号频段，建议选择自动。

模式：设置路由器的无线工作模式，建议使用 11bg mixed 模式。

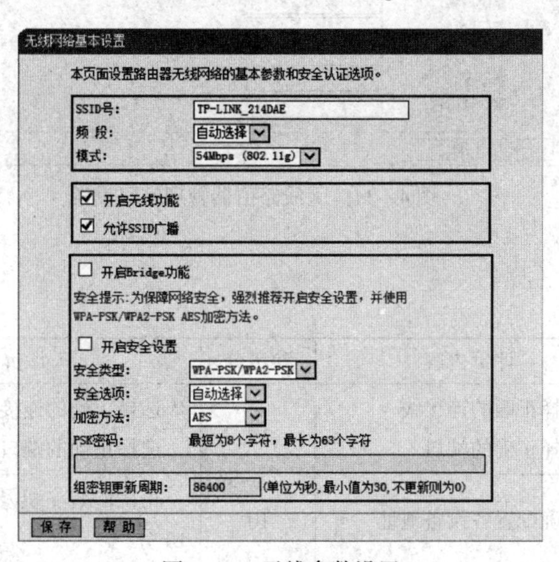


图 4－8　无线参数设置

开启无线安全：不开启无线安全功能，即不对路由器的无线网络进行加密，此时其他人均可以加入无线网络。

WPA－PSK/WPA2－PSK：路由器无线网络的加密方式。如果选择了该项，则在 PSK 密码中输入想要设置的密码，密码要求为 8～63 个 ASCII 字符或 8～64 个 16 进制字符。

在勾选“开启安全设置”后，在安全类型中选择“WPA－PSK/WPA2－PSK”，在“PSK密码”中输入要设定的密码，路由器重启后，再次连接无线网络时需要密码，如图4－9所示。

2. 无线路由器的管理密码设置

在导航中选择“无线参数”下的“基本设置”，打开如图4－10所示界面。

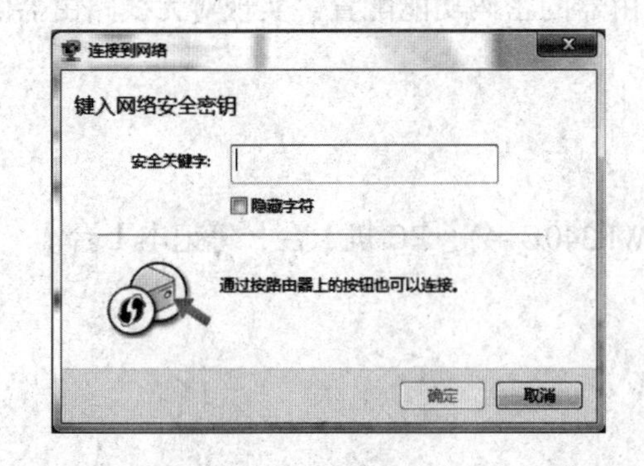


图4－9　连接无线网络时密码输入窗口

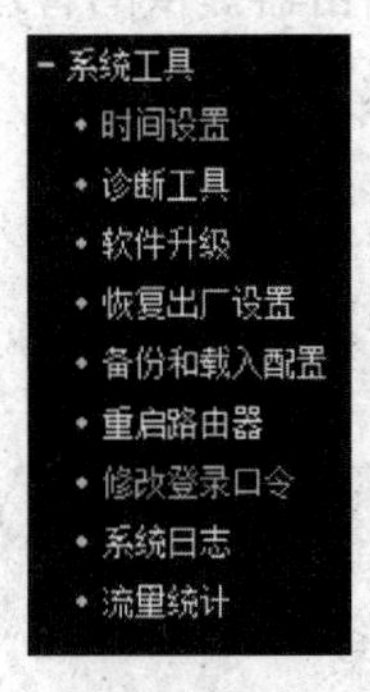


图4－10　无线路由器管理密码设置

在图4－11所示界面中修改登录路由器管理界面的用户名和密码。修改完成后，单击“保存”按钮即可。

修改登录口令

本页修改系统管理员的用户名及口令，用户名及口令长度不能超过14个字节。

原用户名：

原口令：

新用户名：

新口令：

确认新口令：

保存　清空

图4－11　无线路由器管理密码设置

## 四、任务评价

| 评价项目 | 评价内容 | 参考分 | 评价标准 | 得分 |
|---|---|---|---|---|
| 拓扑图绘制 | 选择正确的连接线<br>选择正确的端口 | 10 | 选择正确的连接线，5分<br>选择正确的端口，5分 | |
| IP地址设置 | 正确配置各设备地址 | 10 | 正确配置主机及无线路由器地址，10分 | |
| 设备命令配置 | 正确修改设备SSID<br>正确修改设备安全类型及加密模式<br>正确修改设备连接密码<br>正确修改无线状态 | 40 | 正确修改设备SSID，10分<br>正确修改设备安全类型及加密模式，10分<br>正确修改设备连接密码，10分<br>正确修改无线状态，10分 | |

续表

| 评价项目 | 评价内容 | 参考分 | 评价标准 | 得分 |
|---|---|---|---|---|
| 验证测试 | 会查看配置信息<br>能读懂配置信息<br>会进行连通性测试 | 20 | 使用命令查看配置信息，5 分<br>分析配置信息含义，5 分<br>在设备中进行连通性测试，10 分 | |
| 职业素养 | 任务单填写齐全、整洁、无误 | 20 | 任务单填写齐全、工整，10 分<br>任务单填写无误，10 分 | |

## 五、相关知识

1. WEP 加密协议和 WPA 加密协议的定义

WEP 协议也称为有线等效加密协议，这种无线通信协议常常是那些急于生产销售无线设备的厂家在比较短的时间内拼凑而成的非正规无线加密通信标准。目前来看，这种无线网络加密协议还有相当多的安全漏洞存在，使用该加密协议的无线数据信息很容易遭到攻击。

WPA 协议也被称为 WiFi 保护访问协议，这种加密协议一般是用来改进或替换有明显安全漏洞的 WEP 加密协议的，这种加密协议可以采用两种技术完成数据信息的加密传输目的：一种技术是临时密钥完整性技术（TKIP），在该技术支持下 WPA 加密协议使用 128 位密钥，同时，对每一个数据包来说，单击一次鼠标就能达到改变密钥的目的，该加密技术可以兼容目前的无线硬件设备及 WEP 加密协议；另外一种技术就是可扩展认证技术（EAP），WPA 加密协议在这种技术支持下能为无线用户提供更多安全、灵活的网络访问功能，同时，这种协议要比 WEP 协议更安全、更高级。

2. WEP 加密协议和 WPA 加密协议的区别

WEP 是一种在接入点和客户端之间以“RC4”方式对分组信息进行加密的技术，密码很容易被破解。WEP 使用的加密密钥包括收发双方预先确定的 40 位（或者 104 位）通用密钥，以及发送方为每个分组信息所确定的 24 位被称为 IV 密钥的加密密钥。但是，为了将 IV 密钥告诉通信对象，IV 密钥不经加密就直接嵌入分组信息中被发送出去。如果通过无线窃听，收集到包含特定 IV 密钥的分组信息并对其进行解析，那么秘密的通用密钥也可能被计算出来。

WPA 是继承了 WEP 基本原理而又解决了 WEP 缺点的一种新技术。由于加强了生成加密密钥的算法，因此，即便收集到分组信息并对其进行解析，也几乎无法计算出通用密钥。

WPA 加密即 WiFi Protected Access，其加密特性决定了它比 WEP 更难入侵，所以如果对数据安全性有很高要求，那么就必须选用 WPA 加密方式（Windows XP SP2 已经支持 WPA 加密方式）。

WPA 是目前最好的无线安全加密系统，它包含两种方式：Pre－shared 密钥和 Radius 密钥。

①Pre－shared 密钥有两种密码方式：TKIP 和 AES。

②RADIUS 密钥利用 RADIUS 服务器认证并可以动态选择 TKIP、AES、WEP 方式。

【想一想】

WEP 加密协议和 WPA 加密协议有哪些区别？

【任务归纳】

无线路由器的无线密码和管理密码都为无线路由器的使用提供了一定的安全性。

**六、课后练习**

1. 无线宽带路由器设置完成后，手机通过识别（　　）接入路由器。

A. 登录口令　　B. IP 地址　　C. SSID 号　　D. MAC 地址

2. TP－LINK 带宽路由器，在“无线安全设置”中，“安全认证”选项中级别最高的是（　　）。

A. WPA－PSK/WPA2－PSK　　B. RSA

C. WEP　　D. WPA/WPA2

3. 家庭计算机接入宽带路由器，IP 地址一般设置成“自动获得 IP 地址”，这基于带宽路由器提供了（　　）服务。

A. HTTP　　B. DHCP　　C. DNS　　D. FTP

4. 以下不属于家用无线路由器安全设置措施的是（　　）。

A. 设置 IP 限制、MAC 限制等防火墙功能　　B. 登录口令采用 WPA/WPA2－PSK 加密

C. 设置自己的 SSID（网络名称）　　D. 启用初始的路由器管理用户名和密码

# 工单任务3　无线路由器的 DHCP 设置

**一、工作准备**

【想一想】

1. 为什么计算机能够自己获取到 IP 地址？

2. 怎么管理发放 IP 地址？

## 二、任务描述

【任务场景】

配置路由器，实现局域网中所有客户机都能够获取到自己的 IP 地址和网关及 DNS。

【设备环境】

双绞线，无线路由器（TP－LINK TL－WR340G＋），PC 机 1 台。

## 三、任务实施

1. DHCP 服务器设置

选择 DHCP 服务器，单击“DHCP 服务”，出现如图 4－12 所示界面，此处可配置DHCP 地址池。

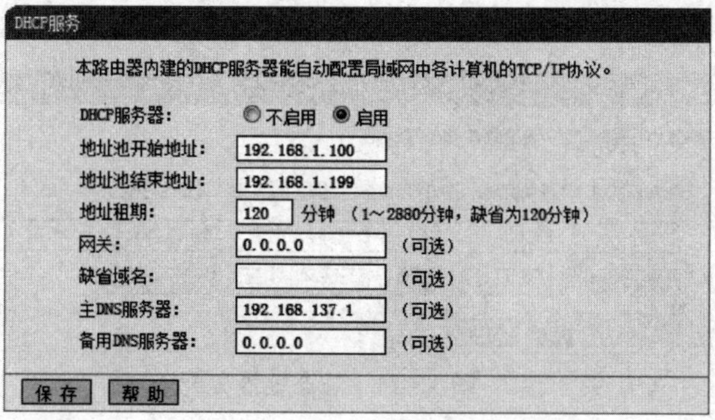

DHCP服务

本路由器内建的DHCP服务器能自动配置局域网中各计算机的TCP/IP协议。

DHCP服务器：　○不启用 ◉启用
地址池开始地址：　192.168.1.100
地址池结束地址：　192.168.1.199
地址租期：　120　分钟（1～2880分钟，缺省为120分钟）
网关：　0.0.0.0　（可选）
缺省域名：　（可选）
主DNS服务器：　192.168.137.1　（可选）
备用DNS服务器：　0.0.0.0　（可选）

保存　帮助

图 4－12　DHCP 地址池

DHCP 服务器：选择是否启用 DHCP 服务器功能，默认为启用。

地址池开始地址/结束地址：分别输入开始地址和结束地址。完成设置后，DHCP 服务器分配给内网主机的 IP 地址将介于这两个地址之间。

地址租期：即 DHCP 服务器给内网主机分配的 IP 地址的有效使用时间。在该段时间内，服务器不会将该 IP 地址分配给其他主机。

网关：可选项。应填入路由器 LAN 口的 IP 地址，缺省为 192.168.1.1。

缺省域名：可选项。应填入本地网域名，缺省为空。

主/备用 DNS 服务器：可选项。可以填入 ISP 提供的 DNS 服务器或保持缺省，若不清楚，可咨询 ISP。

2. 查看客户端列表

选择菜单“DHCP 服务器”→“客户端列表”，可以查看客户端主机的相关信息；单击“刷新”按钮可以更新表中信息，如图 4－13 所示。

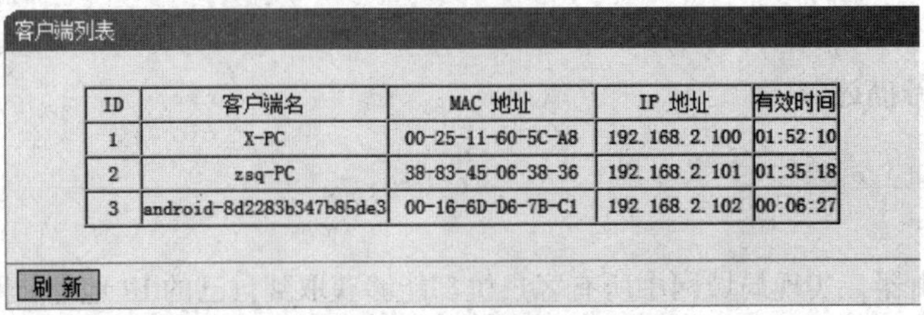

客户端列表

| ID | 客户端名 | MAC 地址 | IP 地址 | 有效时间 |
|---|---|---|---|---|
| 1 | X-PC | 00-25-11-60-5C-A8 | 192.168.2.100 | 01:52:10 |
| 2 | zsq-PC | 38-83-45-06-38-36 | 192.168.2.101 | 01:35:18 |
| 3 | android-8d2283b347b85de3 | 00-16-6D-D6-7B-C1 | 192.168.2.102 | 00:06:27 |

刷 新

图4－13　客户端列表

客户端名：显示获得 IP 地址的客户端计算机的名称。

MAC 地址：显示获得 IP 地址的客户端计算机的 MAC 地址。

IP 地址：显示 DHCP 服务器分配给客户端主机的 IP 地址。

有效时间：指客户端主机获得的 IP 地址距到期所剩的时间。每个 IP 地址都有一定的租用时间，客户端软件会在租期到期前自动续约。

3. 静态地址分配

选择菜单“DHCP 服务器”→“静态地址分配”，可以在图 4－14 所示界面中查看和编辑静态 IP 地址分配条目。

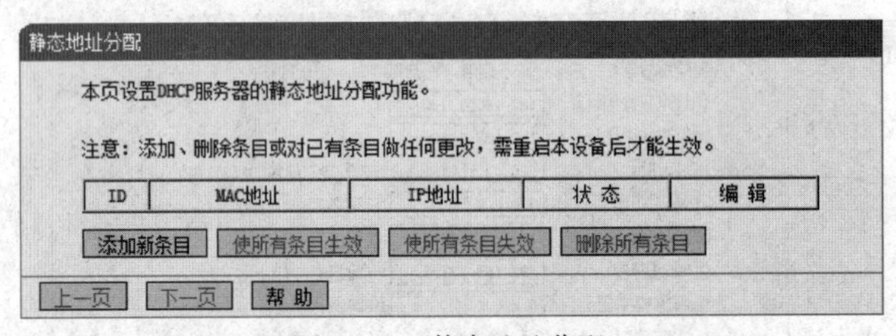


图4－14　静态地址分配

单击“添加新条目”按钮，可以在图 4－15 所示界面中设置新的静态地址分配条目。

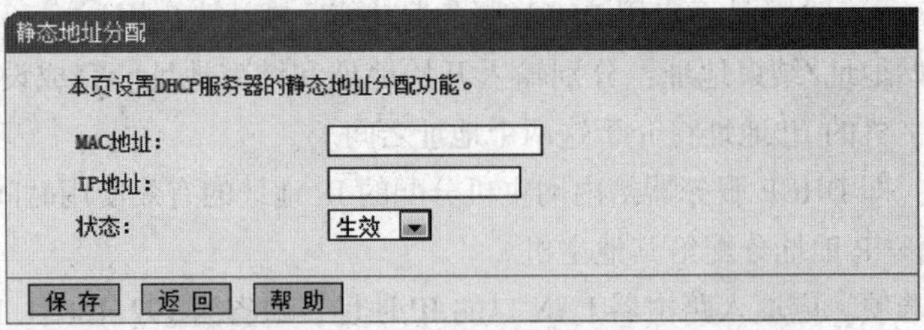

静态地址分配

本页设置DHCP服务器的静态地址分配功能。

MAC地址：

IP地址：

状态：生效

保 存　返 回　帮 助

图4－15　静态地址分配条目

MAC 地址：输入需要预留静态 IP 地址的计算机的 MAC 地址。

IP 地址：预留给内网主机的 IP 地址。

状态：设置该条目是否生效。只有状态为生效时，本条目的设置才生效。

举例：如果希望给局域网中 MAC 地址为 00－13－8F－A9－6C－CB 的计算机预留 IP 地址 192.168.1.101，这时按照如下步骤设置。

①单击“添加新条目”按钮。

②设置 MAC 地址为“00－13－8F－A9－6C－CB”，IP 地址为“192.168.1.101”，状态为“生效”。

③单击“保存”按钮，可以看到设置完成后的静态地址分配列表。

④重启路由器使设置生效。

【想一想】

①DHCP 服务器的作用有哪些？

②如何为固定的机器分配固定的 IP 地址？

【任务归纳】

无线路由器的 DHCP 服务为无线路由器的使用提供了便利。

## 四、任务评价

| 评价项目 | 评价内容 | 参考分 | 评价标准 | 得分 |
| --- | --- | --- | --- | --- |
| 拓扑图绘制 | 选择正确的连接线<br>选择正确的端口 | 10 | 选择正确的连接线，5 分<br>选择正确的端口，5 分 | |
| IP 地址设置 | 正确配置无线路由器地址 | 10 | 正确配置无线路由器地址，10 分 | |
| 设备命令配置 | 在无线路由器上使用 DHCP 分配主机 IP<br>在无线路由器上使用静态地址分配 IP<br>正确填写默认网关、DNS 服务器和 IP 地址租期 | 40 | 在无线路由器上使用 DHCP 分配主机 IP，10 分<br>在无线路由器上使用静态地址分配 IP，10 分<br>正确填写默认网关、DNS 服务器和 IP 地址租期，20 分 | |
| 验证测试 | 会查看配置信息<br>能读懂配置信息<br>会进行连通性测试 | 20 | 使用命令查看配置信息，5 分<br>分析配置信息含义，5 分<br>在设备中进行连通性测试，10 分 | |
| 职业素养 | 任务单填写齐全、整洁、无误 | 20 | 任务单填写齐全、工整，10 分<br>任务单填写无误，10 分 | |

## 五、相关知识

DHCP（Dynamic Host Configuration Protocol，动态主机配置协议）通常被应用在大型的局域网络环境中，主要作用是集中管理、分配 IP 地址，使网络环境中的主机动态地获得 IP 地址、网卡地址、DNS 服务器地址等信息，并能够提升地址的使用率。

DHCP 协议采用客户端/服务器模型，主机地址的动态分配任务由网络主机驱动。当 DHCP 服务器接收到来自网络主机申请地址的信息时，才会向网络主机发送相关的地址配置等信息，以实现网络主机地址信息的动态配置。DHCP 具有以下功能：

①保证任何 IP 地址在同一时刻只能由一台 DHCP 客户机使用。

②DHCP 应当可以给用户分配永久固定的 IP 地址。

③DHCP 应当可以同用其他方法获得 IP 地址的主机共存（如手工配置 IP 地址的主机）。

④DHCP 服务器应当向现有的 BOOTP 客户端提供服务。

DHCP 有三种机制分配 IP 地址：

①自动分配方式（Automatic Allocation）。DHCP 服务器为主机指定一个永久性的 IP 地址，一旦 DHCP 客户端第一次成功地从 DHCP 服务器端租用到 IP 地址，就可以永久性地使用该地址。

②动态分配方式（Dynamic Allocation）。DHCP 服务器为主机指定一个具有时间限制的 IP 地址，时间到期或主机明确表示放弃该地址时，该地址可以被其他主机使用。

③手工分配方式（Manual Allocation）。客户端的 IP 地址是由网络管理员指定的，DHCP 服务器只是将指定的 IP 地址告诉客户端主机。

三种地址分配方式中，只有动态分配可以重复使用客户端不再需要的地址。

DHCP 消息的格式是基于 BOOTP（Bootstrap Protocol）消息格式的，这就要求设备具有 BOOTP 中继代理的功能，并能够与 BOOTP 客户端和 DHCP 服务器实现交互。BOOTP 中继代理的功能，使得没有必要在每个物理网络都部署一个 DHCP 服务器。RFC 951 和 RFC 1542 对 BOOTP 协议进行了详细描述。

## 六、课后练习

1. DHCP 简称（　　）。

A. 静态主机配置协议　　B. 动态主机配置协议

C. 主机配置协议　　D. 无线路由配置协议

2. 为移动用户提供较短的地址租约期限为 4 h，输入的租约数据应该是（　　）。

A. 3 600　　B. 10 800

C. 1 440　　D. 25 560

3. Ipconfig/release 的意思是（　　）。

A. 获取地址　　B. 释放地址

C. 查看所有 IP 配置　　D. 查看 IP 地址租期

4. 如果要创建一个作用域，网段为 192. 168. 11. 1 ~254，那么默认路由一般是（　　）。

A. 192.168.11.1　　　B. 192.168.0.254
C. 192.168.11.254　　　D. 192.168.11.252

5. DHCP 的作用是（　　）。

A. 为主机分配 IP 地址　　　B. 实现文件共享
C. 提供 Web 服务　　　D. 进行安全认证

# 工单任务 4　无线路由接入安全配置

## 一、工作准备

【想一想】

1. 如何管理已连接无线路由器的计算机?

2. 如何管理计算机上网行为?

## 二、任务描述

【任务场景】

配置路由器，实现对无线路由器接入安全的配置。禁止局域网中 IP 地址为 192.168.1.7 的计算机在 8:30—18:00 之间接收邮件，禁止局域网中 MAC 地址为 00 - E0 - 4C - 00 - 07 - BE 的计算机访问 Internet，对局域网中的其他计算机则不做任何限制。

【设备环境】

双绞线，无线路由器（TP - LINK TL - WR340G +），PC 机 1 台。

## 三、任务实施

### 1. 防火墙设置

在导航中选择“安全设置”下的“防火墙设置”，打开如图4－16所示界面。

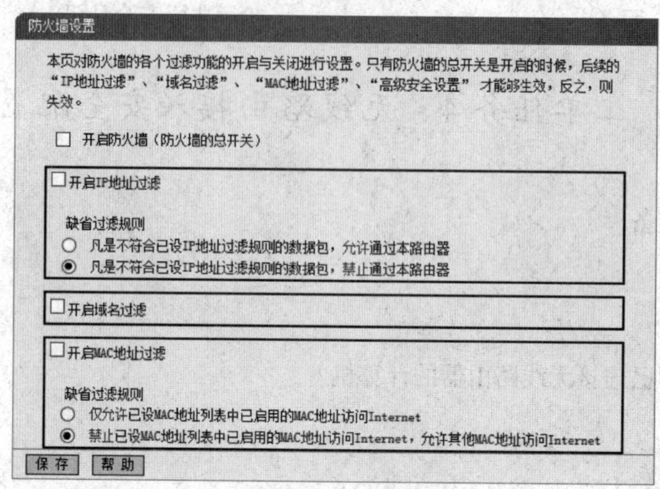


图4－16　防火墙设置

“防火墙设置”控制着路由器防火墙总功能的开启、关闭及各子项功能，包括IP地址过滤、域名过滤和MAC地址过滤功能的开启与过滤规则的选择。只有防火墙的总开关开启后，后续的安全设置才能够生效；反之，则不能生效。防火墙设置中，各配置项如下。

开启防火墙：这是防火墙的总开关，只有该项开启后，IP地址过滤、域名过滤、MAC地址过滤功能才能启用；反之，则不能被启用。

开启IP地址过滤：关闭或开启IP地址过滤功能，并选择缺省过滤规则。

开启域名过滤：关闭或开启域名过滤功能。

开启MAC地址过滤：关闭或开启MAC地址过滤功能，并选择缺省过滤规则。

这里选择开启防火墙、开启IP地址过滤、开启MAC地址过滤，如图4－17所示。

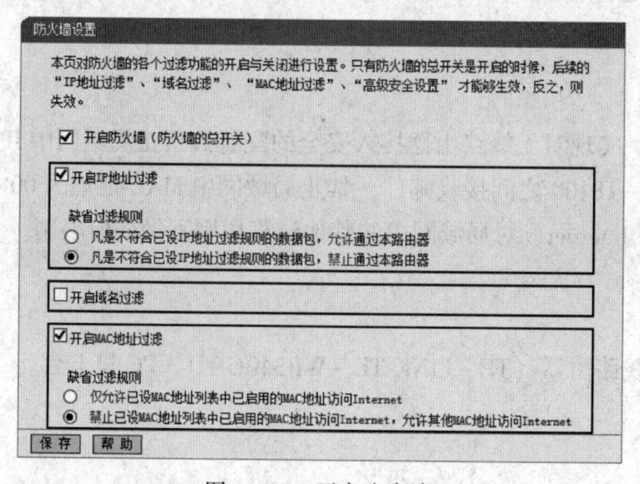


图4－17　开启防火墙

2. IP 地址过滤

在导航中选择“安全设置”下的“IP 地址过滤”，打开如图 4－18 所示界面。

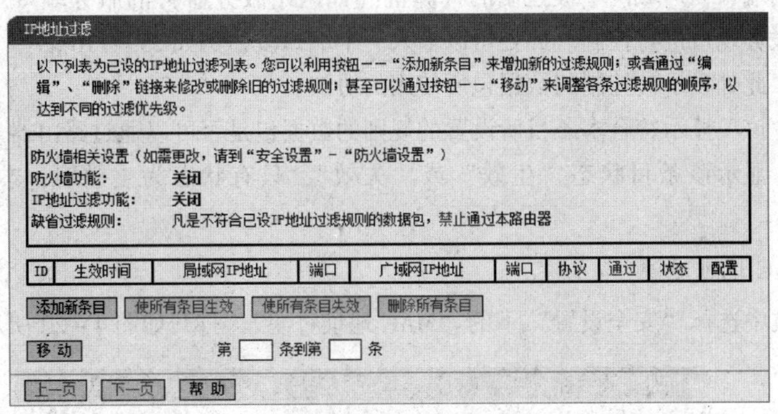


图 4－18　IP 地址过滤

在图 4－18 所示界面中单击“添加新条目”，然后在图 4－19 中按要求添加过滤条目。图 4－19 是禁止 192.168.1.7 的计算机在 8:30—18:00 之间发送邮件的设置，设置完成后单击“保存”按钮。

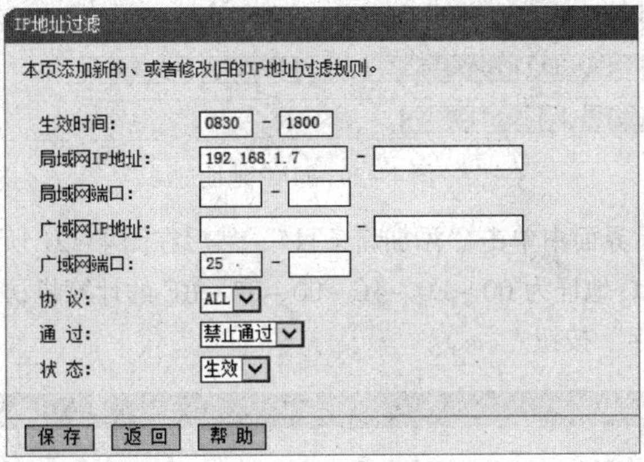

IP地址过滤

本页添加新的、或者修改旧的IP地址过滤规则。

生效时间：0830 － 1800

局域网IP地址：192.168.1.7 －

局域网端口： －

广域网IP地址： －

广域网端口：25 －

协 议：ALL

通 过：禁止通过

状 态：生效

保 存　返 回　帮 助

图 4－19　添加 IP 地址过滤条目

IP 地址过滤的功能是查看并添加 IP 地址过滤条目。使用 IP 地址过滤可以拒绝或允许局域网中计算机与互联网之间的通信；可以拒绝或允许特定 IP 地址的特定的端口号或所有端口号。通过“添加新条目”按钮来增加新的过滤规则，或者通过“编辑”“删除”链接来修改或删除已设过滤规则，也可以通过移动按钮来调整各条过滤规则的顺序，以达到不同的过滤优先级（ID 序号越靠前，则优先级越高）。添加新条目下各配置项的作用如下。

生效时间：该项用来指定过滤条目的有效时间，在该段时间外，此过滤条目不起作用。

局域网 IP 地址：局域网中被控制的计算机的 IP 地址，为空表示对局域网中所有计算机进行控制。此处可以输入一个 IP 地址段，例如 192.168.1.123～192.168.1.185。

局域网端口：局域网中被控制的计算机的服务端口，为空表示对该计算机的所有服务端口进行控制。此处可以输入一个端口段，例如 1 030～2 000。

广域网 IP 地址：广域网中被控制的计算机（如网站服务器）的 IP 地址，为空表示对整个广域网进行控制。此处可以输入一个 IP 地址段，例如 61.145.238.6 ~ 61.145.238.47。

广域网端口：广域网中被控制的计算机（如网站服务器）的服务端口，为空表示对该网站所有服务端口进行控制。此处可以输入一个端口段，例如 25 ~ 110。

协议：此处显示被控制的数据包所使用的协议。

通过：该项显示符合本条目所设置的规则的数据包是否可以通过路由器。

状态：显示该条目状态“生效”或“失效”，只有状态为生效时，本条过滤规则才生效。

3. MAC 地址过滤

在导航中选择“安全设置”下的“MAC 地址过滤”，打开如图 4－20 所示界面。

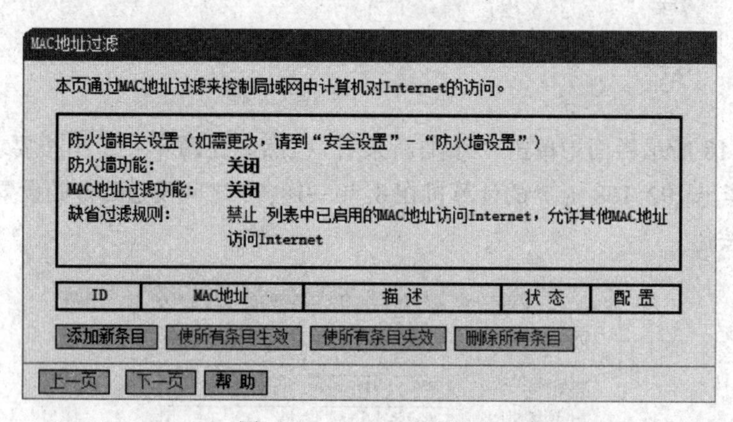


图 4－20　MAC 地址过滤

在图 4－20 所示界面中单击“添加新条目”，然后在图 4－21 所示界面中设置条目信息。图 4－21 是禁止 MAC 地址为 00－E0－4C－00－07－BE 的计算机访问 Internet 的设置，设置完成后，单击“保存”按钮。

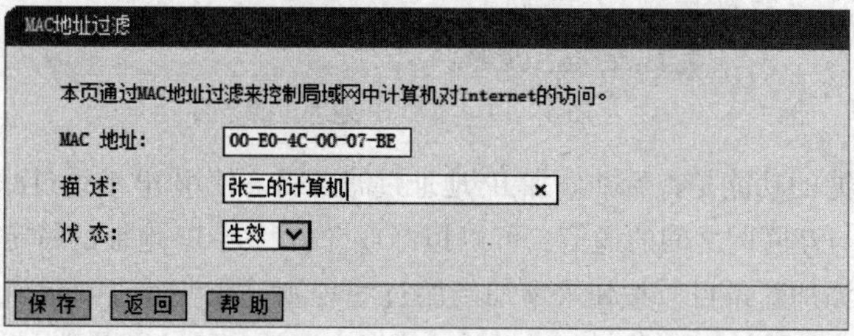

MAC地址过滤
本页通过MAC地址过滤来控制局域网中计算机对Internet的访问。
MAC 地址: 00-E0-4C-00-07-BE
描 述: 张三的计算机
状 态: 生效
保 存　返 回　帮 助

图 4－21　添加 MAC 地址过滤条目

MAC 地址过滤的功能是通过 MAC 地址允许或拒绝局域网中计算机访问广域网，有效控制局域网内用户的上网权限。可以利用按钮添加新条目来增加新的过滤规则；或者通过“修改”“删除”链接来修改或删除旧的过滤规则。添加条目下各配置项的作用如下。

MAC 地址：该项是希望管理的计算机的 MAC 地址。

描述：该项是对该计算机的适当描述，如“张三的计算机”。

状态：显示该条目状态“生效”或“失效”，只有状态为生效时，本条过滤规则才生效。

## 四、任务评价

| 评价项目 | 评价内容 | 参考分 | 评价标准 | 得分 |
|---|---|---|---|---|
| 拓扑图绘制 | 选择正确的连接线<br>选择正确的端口 | 10 | 选择正确的连接线，5 分<br>选择正确的端口，5 分 | |
| IP 地址设置 | 正确配置各主机地址<br>正确配置无线路由器 | 20 | 主机能正常使用 DHCP 获取到地址，10 分<br>正确配置无线路由器的登录密码和 DHCP，10 分 | |
| 设备命令配置 | 开启设备防火墙<br>开启设备 IP 地址过滤<br>开启设备 MAC 地址过滤 | 30 | 开启设备防火墙，10 分<br>开启设备 IP 地址过滤，10 分<br>开启设备 MAC 地址过滤，10 分 | |
| 验证测试 | 设备能通过所给定的 IP 过滤主机<br>设备能通过所给定的 MAC 过滤主机 | 20 | 设备能通过所给定的 IP 过滤主机，10 分<br>设备能通过所给定的 MAC 过滤主机，10 分 | |
| 职业素养 | 任务单填写齐全、整洁、无误 | 20 | 任务单填写齐全、工整，10 分<br>任务单填写无误，10 分 | |

## 五、相关知识

1. MAC 地址

MAC（Media Access Control）地址，或称为 MAC 位址、硬件位址，用来定义网络设备的位置。在 OSI 模型中，第三层网络层负责 IP 地址，第二层数据链路层则负责 MAC 位址。因此，一个主机会有一个 IP 地址，而每个网络位置会有一个专属于它的 MAC 位址。

2. 防火墙

防火墙（Firewall）是一项协助确保信息安全的设备，会依照特定的规则，允许或是限制传输的数据通过。防火墙可以是一台专属的硬件，也可以是架设在一般硬件上的一套软件。

**【想一想】**

①MAC 地址的作用是什么？

②防火墙的作用是什么？

【任务归纳】

MAC 地址过滤和 IP 地址过滤进一步提升了无线路由器的使用安全。

## 六、课后练习

1. 对于防火墙的不足之处，描述错误的是（　　）。

A. 无法阻止基于系统内核的漏洞攻击　　B. 无法阻止端口反弹木马的攻击

C. 无法阻止病毒的侵袭　　D. 无法进行带宽管理

2. 防火墙对数据包进行状态检测包过滤时，不可以进行过滤的是（　　）。

A. 源和目的 IP 地址　　B. 源和目的端口

C. IP 协议号　　D. 数据包中的内容

3. 防止盗用 IP 行为是利用防火墙的（　　）功能。

A. 防御攻击功能　　B. 访问控制功能

C. IP 地址和 MAC 地址绑定功能　　D. URL 过滤功能

4. 目前，VPN 使用了（　　）技术保证了通信的安全性。

A. 隧道协议、身份认证和数据加密　　B. 身份认证、数据加密

C. 隧道协议、身份认证　　D. 隧道协议、数据加密

5. 如果内部网络的地址网段为 192. 168. 1. 0/24，需要用到防火墙的（　　）功能，才能使用户上网。

A. 地址映射　　B. 地址转换

C. IP 地址和 MAC 地址绑定功能　　D. URL 过滤功能

# 工单任务5　无线路由的域名过滤

## 一、工作准备

【想一想】

1. 怎么限制计算机访问特定的网站？

2. 管理计算机上网行为有什么好处?

## 二、任务描述

【任务场景】

配置路由器，实现对无线路由器的域名过滤，禁止局域网中的计算机在 8:30—18:00 之间访问“www.yahoo.com.cn” “www.sina.com”网站，禁止局域网中的计算机在 8:00—12:00之间访问所有以“.net”结尾的网络。

【设备环境】

双绞线，无线路由器（TP－LINK TL－WR340G＋），PC 机 1 台。

## 三、任务实施

进行域名过滤，步骤如下。

①在图 4－22 界面中打开防火墙总开关，并开启域名过滤。

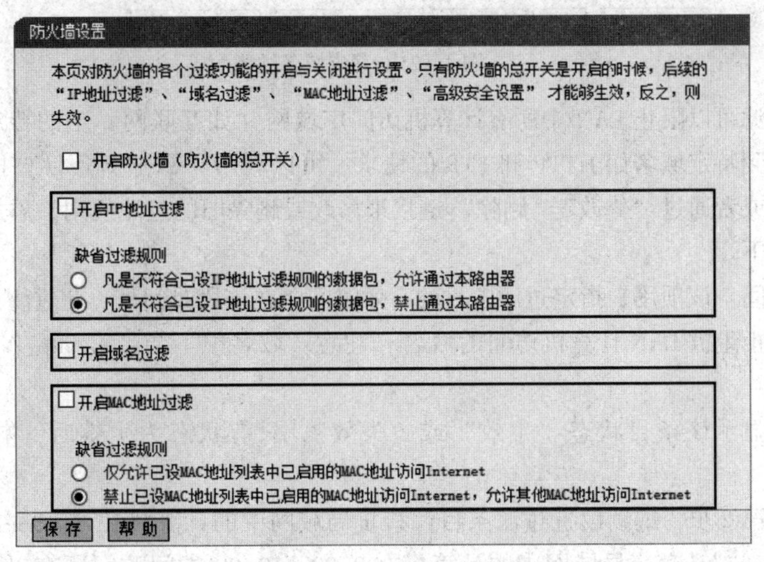


图 4－22　开启防火墙

②在图 4－23 所示界面中单击“添加新条目”，然后在图 4－24 所示界面中设置条目信息。图 4－25 是在 8:30—18:00 之间拒绝访问“www.yahoo.com.cn”网站的设置，设置完

成后，单击“保存”按钮。

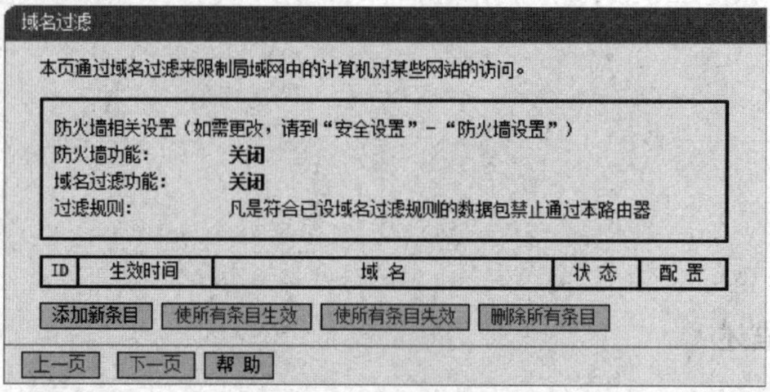

域名过滤

本页通过域名过滤来限制局域网中的计算机对某些网站的访问。

防火墙相关设置（如需更改，请到“安全设置”-“防火墙设置”）
防火墙功能：　关闭
域名过滤功能：　关闭
过滤规则：　凡是符合已设域名过滤规则的数据包禁止通过本路由器

| ID | 生效时间 | 域 名 | 状 态 | 配 置 |
|---|---|---|---|---|

添加新条目　使所有条目生效　使所有条目失效　删除所有条目

上一页　下一页　帮 助

图4－23　添加域名过滤

域名过滤

本页通过域名过滤来限制局域网中的计算机对某些网站的访问。

生效时间：0830 - 1800
域 名：www.yahoo.com.cn
状 态：生效

保 存　返 回　帮 助

图4－24　域名过滤

| ID | 生效时间 | 域 名 | 状 态 | 配 置 |
|---|---|---|---|---|
| 1 | 0830-1800 | www.yahoo.com.cn | 生效 | 编辑 删除 |
| 2 | 0830-1800 | sina.com | 生效 | 编辑 删除 |
| 3 | 0830-1200 | .net | 生效 | 编辑 删除 |

添加新条目　使所有条目生效　使所有条目失效　删除所有条目

图4－25　完成域名过滤

域名过滤可以阻止LAN中所有计算机访问广域网（如互联网）上的特定域名，该特性会拒绝所有到特定域名如HTTP和FTP的请求。可以利用“添加新条目”按钮来增加新的过滤规则，或者通过“修改”“删除”链接来修改或删除旧的过滤规则。添加条目下各配置项的作用如下。

生效时间：该项用来指定过滤条目的有效时间，在该段时间外，此过滤条目不起作用。

域名：拒绝被LAN计算机访问的域名（注意：域名中不能带有http://、ftp://等格式的字符）。

状态：显示该条目状态“生效”或“失效”，只有状态为生效时，本条过滤规则才生效。

③回到第②步，继续设置过滤条目：禁止局域网中的计算机在8:30—18:00之间访问“www.sina.com”，禁止局域网中的计算机在8:00—12:00之间访问所有以“.net”结尾的网站。

【想一想】

问题1：如何将各组的无线路由器在可搜索的无线网络列表中区分开？

首次配置无线路由器（有线方式接入进行配置，配置主机可以使用自动获取方式获得网络参数）时，用户名及密码均为admin。为了更好地在实验室环境中完成以上实验，建议各组的无线路由器的SSID按WLSYS+组号进行命名，同时，安装无线网卡，将管理计算机用无线方式接入无线路由器。

问题2：为什么无线网络列表中没有任何信息？

解决方法：打开无线网卡连接属性中的无线网络配置，选择使用“用Windows配置我的无线网络设置”，然后将使用的无线路由器的SSID添加进首选网络中。

问题3：无线路由器的默认管理IP地址能改变吗？若能改变，尝试改成10.0.9.1，请问这样改有什么好处？

解决方法：可以改，用默认管理IP地址后，直接在默认管理地址栏进行更改。无线路由器的默认管理IP地址被改成10.0.9.1，可以提高无线路由器的安全性（避免他人利用默认地址登录并更改无线路由器的配置）。

问题4：建立MAC地址过滤表有什么好处？

解决方法：建立MAC地址过滤表，可以控制该表中的MAC地址对应的计算机允许或拒绝访问Internet。实验证明，无法拒绝非表中的计算机加入无线网络。

## 四、任务评价

| 评价项目 | 评价内容 | 参考分 | 评价标准 | 得分 |
|---|---|---|---|---|
| 拓扑图绘制 | 选择正确的连接线<br>选择正确的端口 | 10 | 选择正确的连接线，5分<br>选择正确的端口，5分 | |
| IP地址设置 | 正确配置各主机地址<br>正确配置无线路由器设备 | 20 | 主机能正常使用DHCP获取到地址，10分<br>正确配置无线路由器的登录密码和DHCP，10分 | |
| 设备命令配置 | 开启设备防火墙<br>开启设备域名过滤功能<br>设置域名过滤参数 | 30 | 开启设备防火墙，10分<br>开启设备域名过滤功能，10分<br>设置域名过滤参数，10分 | |
| 验证测试 | 设备能通过所给定的域名过滤流量 | 20 | 设备能通过所给定的域名过滤网络流量，20分 | |
| 职业素养 | 任务单填写齐全、整洁、无误 | 20 | 任务单填写齐全、工整，10分<br>任务单填写无误，10分 | |

## 五、相关知识

### 域　名

域名（Domain Name）是由一串用点分隔的名字组成的 Internet 上某一台计算机或计算机组的名称，用于在传输数据时标识计算机的电子方位（有时也指地理位置，地理上的域名，指代有行政自主权的一个地方区域）。域名是便于记忆和沟通的一组服务器的地址（网站、电子邮件、FTP 等）。

**【想一想】**

域名的作用是什么？

**【任务归纳】**

域名过滤是无线路由器安全的进一步提升。

## 六、课后练习

1. 我国在 1999 年发布的国家标准（　　）为信息安全等级保护奠定了基础。

A. GB 17799　　B. GB 15408　　C. GB 17859　　D. GB 14430

2. 下面所列的（　　）安全机制不属于信息安全保障体系中的事先保护环节。

A. 杀毒软件　　B. 数字证书认证　　C. 防火墙　　D. 数据库加密

3. 网络安全最终是一个折中的方案，即安全强度和安全操作代价的折中，除增加安全设施投资外，还应考虑（　　）。

A. 用户的方便性　　B. 管理的复杂性

C. 对现有系统的影响及对不同平台的支持　　D. 以上 3 项都是

# 项目二

## 搭建无线局域网

### 工单任务1　胖 AP 配置

#### 一、工作准备

【想一想】

1. 无线局域网 802.11 有哪些标准？

2. 简单阐述无线局域网的安全性策略。

#### 二、任务描述

【任务场景】

在 SW2 三层交换机上配置 DHCP 服务，为 SW1 的终端提供地址分配。SW1 的 E1/0/1 和 E1/0/2 都放入 VLAN 10。配置 AP1 作为胖 AP，发射的 SSID 为 WIFItest，密码为 wpa personal 88888888。要求 PC1 能与 PC2 正常通信，如图 4－26 所示。

**【施工拓扑】**

施工拓扑图如图4－26所示。

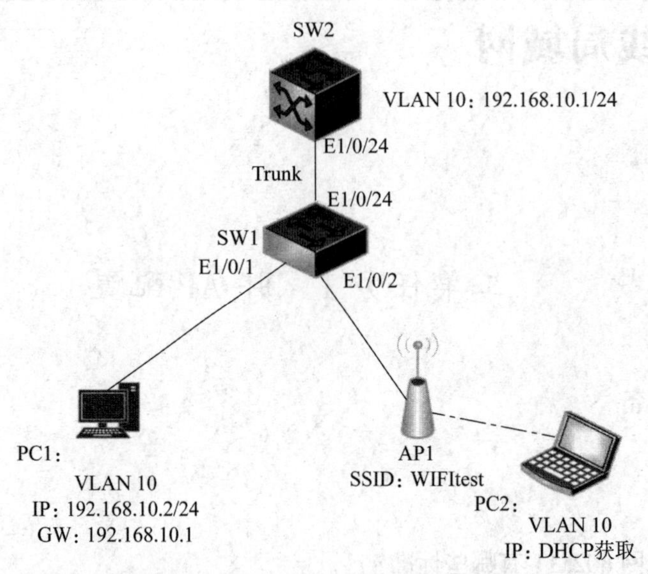


图4－26　施工拓扑图

**【设备环境】**

本实验采用真实设备进行实验，使用的设备为神州数码二层交换机，型号为S4600，数量为1台；三层交换机，型号为CS6200，数量为1台；无线AP，型号为7962AP；计算机1台；笔记本1台。

## 三、任务实施

1. 配置SW1交换机

```
SW1(config)#vlan 10
SW1(config)#interface Ethernet 1/0/1
SW1(config-if)#switchport access vlan 10
SW1(config)#interface Ethernet 1/0/2
SW1(config-if)#switchport access vlan 10
SW1(config)#interface Ethernet 1/0/24
SW1(config-if)#switchport mode trunk
SW1(config-if)#switchport trunk allowed vlan all
```

2. 配置SW2交换机

```
SW2(config)#vlan 10
SW2(config)#interface Ethernet 1/0/24
```

```
SW2(config-if)#switchport mode trunk
SW2(config-if)#switchport trunk allowed vlan all
SW2(config-if)#exit
SW2(config)#interface vlan 10
SW2(config-if)#ip address 192.168.10.1 255.255.255.0
SW2(config-if)#exit
SW2(config)#service dhcp
SW2(config)#ip dhcp pool vlan10
SW2(dhcp-vlan10-config)#network-address 192.168.10.0 255.255.
255.0
SW2(dhcp-vlan10-config)#default-router 192.168.10.1
SW2(dhcp-vlan10-config)#exit
```

3. 无线 AP1 配置（所用 AP 的品牌为神舟数码 DCWL-7962AP）

①输入用户密码进入胖 AP 的配置界面，默认账号和密码都为 admin，如图 4-27 所示。

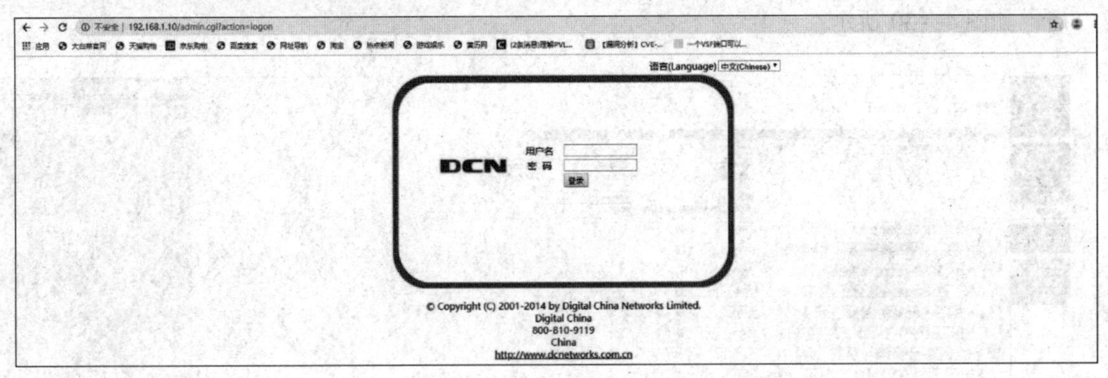


图 4-27　登录界面

②图 4-28 所示为 AP 的配置界面。

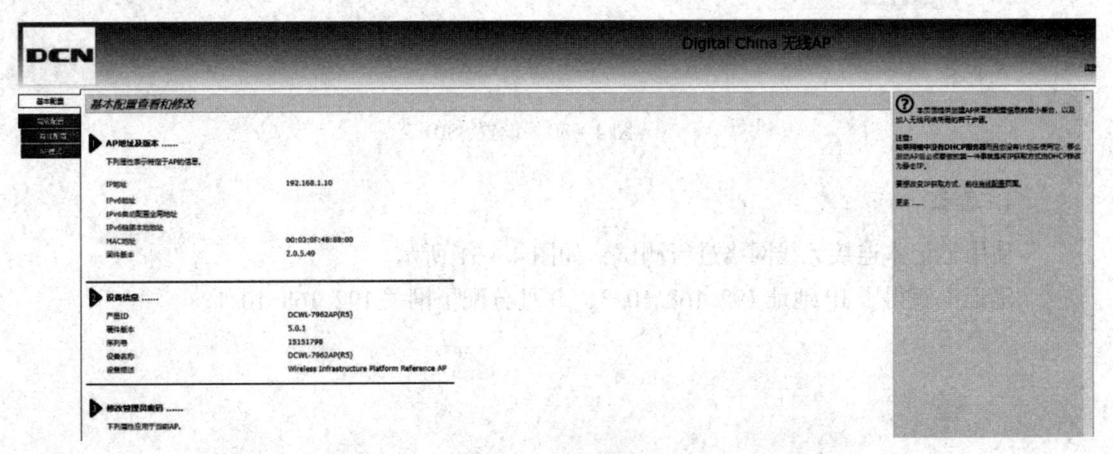


图 4-28　配置界面

③在 AP 模式界面，将默认的瘦 AP 转换成胖 AP，设置完之后会重启，如图 4 – 29 所示。

图 4 – 29　施工拓扑图

④设置 SSID 为 WIFItest，密码为 wpa personal 88888888，单击“提交”按钮，设备会重启，如图 4 – 30 所示。

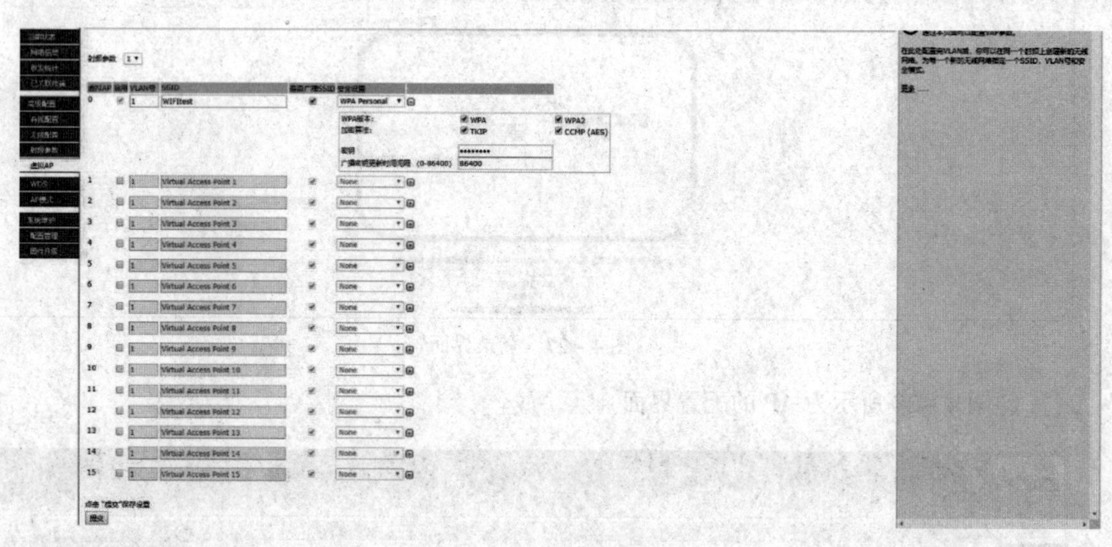


图 4 – 30　设置 SSID

4. 验证

使用笔记本连接无线网络进行测试，如图 4 – 31 所示。

笔记本获得了 IP 地址 192. 168. 10. 3，并且分配了网关 192. 168. 10. 1。

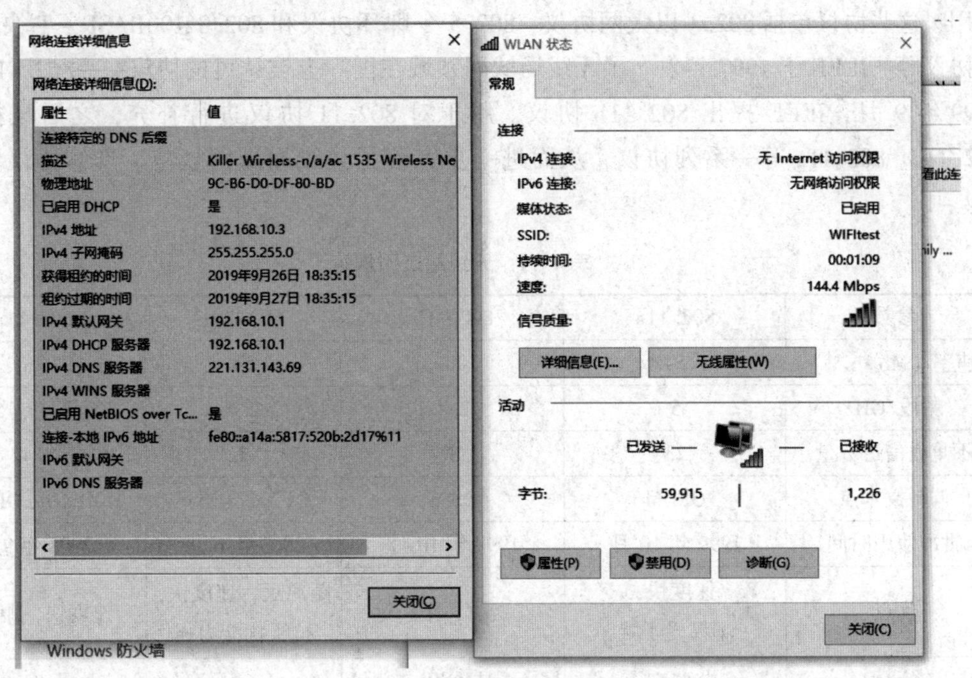


图 4-31　笔记本测试

## 四、任务评价

| 评价项目 | 评价内容 | 参考分 | 评价标准 | 得分 |
| --- | --- | --- | --- | --- |
| 拓扑图绘制 | 选择正确的连接线<br>选择正确的端口 | 20 | 选择正确的连接线，10 分<br>选择正确的端口，10 分 | |
| IP 地址设置 | 正确配置交换机各地址 | 20 | 正确配置交换机各地址，20 分 | |
| 设备命令配置 | 正确配置各设备名称<br>正确配置胖 AP | 20 | 正确配置各设备名称，10 分<br>正确配置胖 AP，10 分 | |
| 验证测试 | 无线获取正确的 IP 地址<br>会进行连通性测试 | 30 | 无线获取正确的 IP 地址，15 分<br>在设备中进行连通性测试，15 分 | |
| 职业素养 | 任务单填写齐全、整洁、无误 | 10 | 任务单填写齐全、工整，5 分<br>任务单填写无误，5 分 | |

## 五、相关知识

### 1. 无线局域网标准

无线局域网技术（包括 IEEE 802.11、蓝牙技术和 HomeRF 等）是 21 世纪无线通信领域最有发展前景的重大技术之一。以 IEEE（电气和电子工程师协会）为代表的多个研究机构针对不同的应用场合制定了一系列协议标准，推动了无线局域网的实用化。

作为全球公认的局域网权威，IEEE 802 工作组建立的标准在局域网领域内得到了广泛应用，这些协议包括802.3以太网协议、802.5令牌环协议和802.3z100BASE－T快速以太网协议等。IEEE于1997年发布了无线局域网领域在国际上被认可的协议——802.11协议。1999年9月，IEEE提出802.11b协议，用于对802.11协议进行补充，之后又推出了802.11a、802.11g等一系列协议，从而进一步完善了无线局域网规范。具体协议内容见表4－1。

**表4－1 无线局域网规范**

| 参数 | 802.11a | 802.11b | 802.11g | 802.11n |
|---|---|---|---|---|
| 速率/(Mb·s$^{-1}$) | 54 | 11 | 54 | 600 |
| 频段/GHz | 5 | 2.4 | 2.4 | 2.4或5 |
| 不重叠信道数量 | 23 | 3 | 3 | 14 |
| 调制技术点 | OFDM | DSSS | OFDM，DSSS | MIMO－OFDM |
| 批准使用时间 | 1999年10月 | 1999年10月 | 2003年6月 | 2008年9月 |
| 优点 | 速度快，<br>不易受干扰 | 花费少，距离远 | 距离远，速度快，<br>抗干扰能力强 | 速度快，距离远 |
| 缺点 | 花费高，<br>距离短 | 速度慢，<br>容易受到干扰 | 容易受到干扰 | 设备兼容问题 |

2. AP的概念

AP是Access Point的简称，即无线接入点，其作用是把局域网里通过双绞线传输的有线信号（即电信号）经过编译，转换成无线电信号传递给电脑、手机等无线终端，与此同时，又把这些无线终端发送的无线信号转换成有线信号通过双绞线在局域网内传输。通过这种方式形成无线覆盖，即无线局域网。

3. 瘦AP

瘦AP就是把胖AP瘦身，去掉路由、DNS、DHCP服务器等诸多加载的功能，仅保留无线接入的部分。通常所说的AP就是指这类瘦AP，它相当于无线交换机或者集线器，仅提供一个有线/无线信号转换和无线信号接收/发射的功能。瘦AP作为无线局域网的一个部件，是不能独立工作的，必须配合AC的管理才能成为一个完整的系统。

4. 胖AP

加电后可以自行启动，因为所有的配置都是配置在AP上的，和家用无线路由器差不多，只是其他功能多一点，比如可以配置RADIUS服务器地址、采集机地址等。所以胖AP一般内存容量会比瘦AP的大一点。胖AP加电后，会向上层发送一个HELLO包，告知上层设备“我在线了”，然后就开始正常工作，不需要配合AC。

## 六、课后练习

1. 以下关于胖AP和瘦AP的说法，不正确的有（ ）。

A. 与胖 AP 相比，瘦 AP 无须做初始化配置，可以实现零配置

B. 瘦 AP 必须和无线控制器配合才能使用

C. 瘦 AP 和无线控制器之间只能通过二层连接

D. 胖 AP 只支持二层漫游，但是瘦 AP 和无线控制器配合，可以支持二/三层漫游

2. 下列关于 802. 11g 设备的描述，正确的是（　　）。

A. 802. 11g 设备兼容 802. 11a 设备

B. 802. 11g 设备兼容 802. 11b 设备

C. 802. 11g 54 Mb/s 的调制方式与 802. 11a 54 Mb/s 的调制方式不同

D. 802. 11g 提供的最高速与 802. 11b 的相同

3. 以下采用 OFDM 调制技术的 802. 11 协议是（　　）。

A. 802. 11g　　B. 802. 11n　　C. 802. 11b　　D. 802. 11e

# 工单任务 2　无线控制器部署瘦 AP

## 一、工作准备

**【想一想】**

1. 胖 AP 和瘦 AP 有什么区别？

2. 这两种 AP 模式分别应用在什么场景？

## 二、任务描述

**【任务场景】**

配置 AP1 为瘦 AP，AC 上配置 VLAN 1，AP1 通过 VLAN 1 注册进 AC。AC 发送配置文件给 AP，SSID 为 WIFIAC，密码为 88888888。最后使用 PC2 做接入测试，如图 4－32 所示。

【施工拓扑】

施工拓扑图如图 4－32 所示。

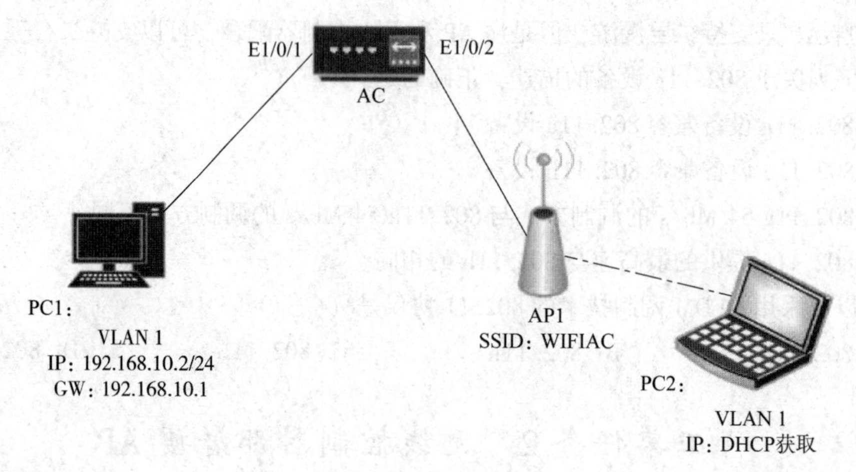


图 4－32　施工拓扑图

【设备环境】

本实验采用真实设备进行实验，使用的设备为神州数码无线控制器，型号为 DCWS－6002，数量为 1 台；无线 AP，型号为 7962AP；计算机 1 台；笔记本 1 台。

## 三、任务实施

1. AC 配置基本配置（AC 的设备型号为 DCWS－6002）

```
DCWS-6002(config)#hostname WS
WS(config)#no interface vlan 1
WS(config)#vlan 10
WS(config-vlan10)#interface vlan 10
WS(config-if-vlan10)#ip address 192.168.10.1 255.255.255.0
WS(config-if-vlan10)#exit
WS(config)# service dhcp
WS(config)#ip dhcp pool 1
WS(dhcp-10-config)#network-address 192.168.10.0 255.255.255.0
WS(dhcp-10-config)#default-router 192.168.10.1
```

2. 无线配置二层发现

```
WS(config)#wireless
WS(config-wireless)#enable
WS(config-wireless)#no auto-ip-assign
```

```
WS(config-wireless)#ap authentication none
#配置 AP 验证模式为不需验证
WS(config-wireless)#discovery vlan-list 1
#配置通过 VLAN 1 做二层发现
WS(config-wireless)#static-ip 192.168.10.1
#配置静态管理地址
```

3. 无线 SSID 配置

```
WS(config)#wireless
WS(config-wireless)#network 1
WS(config-network)#ssid WIFIAC                           #配置无线的 SSID
WS(config-network)#security mode wpa-personal            #设置无线用户验证方式
WS(config-network)#wpa versions wpa2                     #设置 wpa 类型为 wpa2
WS(config-network)#wpa key 88888888                      #设置密钥为 88888888
```

4. 将 AP 的配置发送给 AP1

```
WS(config-wireless)#ap database 00-03-0F-81-60-D0
#将 AP 注册进 AC 的数据库
WS(config-ap)#exit
WS(config-wireless)#ap profile 1
WS(config-ap-profile)#radio 1                        #配置无线信道 radio 1
WS(config-ap-profile-radio)#vap 0
WS(config-ap-profile-vap)#enable
WS(config-ap-profile-vap)#network 1
WS(config-ap-profile-vap)#exit
WS#wireless ap profile apply 1                       #下发 AP 的配置
All configurations will be send to the aps associated to this profile and
associated clients on these aps will be disconnected. Are you sure you
want to apply the profile configuration? [Y/N]y
AP Profile apply is in progress.
```

5. 验证

(1) 查看 AP 注册状态

```
WS#show wireless ap status
MAC Address                    Configuration
(*)Peer Managed  IP Address              Profile Status    Status     Age
```

```
-------------------- ---------------------------------------------- -------- -------------
00 -03 -0f -81 -60 -d0 192.168.10.2     1     Managed Success     0d:00:
00:04
Total Access Points........................... 1
```

这里状态显示为 Managed Success，表示 AP 已经收到了 AC 的配置文件。

（2）连接测试

使用笔记本连接无线测试，测试如图 4－33 所示。

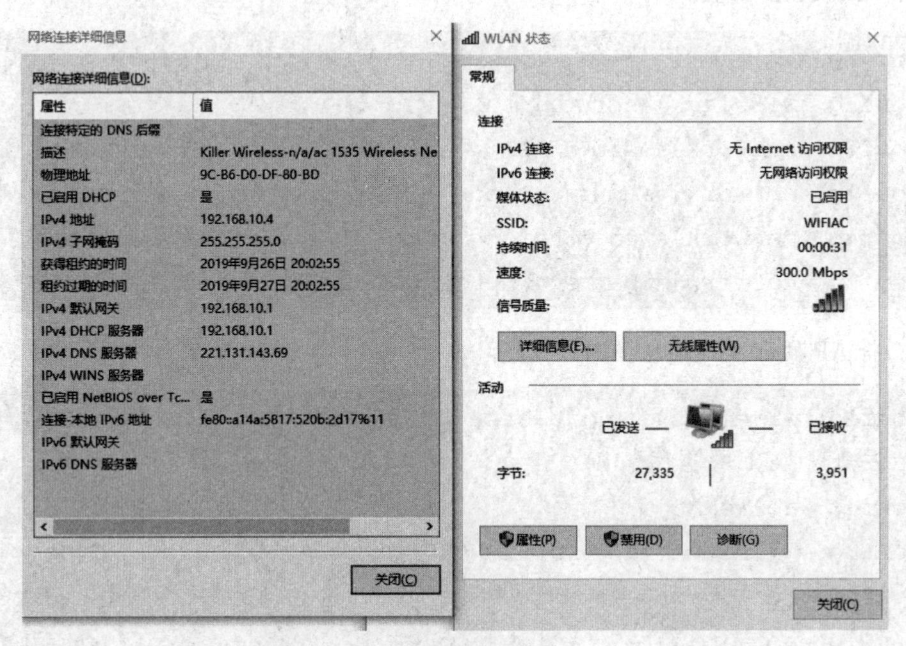


图 4－33　笔记本测试

PC2 可以连接上 WIFIAC，并且拿到地址，实验成功。

## 四、任务评价

| 评价项目 | 评价内容 | 参考分 | 评价标准 | 得分 |
| --- | --- | --- | --- | --- |
| 拓扑图绘制 | 选择正确的连接线<br>选择正确的端口 | 20 | 选择正确的连接线，10 分<br>选择正确的端口，10 分 | |
| IP 地址设置 | 正确配置交换机各地址 | 20 | 正确配置交换机各地址，20 分 | |
| 设备命令配置 | 正确配置各设备名称<br>正确配置无线控制器 | 20 | 正确配置各设备名称，10 分<br>正确配置无线控制器，10 分 | |
| 验证测试 | 无线获取正确的 IP 地址<br>会进行连通性测试 | 30 | 无线获取正确的 IP 地址，15 分<br>在设备中进行连通性测试，15 分 | |
| 职业素养 | 任务单填写齐全、整洁、无误 | 10 | 任务单填写齐全、工整，5 分<br>任务单填写无误，5 分 | |

## 五、相关知识

### 胖、瘦 AP 组网方式的不同

1. 组网规模及应用场景

①胖 AP 一般应用于小型的无线网络建设，可独立工作，不需要 AC 的配合。一般应用于仅需要较少数量即可完整覆盖的家庭、小型商户或小型办公类场景。

②瘦 AP 一般应用于中大型的无线网络建设，以一定数量的 AP 配合 AC 产品来组建较大的无线网络覆盖，使用场景一般为商场、超市、景点、酒店、餐饮娱乐、企业办公等。

2. 无线漫游

①胖 AP 组网无法实现无线漫游。用户从一个胖 AP 的覆盖区域走到另一个胖 AP 的覆盖区域，会重新连接一个信号强的胖 AP，重新进行认证，重新获取 IP 地址，存在断网现象。

②用户从一个瘦 AP 的覆盖区域走到另一个瘦 AP 的覆盖区域，信号会自动切换，且无须重新进行认证，无须重新获取 IP 地址，网络始终连接在线，使用方便。

3. 自动负载均衡

①当很多用户连接在同一个胖 AP 上时，胖 AP 无法自动地进行负载均衡将用户分配到其他负载较轻的胖 AP 上，因此，胖 AP 会由于负荷较大而频繁出现网络故障。

②在 AC + 瘦 AP 的组网中，当很多用户连接在同一个瘦 AP 上时，AC 会根据负载均衡算法，自动将用户分配到负载较小的其他 AP 上，降低了 AP 的故障率，提高了整网的可用性。

4. 管理和维护

①胖 AP 不可以集中管理，需要一个一个地单独进行配置，配置工作烦琐。

②瘦 AP 可以配合 AC 产品进行集中管理，无须单独配置，尤其是在 AP 数量较多的情况下，集中管理的优势明显。

然而，AC + 瘦 AP 组网的模式虽然有上述诸多好处，但是在小规模组网情况下，很多用户如餐馆、咖啡馆、4S 店、客栈、美容院、健身房等，会由于成本的原因而选择使用几台胖 AP 组网的方式为客户提供 WiFi。导致的结果是 WiFi 虽然有了，但用户体验不佳，无法为自身的服务加分，在很多情况下甚至是减分，让顾客不愿意再次光顾。由上可知，目前已很少使用胖 AP 的组网方案，基本上都是 AC + AP 的组网模式，并且瘦 AP 必须要和 AC 控制器配套使用。

## 六、课后练习

1. 在无线控制器中配置如包含 wpa versions wpa2 的命令，说明无线可能（　　）。

A. 启用 WEP　　B. 启用 PSK

C. 无认证加密　　D. 启用 AP 认证

2. 802. 11 标准中，需要通过硬件实现加密协议的是（　　），所以此协议需要网卡硬件支持。

A. WEP　　B. AES

C. PSK　　D. TKIP

3. 采用"WPA－个人"或者"WPA2－个人"网络验证方式是采用了（　　）来防止未经授权的网络访问，一般需要输入一个带有8～63个字符的密钥。

A. PSK　　B. PEAP

C. WEP　　D. EAP－TLS

## ——项目小结——

本项目主要介绍无线技术，当前实际的大型企业网络环境中，已经很少使用胖AP的部署模式了，胖AP的部署模式的缺点是需要单点配置每个AP，配置量比较大，并且在后期维护方面也非常不方便，一旦出现坏点，很难及时发现并进行排查。目前大型的企业网中都是使用AC＋瘦AP的部署模式，这种部署模式的优点是部署速度快，发现故障修复快。配合POE交换机进行部署，非常方便、快捷。

## ——项目实践——

使用真实设备完成图4－34所示的拓扑图配置。

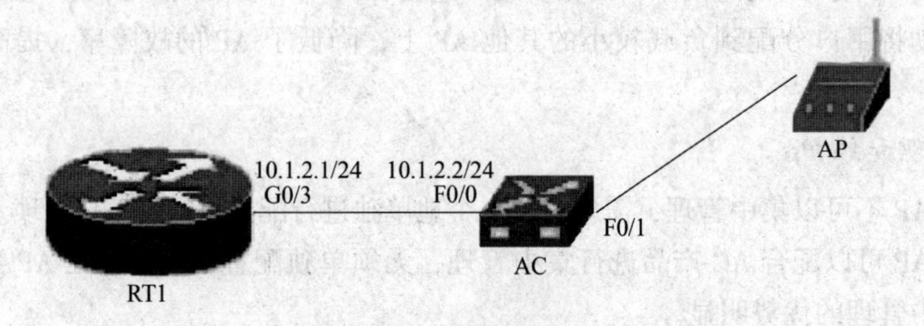


图4－34　项目练习拓扑图

配置要求：

1. 在RT1上配置VLAN 110和VLAN 120网段内网用户，分别通过RT1上的DHCP设置中的地址池SC110、SC120获取IP地址，其中VLAN 110和VLAN 120的网关地址为该网段最后一个地址。具体地址分配见表4－2。

**表4－2　地址分配**

| VLAN 110 | 192.168.10.0 | 255.255.255.0 |
|---|---|---|
| VLAN 120 | 192.168.20.0 | 255.255.255.0 |
| VLAN 200 | 192.168.30.0 | 255.255.255.0 |

2. 搭建无线网络，通过无线 AC 和瘦 AP 来实现，创建两个无线信号，AC 配置 VLAN 200 为管理 VLAN，VLAN 110、VLAN 120 为业务 VLAN，需要排除相关地址；AC 使用管理 VLAN 最后一个地址作为管理地址，采用序列号认证，SSID 分别为“DCFI”和“DSSE”，“DCFI”对应于 VLAN 110，用户接入无线网络时，需要采用基于 WPA2 加密方式，其口令为“wifi2018”；“DSSE”对应于 VLAN 120，用户接入无线网络时，不需要认证；为 AP 配置管理地址及路由。

3. 配置完成后，使用手机或者笔记本电脑等无线连接设备测试终端是否工作正常。

# 模块五　综合实验

# 项目

# 单、双出口企业网络

## 工单任务1　单出口企业网络

### 一、工作准备

【想一想】

1. 在配置单出口的拓扑图中，应注意哪些问题？

2. 在配置时，应按照什么结构（配置顺序）进行配置？为什么？

### 二、任务描述

【任务场景】

通过合理的三层网络架构实现用户接入网络的安全、快捷。为了保障网络的稳定性和拓扑快速收敛，在内网运行 OSPF 路由协议。R1 作为出口路由器，配置 NAT 功能，使内网用户能使用 R1 的 F1/0 的接口地址上网。为了实现资源的共享及信息的发布，将内网 Server 服务器的 Web 和 FTP 服务发布到互联网上，使用内网地址为 192. 168. 40. 2，公网地址为出口地址。为了信息安全，不允许 VLAN 10 的用户访问服务器的 FTP 服务，不允许 VLAN 20 的用户访问服务器的 Web 服务，其他访问不受限制。

配置 AC 无线控制器，采用瘦 AP 模式，SSID 名称为 ZHSY_wifi，密码为 2008%com。无线用户所分配的地址为 192.168.50.0/24 网段，网关为 192.168.50.1，DNS 为 172.16.1.1，如图 5－1 所示。

【施工拓扑】

施工拓扑图如图 5－1 所示。

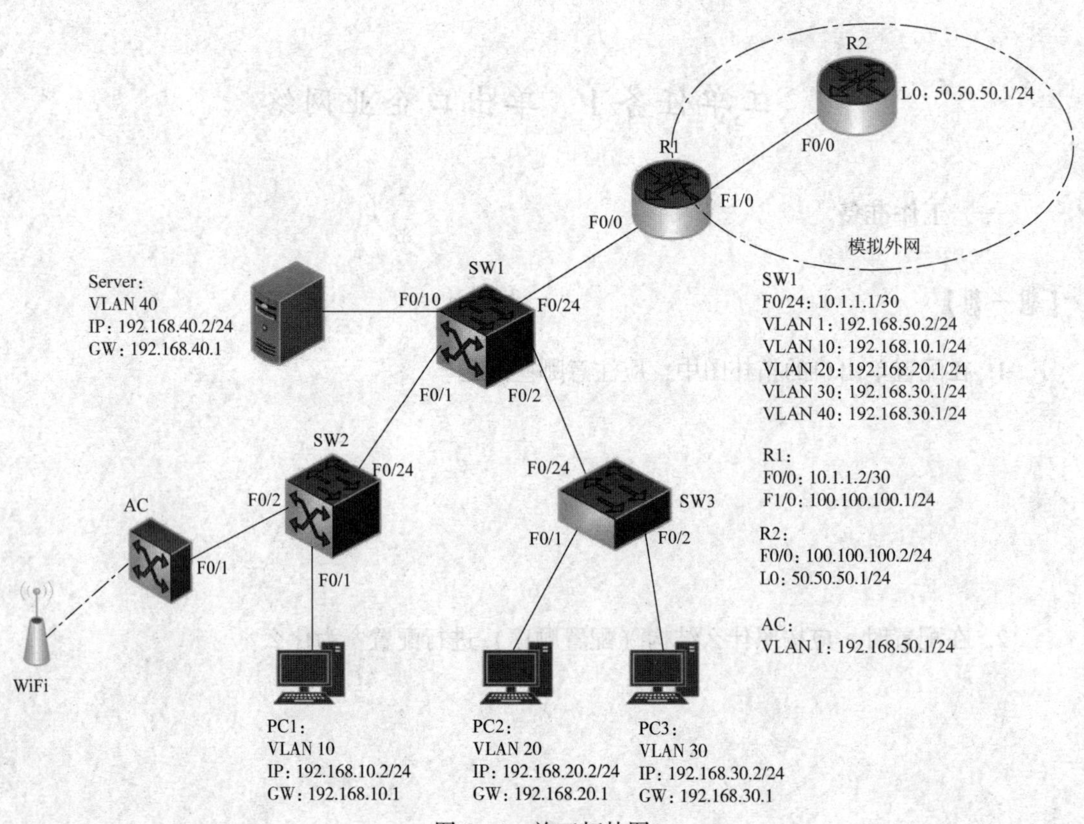


图 5－1　施工拓扑图

【设备环境】

实验所用设备都为神州数码设备，三层交换机（型号为 CS6200）2 台，二层交换机（型号为 S4600）1 台，无线 AP（型号为 7962AP）1 台，无线控制器 1 台（型号为 DCWS－6002），路由器（型号为 DCR－2655）2 台，计算机 3 台，服务器 1 台。

## 三、任务实施

### 1. 交换机配置

（1）在 SW1 上创建 VLAN、Trunk

```
SW1(config)#vlan 10
SW1(config)#vlan 20
SW1(config)#vlan 30
SW1(config)#vlan 40
SW1(config)#int fastEthernet 0/10
SW1(config-if)#switchport access vlan 40
SW1(config)#int fastEthernet 0/1
SW1(config-if)#switchport mode trunk
SW1(config)#int fastEthernet 0/2
SW1(config-if)#switchport mode trunk
```

（2）在 SW2 上创建 VLAN、Trunk

```
SW2(config)#vlan 10
SW2(config)#vlan 20
SW2(config)#vlan 30
SW2(config)#vlan 40
SW2(config)#int fastEthernet 0/1
SW2(config-if)#switchport access vlan 10
SW2(config)#int fastEthernet 0/2
SW2(config-if)#switchport mode trunk
SW2(config)#int fastEthernet 0/24
SW2(config-if)#switchport mode trunk
```

（3）在 AC 上创建 VLAN、Trunk

```
AC(config)#vlan 50
AC(config)#int fastEthernet 0/1
AC(config-if)#switchport mode trunk
```

（4）在 SW3 上创建 VLAN、Trunk

```
SW3(config)#vlan 10
SW3(config)#vlan 20
SW3(config)#vlan 30
SW3(config)#vlan 40
SW3(config)#int fastEthernet 0/1
SW3(config-if)#switchport access vlan 20
SW3(config)#int fastEthernet 0/2
SW3(config-if)#switchport access vlan 30
SW3(config)#int fastEthernet 0/24
SW3(config-if)#switchport mode trunk
```

2. 配置各设备的接口地址

（1）SW1 的配置

```
SW1(config)#interface vlan 1
SW1(config-if)#ip address 192.168.50.2 255.255.255.0
SW1(config)#interface vlan 10
SW1(config-if)#ip address 192.168.10.1 255.255.255.0
SW1(config)#interface vlan 20
SW1(config-if)#ip address 192.168.20.1 255.255.255.0
SW1(config)#interface vlan 30
SW1(config-if)#ip address 192.168.30.1 255.255.255.0
SW1(config)#interface vlan 40
SW1(config-if)#ip address 192.168.40.1 255.255.255.0
SW1(config)#interface fastEthernet 0/24
SW1(config-if)#no switch
SW1(config-if)#ip address 10.1.1.1 255.255.255.252
```

（2）AC 的配置

```
AC(config)#interface vlan 1
AC(config-if)#ip address 192.168.50.1 255.255.255.0
```

（3）R1 的配置

```
R1(config)#interface fastEthernet 0/0
R1(config-if)#ip address 10.1.1.2 255.255.255.252
R1(config-if)#no shutdown
R1(config)#interface fastEthernet 1/0
R1(config-if)#ip address 100.100.100.1 255.255.255.0
R1(config-if)#no shutdown
```

（4）R2 的配置

```
R2(config)#interface loopback 0
R2(config-if)#ip address 50.50.50.1 255.255.255.0
R2(config-if)#exit
R2(config)#interface fastEthernet 0/0
R2(config-if)#ip address 100.100.100.2 255.255.255.0
R2(config-if)#exit
```

3. 配置各设备路由协议

（1）SW1 的配置

```
SW1(config)#router ospf 100
SW1(config-router)#router-id 1.1.1.1
SW1(config-router)#network 10.1.1.0 0.0.0.3 area 0
SW1(config-router)#network 192.168.50.0 0.0.0.255 area 0
SW1(config-router)#network 192.168.10.0 0.0.0.255 area 0
SW1(config-router)#network 192.168.20.0 0.0.0.255 area 0
SW1(config-router)#network 192.168.30.0 0.0.0.255 area 0
SW1(config-router)#network 192.168.40.0 0.0.0.255 area 0
```

(2) R1 的配置

```
R1(config)#ip route 0.0.0.0 0.0.0.0 100.100.100.2
R1(config)#router ospf 100
R1(config-router)#router-id 2.2.2.2
R1(config-router)#network 10.1.1.0 0.0.0.3 area 0
R1(config-router)#default-information-originate always
#向下行设备发送缺省路由
```

(3) AC 的配置

```
AC(config)#router ospf 100
AC(config-router)#router-id 3.3.3.3
AC(config-router)#network 192.168.50.0 0.0.0.255 area 0
```

4. 配置 NAT

```
R1(config)#access-list 30 permit 192.168.10.0 0.0.0.255
R1(config)#access-list 30 permit 192.168.20.0 0.0.0.255
R1(config)#access-list 30 permit 192.168.30.0 0.0.0.255
R1(config)#access-list 30 permit 192.168.40.0 0.0.0.255
R1(config)#access-list 30 permit 192.168.50.0 0.0.0.255
R1(config)#ip nat inside source list 30 interface fastEthernet 1/0 overload
R1(config)#interface fastEthernet 0/0
R1(config-if)#ip nat inside
R1(config-if)#exit
R1(config)#interface fastEthernet 1/0
R1(config-if)#ip nat outside
```

5. 配置无线

```
WS(config)# service dhcp
WS(config)#ip dhcp pool 1
```

```
WS(dhcp -1 -config)#network -address 192.168.50.0 255.255.255.0
WS(dhcp -1 -config)#default -router 192.168.50.1
WS(dhcp -1 -config)#dns -server 172.16.1.1
WS(config)#wireless
WS(config -wireless)#enable
WS(config -wireless)#no auto -ip -assign
WS(config -wireless)#ap authentication none     #配置 AP 验证模式为不需验证
WS(config -wireless)#discovery vlan -list 1     #配置通过 VLAN 1 做二层发现
WS(config -wireless)#static -ip 192.168.50.1     #配置静态管理地址
WS(config)#wireless
WS(config -wireless)#network 1
WS(config -network)#ssid ZHSY_wifi                #配置无线的 SSID
WS(config -network)#security mode wpa -personal     #设置无线用户验证方式
WS(config -network)#wpa versions wpa2              #设置 wpa 类型为 wpa2
WS(config -network)#wpa key 2008% com              #设置密钥为 2008% com
WS(config -wireless)#ap database 00 -03 -0F -81 -60 -D0
   #将 AP 注册进 AC 的数据库
WS(config -ap)#exit
WS(config -wireless)#ap profile 1
WS(config -ap -profile)#radio 1                     #配置无线信道 radio 1
WS(config -ap -profile -radio)#vap 0
WS(config -ap -profile -vap)#enable
WS(config -ap -profile -vap)#network 1
WS(config -ap -profile -vap)#exit
```

6. 配置 NAT 映射，将内网服务映射到公网

```
R1 ( config ) # ip nat inside source static tcp 192.168.40.2 80
100.100.100.1 80  #映射 Web 到公网
R1 ( config ) # ip nat inside source static tcp 192.168.40.2 20
100.100.100.1 20  #映射 FTP 到公网
R1 ( config ) # ip nat inside source static tcp 192.168.40.2 20
100.100.100.1 21  #映射 FTP 到公网
```

7. 配置 ACL 实现限制访问

```
SW1(config)#access -list 101 deny  192.168.10.0 0.0.0.255 192.168.40.2
0.0.0.0 eq 20
```

```
SW1(config)#access-list 101 deny  192.168.10.0 0.0.0.255 192.168.40.2
0.0.0.0 eq 21
SW1(config)#access-list 101 permit ip any any
SW1(config)#access-list 102 deny 192.168.20.0 0.0.0.255 192.168.40.2
0.0.0.0 eq 80
SW1(config)#access-list 102 permit ip any any
SW1(config)#interface vlan 10
SW1(config-if)#ip access-group 101 in
SW1(config)#interface vlan 20
SW1(config-if)#ip access-group 102 in
```

8. 验证测试

（1）查看 SW1 路由表

```
Codes:C-connected,S-static,I-IGRP,R-RIP,M-mobile,B-BGP
D-EIGRP,EX-EIGRP external,O-OSPF,IA-OSPF inter area
N1-OSPF NSSA external type 1,N2-OSPF NSSA external type 2
E1-OSPF external type 2,E2-OSPF external type 2,E-EGP
i-IS-IS,L1-IS-IS level-1,L2-IS-IS level-2,ia-IS-IS inter area
*-candidate default,U-per-user static route,o-ODR
P-periodic downloaded static route
Gateway of last resort is not set
O*   0.0.0.0/0[110/1]via 10.1.1.2 ,00:22:46 ,FastEthernet 0/24
C    10.1.1.0/30 is directly connected,FastEthernet 0/24
C    10.1.1.1/32 is local host.
C    192.168.10.0/24 is directly connected,VLAN 10
C    192.168.10.1/32 is local host.
C    192.168.20.0/24 is directly connected,VLAN 20
C    192.168.20.1/32 is local host.
C    192.168.30.0/24 is directly connected,VLAN 30
C    192.168.30.1/32 is local host.
C    192.168.40.0/24 is directly connected,VLAN 40
C    192.168.40.1/32 is local host.
C    192.168.50.0/24 is directly connected,VLAN 50
C    192.168.50.2/32 is local host.
```

（2）查看 R1 路由表

```
Codes:C - connected,S - static,I - IGRP,R - RIP,M - mobile,B - BGP
D - EIGRP,EX - EIGRP external,O - OSPF,IA - OSPF inter area
N1 - OSPF NSSA external type 1,N2 - OSPF NSSA external type 2
E1 - OSPF external type 1,E2 - OSPF external type 2,E - EGP
i - IS - IS,L1 - IS - IS level -1,L2 - IS - IS level -2,ia - IS - IS inter area
 * - candidate default,U - per - user static route,o - ODR
P - periodic downloaded static route
Gateway of last resort is not set
S*    0.0.0.0/0[1/0]via 100.100.100.2
C     10.1.1.0/30 is directly connected,FastEthernet 0/24
C     10.1.1.2/32 is local host.
O    192.168.10.0/24[110/2]via 10.1.1.1,00:17:37,FastEthernet0/0
O    192.168.20.0/24[110/2]via 10.1.1.1,00:17:39,FastEthernet0/0
O    192.168.30.0/24[110/2]via 10.1.1.1,00:17:41,FastEthernet0/0
O    192.168.40.0/24[110/2]via 10.1.1.1,00:17:48,FastEthernet0/0
O    192.168.50.0/24[110/2]via 10.1.1.1,00:17:55,FastEthernet0/0
```

查看SW1和R1的路由表，从输出的结果来看，路由表各路由条目齐全。其中，在SW1上有一条缺省路由，是通过R1的OSPF发布学到的。

（3）验证无线配置

```
C:\Users\Administrator>ipconfig
Windows IP Configuration
WirelessEthernet adapter 以太网:
   Connection - specific DNS Suffix:
   IPv4 Address...........:192.168.50.5
   Subnet Mask...........:255.255.255.0
   Lease Obtained..........:Monday,September 30,2019 8:44:27 AM
   Lease Expires..........:Tuesday,October 1,2019 8:44:39 PM
   Default Gateway.........:192.168.50.1
   DHCP Server...........:192.168.50.1
   DNS Servers...........:172.16.1.1
   NetBIOS over Tcpip........:Enabled
```

使用无线设备连接WiFi，用来获取IP地址。上面的输出结果显示，自动获取的地址为192.168.50.5，网关为192.168.50.1，DNS地址为172.16.1.1。

（4）验证NAT配置

使用PC1 ping R2的回环口，并查看NAT转换：

```
R1#show ip nat translations
Pro  Inside global          Inside local          Outside local     Outside global
icmp 100.100.100.1:612      192.168.10.2:612      50.50.50.1        50.50.50.1
```

使用 PC2 ping R2 的回环口，并查看 NAT 转换：

```
R1#show ip nat translations
Pro  Inside global          Inside local          Outside local     Outside global
icmp 100.100.100.1:612    192.168.20.2:612        50.50.50.1        50.50.50.1
```

从转换条目来看，PC1 和 PC2 的主机都可以通过地址 100. 100. 100. 1 上网。

## 四、任务评价

| 评价项目 | 评价内容 | 参考分 | 评价标准 | 得分 |
|---|---|---|---|---|
| 拓扑图绘制 | 选择正确的连接线<br>选择正确的端口 | 20 | 选择正确的连接线，10 分<br>选择正确的端口，10 分 | |
| IP 地址设置 | 正确配置各设备接口地址 | 20 | 正确配置各设备接口地址，20 分 | |
| 设备命令配置 | 正确配置各设备名称<br>正确配置路由<br>正确配置无线<br>正确配置 NAT 转换<br>正确配置 ACL | 20 | 正确配置各设备名称，4 分<br>正确配置路由，4 分<br>正确配置无线，4 分<br>正确配置 NAT 转换，4 分<br>正确配置 ACL，4 分 | |
| 验证测试 | 无线获取正确的 IP 地址<br>NAT 转换条目正确<br>ACL 效果正确<br>内外网通信正常<br>会进行连通性测试 | 30 | 无线获取正确的 IP 地址，6 分<br>NAT 转换条目正确，6 分<br>ACL 效果正确，6 分<br>内外网通信正常，6 分<br>会进行连通性测试，6 分 | |
| 职业素养 | 任务单填写齐全、整洁、无误 | 10 | 任务单填写齐全、工整，5 分<br>任务单填写无误，5 分 | |

## 五、相关知识

1. 企业网的定位

①企业网是指覆盖企业与企业分公司之间，为企业的多种通信协议提供综合传送平台的网络。企业网应以多业务光传输网络为基础，实现语音、数据、图像、多媒体等的接入。

②企业网是企业内各部门的桥接区，主要完成接入网中的子公司和工作人员与企业骨干业务网络之间全方位的互通。因此，电子商务公司企业网的定位应是为企业网应用提供多业

务传送的综合解决方案。

2. 企业网络需求分析

为适应企业信息化的发展，满足日益增长的通信需求和网络的稳定运行，今天的企业网络建设比传统企业网络建设有更高的要求，本部分将通过对如下几个方面的需求分析来规划出一套最适用于目标网络的拓扑结构。

（1）稳定可靠需求

现代大型企业的网络应具有更全面的可靠性设计，以实现网络通信的实时畅通，保障企业生产运营的正常进行。随着企业各种业务应用逐渐转移到计算机网络，网络通信的无中断运行已经成为保证企业正常生产运营的关键。现代大型企业网络在可靠性设计方面主要应从以下 3 个方面考虑。

设备的可靠性设计：不仅要考察网络设备是否实现了关键部件的冗余备份，还要从网络设备整体设计架构、处理引擎种类等多方面去考察。

业务的可靠性设计：网络设备在故障倒换过程中，是否对业务的正常运行有影响。

链路的可靠性设计：以太网的链路安全来自多路径选择，所以，在建设企业网络时，要考虑网络设备是否能够提供有效的链路自愈手段，以及快速重路由协议的支持。

（2）服务质量需求

现代大型企业网络需要提供完善的端到端 QoS 保障，以满足企业网多业务承载的需求。大型企业网络承载的业务不断增多，只提高带宽并不能够有效地保障数据交换的畅通无阻，所以今天的大型企业网络建设必须要考虑到网络应能够智能识别应用事件的紧急和重要程度，如视频、音频、数据流（MIS、ERP、OA、备份数据），同时，能够调度网络中的资源，保证重要和紧急业务的带宽、时延、优先级和无阻塞地传送，实现对业务的合理调度才是一个大型企业网络提供“高品质”服务的保障。

（3）网络安全需求

现代大型企业网络应提供更完善的网络安全解决方案，以阻击病毒和黑客的攻击，减少企业的经济损失。传统企业网络的安全措施主要是通过部署防火墙、IDS、杀毒软件，以及配合交换机或路由器的 ACL 来实现对病毒和黑客攻击的防御，但实践证明这些被动的防御措施并不能有效地解决企业网络的安全问题。在企业网络已经成为公司生产运营的重要组成部分的今天，现代企业网络必须要有一整套从用户接入控制、病毒报文识别到主动抑制的一系列安全控制手段，这样才能有效地保证企业网络的稳定运行。

（4）应用服务需求

现代大型企业网络应具备更智能的网络管理解决方案，以适应网络规模日益扩大，维护工作更加复杂的需要。当前的网络已经发展成为“以应用为中心”的信息基础平台，网络管理能力的要求已经上升到了业务层次，传统的网络设备的智能已经不能有效支持网络管理需求的发展。比如，网络调试期间最消耗人力与物力的线缆故障定位工作，网络运行期间对不同用户灵活的服务策略部署、访问权限控制及网络日志审计和病毒控制能力等方面的管理工作，由于受网络设备功能本身的限制，都还属于费时、费力的任务。所以，现代的大型企业网络迫切需要网络设备具备支撑“以应用为中心”的智能网络运营维护的能力，并能够有一套智能化的管理软件，将网络管理人员从繁重的工作中解脱出来。

3. 设备选型

（1）总体思路

①根据客户的网络业务需求来选择相关的支撑技术。

②根据对网络需求的考察进行选择。

③需要熟悉项目中各节点的吞吐量，比如比较关键的出口设备和汇聚设备。

④根据合理性、实用性、可管理性和节约费用等原则进行设备选择。

（2）交换设备选择

1）核心交换机

部署在网络中心，主要负责办公网全网的高性能快速转发，实现服务器区、楼层接入区之间的互连。

选择三层交换机时的基本原则：

①分布式优于集中式。

②关注延时与延时抖动指标。

③性能稳定。

④安全可靠。

⑤功能齐全。

2）接入层交换机

接入层作为用户终端接入的唯一接口，在为用户终端提供高速、方便的网络接入服务的同时，需要对用户终端进行访问行为规范控制，拒绝非法用户使用网络，保证合法用户合理使用网络资源，并有效防止和控制病毒传播和网络攻击。

由于考虑到要连接无线 AP，根据实际情况，还需要选购带有 POE 功能的交换机。

（3）无线设备选择

1）无线 AP

选型原则如下。

①无线局域网中采用的各种网络设备必须符合中国移动相关设备技术规范。

②所支持的无线局域网技术标准、有效距离，以及其他辅助功能。

③AP 设备的选型应根据电气性能、力学性能、天线种类并结合经济性因素考虑。

企业网络中由于办公场所的分散性和楼体结构的特殊性，应该采用信号强、穿墙能力好的无线 AP，由于接入交换机采用的是千兆以太网接口，因此无线接入设备必须具备千兆以太网接口，便于和接入交换机相连。

2）无线 AC

企业网中无线 AC 需要满足大型企业园区 WLAN 接入、无线城域网覆盖、热点覆盖等无线场景的典型应用。

有线无线一体化交换机在支持对传统 802.11a/b/g AP 管理的同时，还可以基于 802.11n

协议的 AP 配合组网，从而提供相当于传统 802.11a/b/g 协议数倍的无线接入速率，能够覆盖更大的范围，使无线多媒体应用成为现实。

（4）路由器选择

应该根据企业网络的专线接入方式模式，选择相适应的产品和型号；CPU 处理能力强劲，闪存和内存较大；选择的路由器产品必须具备完善的安全性能。

（5）防火墙选择

防火墙的主要性能指标包括：

①支持的最大 LAN 接口数。

②协议、加密、认证支持。

③访问控制。

④防御功能。

⑤提供实时入侵防范。

⑥管理功能。

⑦记录和报表功能。

4. IP 地址规划与设备命名

（1）设计原则

①IP 地址资源应全网统一进行管理、分配。

②IP 地址分配应简单，易于管理，体现网络层次。

③IP 地址分配应具有一定的可扩展性。

④IP 地址分配应具有连续性。

⑤IP 地址分配应具有灵活性。

（2）IP 地址分配方案举例

①采用 192.168.0.0/21 网段。

②按照部门进行 VLAN 规划。

③VLAN 由部门名称每个字的拼音首字母组成，如营业厅的拼音是 yingyeting，每个字的拼音首字母是 YYT，这也是该部门所属 VLAN 的名称。

④网络设备的管理地址使用 192.168.0.0/25 网络。

⑤服务器区采用 192.168.0.128/25 网段。

⑥每个 VLAN 的网关为本网段最后一个 IP 地址，见表 5－1。

**表 5－1　VLAN 和 IP 地址规划表**

| 楼层号 | VLAN 号 | VLAN 名称 | 部门 | IP 地址段 | 可使用 IP 地址范围 |
|---|---|---|---|---|---|
| 1 | 10 | MD | 门店 | 192.168.1.0/21 | 192.168.1.1～192.168.1.254 |
| 2 | 20 | XSB | 销售部 | 192.168.2.0/25 | 192.168.2.1～192.168.2.126 |
| 2 | 30 | JS | 教室 | 192.168.2.128/25 | 192.168.2.129～192.168.2.254 |
| 3 | 40 | KYB | 科研部 | 192.168.3.0/25 | 192.168.3.1～192.168.3.126 |

续表

| 楼层号 | VLAN 号 | VLAN 名称 | 部门 | IP 地址段 | 可使用 IP 地址范围 |
| --- | --- | --- | --- | --- | --- |
| 3 | 50 | HYS | 会议室 | 192.168.3.128/25 | 192.168.3.129 ~ 192.168.3.254 |
| 4 | 60 | RSB | 人事部 | 192.168.4.0/25 | 192.168.4.1 ~ 192.168.4.126 |
| 5 | 70 | HQB | 后勤部 | 192.168.5.0/25 | 192.168.5.1 ~ 192.168.5.126 |
| 6 | 80 | CWB | 财务部 | 192.168.6.0/25 | 192.168.6.1 ~ 192.168.6.126 |
| 6 | 90 | ZJL | 总经理办公室 | 192.168.6.128/25 | 192.168.6.129 ~ 192.168.6.254 |
| 6 | 300 | WG | 网络管理 | 192.168.0.0/25 | 192.168.0.1 ~ 192.168.0.126 |

5. 网络设备及接口命名规则

所有网络设备的主机名格式为 A－B 型。

A：设备类型编码标志位。

例如：

R，路由器。

CoreSW，核心交换机。

ConSW，接入交换机。

AP，无线接入点。

AC，无线控制器。

B：部门名称。

例如：

RSB，人事部。

## 六、课后练习

为××公司完成办公网络设备选型及 IP 地址规划，具体环境如下。

（1）公司环境介绍。

某公司规模比较大，第一栋大楼内有技术部、销售部、工程部、财务部上网机约 200 台，第二栋大楼内同样有技术部、销售部、工程部、财务部上网机约 150 台，见表 5－2。

表 5－2　公司环境

| 楼宇位置 | A 栋 | B 栋 |
| --- | --- | --- |
| 楼宇间距离/m | 100 | 100 |
| 楼宇高度/层 | 3 | 5 |
| 楼层分配 | 分布在各个办公室中，技术部 80 台，销售部 50 台，工程部 50 台，财务部 20 台 | 分布在各个办公室中，技术部 60 台，销售部 40 台，工程部 30 台，财务部 20 台 |
| 计算机数量 | 200 | 150 |
| 设置部门 | 技术部、销售部、工程部、财务部 | 技术部、销售部、工程部、财务部 |

（2）网络功能需求。

根据公司现有规模、业务需要及发展范围建立的网络有以下功能：

①组建公司自己的网站，可向外部发布消息，宣传公司产品，推广业务。

②要求公司各部门之间在数据访问时相互独立，有自己部门的局域网，并且可以访问互联网（财务部不允许介入外网）。

③为了提高办公效率，实现信息共享，公司建立内网 OA 系统（办公自动化系统），用于管理员工档案、发布业务计划、公布会议议程等。

（3）请你作为公司的网络设计者，从公司的实际情况出发，对现有情况进行分析，选择合适的网络设备选型及 IP 地址规划。

# 工单任务 2　双出口企业网络

## 一、工作准备

**【想一想】**

1. 双出口链路和单出口链路有什么区别？

2. 双出口链路在配置时应该怎么设计路由？

## 二、任务描述

**【任务场景】**

通过合理的三层网络架构，实现用户接入网络的安全、快捷。为了保障网络的稳定性和拓扑的快速收敛，在内网中使用 OSPF 路由协议。

公司为了保证业务数据流的高可靠性，申请了两条链路：一条链路接入中国电信，一条链路接入中国网通。R2 模拟中国电信，R3 模拟中国网通。R1 作为电信和网通的外网出口路由器，R1 的 E1/0/4 作为电信的出接口，R1 的 1/0/5 作为网通的出接口。要求内网用户 VLAN 10、VLAN 20、VLAN 30、VLAN 40、VLAN 50 上网默认通过电信出口，需要访问网

通网段时，通过网通出口。将 Server 服务器上的 Web 发布到互联网，使用地址为电信的出口地址；将 Server 服务器上的 FTP 发布到互联网，使用地址为网通的出口地址。

为了提高内网的交换速度和可靠性，在 SW1 和 SW2 上配置 VSF 技术，SW1 作为主交换机，SW2 作为备份交换机。为了便于管理，开启 DHCP 服务，为 VLAN 10、VLAN 20、VLAN 30 提供地址分配服务，分配 IP 地址、网关、首选 DNS（172.16.1.1）。

配置 AC 无线控制器，采用瘦 AP 模式，SSID 名称为 ZHSY_wifi，密码为 2008%com。无线用户分配的地址为 192.168.50.0/24 网段，网关为 192.168.50.1，DNS 为 172.16.1.1，如图 5－2 所示。

【施工拓扑】

施工拓扑图如图 5－2 所示。

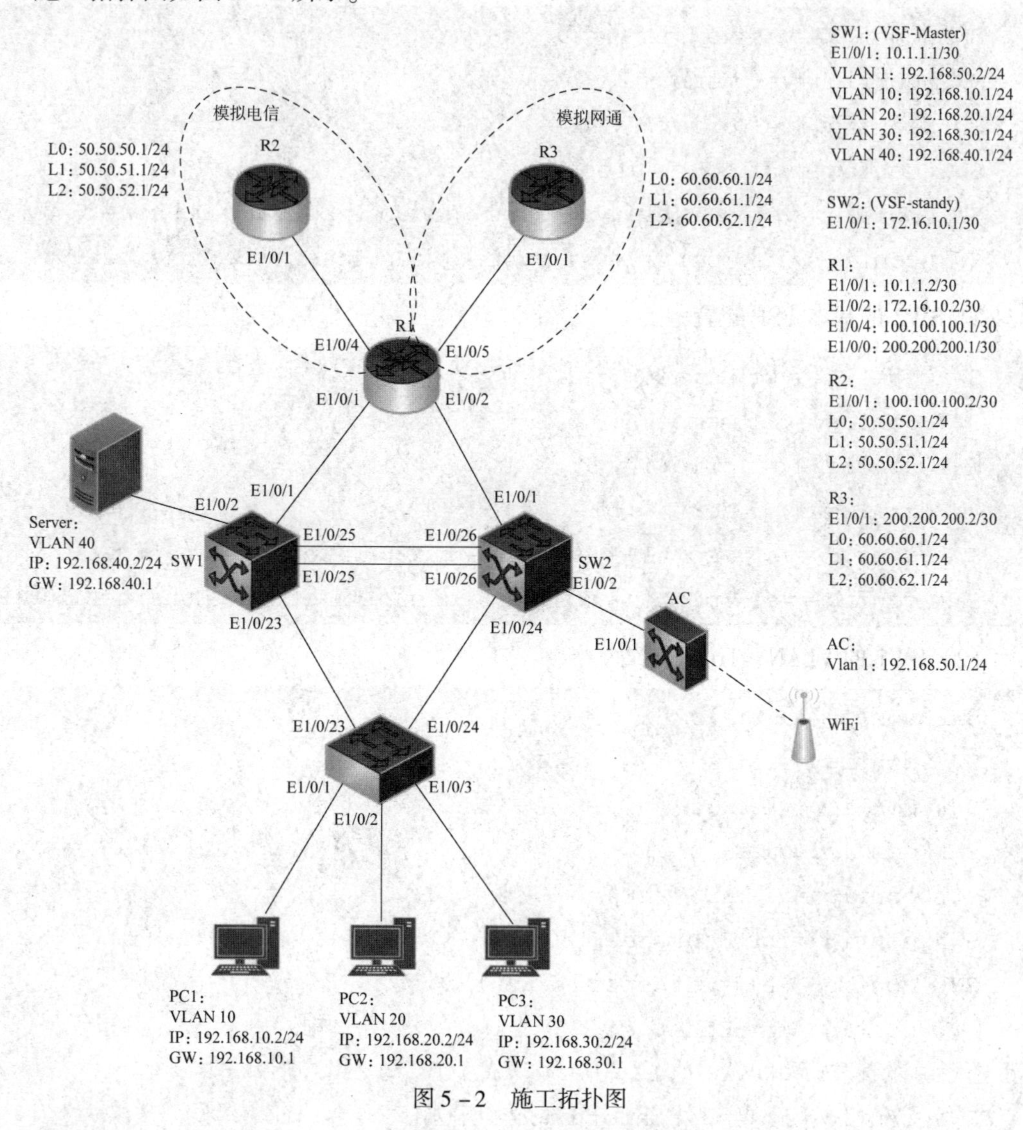

图 5－2 施工拓扑图

**【设备环境】**

实验所用设备都为神州数码设备，三层交换机（型号为CS6200）2台，二层交换机（型号为S4600）1台，无线AP（型号为7962AP）1台，无线控制器1台（型号为DCWS-6002），路由器（型号为DCR-2655）3台，计算机3台，服务器1台。

## 三、任务实施

1. 交换机配置

（1）SW1和SW2的虚拟交换机配置

1）SW1的基本VSF配置

```
SW1(config)#vsf domain 1
SW1(config)#vsf member 1
SW1(config)#vsf priority 32
SW1(config)#vsf port-group 1
SW1(config-vsf-port1)#vsf port-group Interface Ethernet1/0/25
SW1(config-vsf-port1)#vsf port-group Interface Ethernet1/0/26
```

2）SW2的基本VSF配置

```
SW2(config)#vsf domain 1
SW2(config)#vsf member 2
SW2(config)#vsf priority 31
SW2(config)#vsf port-group 1
SW2(config-vsf-port1)#vsf port-group Interface Ethernet1/0/25
SW2(config-vsf-port1)#vsf port-group Interface Ethernet1/0/26
```

（2）SW1的VLAN、Trunk配置

```
SW1(config)#vlan 10
SW1(config)#vlan 20
SW1(config)#vlan 30
SW1(config)#vlan 40
SW1(config)#vlan 50
SW1(config)#int Ethernet 1/0/23
SW1(config-if)#switchport mode trunk
SW1(config)#int Ethernet 2/0/24
#由于VSF的配置,原来SW2的E1/0/24变成了E2/0/24
SW1(config-if)#switchport mode trunk
```

```
SW1(config)#int Ethernet 2/0/2
SW1(config-if)#switchport mode trunk
```

(3) 在 SW3 上创建 VLAN、Trunk

```
SW3(config)#vlan 10
SW3(config)#vlan 20
SW3(config)#vlan 30
SW3(config)#vlan 40
SW3(config)#vlan 50
SW3(config)#int Ethernet 1/0/1
SW3(config-if)#switchport access vlan 10
SW3(config)#int Ethernet 1/0/2
SW3(config-if)#switchport access vlan 20
SW3(config)#int Ethernet 1/0/3
SW3(config-if)#switchport access vlan 30
SW3(config)#int Ethernet 1/0/23
SW3(config-if)#switchport mode trunk
SW3(config)#int Ethernet 1/0/24
SW3(config-if)#switchport mode trunk
```

(4) 在 AC 上创建 VLAN、Trunk

```
AC(config)#vlan 50
AC(config)#int Ethernet 1/0/1
AC(config-if)#switchport mode trunk
```

2. 配置各设备的接口地址

(1) SW1 的配置

```
SW1(config)#vlan 100
SW1(config)#vlan 200
SW1(config)#interface vlan 1
SW1(config-if)#ip address 192.168.50.2 255.255.255.0
SW1(config)#interface vlan 10
SW1(config-if)#ip address 192.168.10.1 255.255.255.0
SW1(config)#interface vlan 20
SW1(config-if)#ip address 192.168.20.1 255.255.255.0
SW1(config)#interface vlan 30
SW1(config-if)#ip address 192.168.30.1 255.255.255.0
```

```
SW1(config)#interface vlan 40
SW1(config-if)#ip address 192.168.40.1 255.255.255.0
SW1(config)#interface Ethernet 1/0/1
SW1(config-if)#switchport access vlan 100
SW1(config)#interface vlan 100
SW1(config-if)#ip address 10.1.1.1 255.255.255.252
SW1(config)#interface Ethernet 2/0/1
SW1(config-if)#switchport access vlan 200
SW1(config)#interface vlan 200
SW1(config-if)#ip address 172.16.10.1 255.255.255.252
```

（2）AC 的配置

```
AC(config)#interface vlan 1
AC(config-if)#ip address 192.168.50.1 255.255.255.0
```

（3）R1 的配置

```
R1(config)#interface Ethernet 1/0/1
R1(config-if)#ip address 10.1.1.2 255.255.255.252
R1(config-if)#no shutdown
R1(config)#interface Ethernet 1/0/2
R1(config-if)#ip address 172.16.10.2 255.255.255.252
R1(config-if)#no shutdown
R1(config)#interface Ethernet 1/0/4
R1(config-if)#ip address 100.100.100.1 255.255.255.252
R1(config-if)#no shutdown
R1(config)#interface Ethernet 1/0/5
R1(config-if)#ip address 200.200.200.1 255.255.255.252
R1(config-if)#no shutdown
```

（4）R2 的配置

```
R2(config)#interface loopback 0
R2(config-if)#ip address 50.50.50.1 255.255.255.0
R2(config-if)#exit
R2(config)#interface loopback 1
R2(config-if)#ip address 50.50.51.1 255.255.255.0
R2(config-if)#exit
R2(config)#interface loopback 2
```

```
R2(config-if)#ip address 50.50.52.1 255.255.255.0
R2(config-if)#exit
R2(config)#interface Ethernet 1/0/1
R2(config-if)#ip address 100.100.100.2 255.255.255.252
R2(config-if)#exit
```

(5) R3 的配置

```
R3(config)#interface loopback 0
R3(config-if)#ip address 60.60.60.1 255.255.255.0
R3(config-if)#exit
R3(config)#interface loopback 1
R3(config-if)#ip address 60.60.61.1 255.255.255.0
R3(config-if)#exit
R3(config)#interface loopback 2
R3(config-if)#ip address 60.60.62.1 255.255.255.0
R3(config-if)#exit
R3(config)#interface Ethernet 1/0/1
R3(config-if)#ip address 200.200.200.2 255.255.255.252
```

3. 配置各设备路由协议

(1) SW1 的配置

```
SW1(config)#ip route 60.60.60.0 255.255.255.0 172.16.10.2
#访问网通的路由
SW1(config)#ip route 60.60.61.0 255.255.255.0 172.16.10.2
SW1(config)#ip route 60.60.62.0 255.255.255.0 172.16.10.2
SW1(config)#router ospf 100
SW1(config-router)#router-id 1.1.1.1
SW1(config-router)#network 10.1.1.0 0.0.0.3 area 0
SW1(config-router)#network 172.16.10.0 0.0.0.3 area 0
SW1(config-router)#network 192.168.50.0 0.0.0.255 area 0
SW1(config-router)#network 192.168.10.0 0.0.0.255 area 0
SW1(config-router)#network 192.168.20.0 0.0.0.255 area 0
SW1(config-router)#network 192.168.30.0 0.0.0.255 area 0
SW1(config-router)#network 192.168.40.0 0.0.0.255 area 0
```

(2) R1 的配置

```
R1(config)#ip route 0.0.0.0 0.0.0.0 100.100.100.2     #访问电信的路由
```

```
R1(config)#ip route 60.60.60.0 255.255.255.0 200.200.200.2
R1(config)#ip route 60.60.61.0 255.255.255.0 200.200.200.2
R1(config)#ip route 60.60.62.0 255.255.255.0 200.200.200.2
R1(config)#router ospf 100
R1(config-router)#router-id 2.2.2.2
R1(config-router)#network 10.1.1.0 0.0.0.3 area 0
R1(config-router)#network 172.16.10.0 0.0.0.3 area 0
R1(config-router)#default-information-originate always
#向下行设备发送缺省路由
```

（3）AC 的配置

```
AC(config)#router ospf 100
AC(config-router)#router-id 3.3.3.3
AC(config-router)#network 192.168.50.0 0.0.0.255 area 0
```

4. SW1 的 DHCP 服务配置

```
SW1(config)#service dhcp
SW1(config)#ip dhcp pool vlan 10
SW1(dhcp-vlan10-config)#network-address 192.168.10.0 255.255.255.0
SW1(dhcp-vlan10-config)#default-router 192.168.10.1
SW1(dhcp-vlan10-config)#dns-server 172.16.1.1
SW1(config)#ip dhcp pool vlan 20
SW1(dhcp-vlan20-config)#network-address 192.168.20.0 255.255.255.0
SW1(dhcp-vlan20-config)#default-router 192.168.20.1
SW1(dhcp-vlan20-config)#dns-server 172.16.1.1
SW1(config)#ip dhcp pool vlan 30
SW1(dhcp-vlan30-config)#network-address 192.168.30.0 255.255.255.0
SW1(dhcp-vlan30-config)#default-router 192.168.30.1
SW1(dhcp-vlan30-config)#dns-server 172.16.1.1
SW1(config)#ip dhcp pool vlan 40
SW1(dhcp-vlan40-config)#network-address 192.168.40.0 255.255.255.0
SW1(dhcp-vlan40-config)#default-router 192.168.40.1
SW1(dhcp-vlan40-config)#dns-server 172.16.1.1
```

5. 配置 NAT

```
R1(config)#access-list 30 permit 192.168.10.0 0.0.0.255
R1(config)#access-list 30 permit 192.168.20.0 0.0.0.255
```

```
R1(config)#access-list 30 permit 192.168.30.0 0.0.0.255
R1(config)#access-list 30 permit 192.168.40.0 0.0.0.255
R1(config)#access-list 30 permit 192.168.50.0 0.0.0.255
R1(config)#ip nat inside source list 30 interface Ethernet 1/0/4 overload
R1(config)#ip nat inside source list 30 interface Ethernet 1/0/5 overload
R1(config)#interface Ethernet 1/0/1
R1(config-if)#ip nat inside
R1(config-if)#exit
R1(config)#interface Ethernet 1/0/2
R1(config-if)#ip nat inside
R1(config-if)#exit
R1(config)#interface Ethernet 1/0/4
R1(config-if)#ip nat outside
R1(config-if)#exit
R1(config)#interface Ethernet 1/0/5
R1(config-if)#ip nat outside
R1(config-if)#exit
```

6. 配置无线

```
WS(config)# service dhcp
WS(config)#ip dhcp pool 1
WS(dhcp-1-config)#network-address 192.168.50.0 255.255.255.0
WS(dhcp-1-config)#default-router 192.168.50.1
WS(dhcp-1-config)#dns-server 172.16.1.1
WS(config)#wireless
WS(config-wireless)#enable
WS(config-wireless)#no auto-ip-assign
WS(config-wireless)#ap authentication none        #配置AP验证模式为不需验证
WS(config-wireless)#discovery vlan-list 1         #配置通过VLAN 1做二层发现
WS(config-wireless)#static-ip 192.168.50.1        #配置静态管理地址
WS(config)#wireless
WS(config-wireless)#network 1
WS(config-network)#ssid ZHSY_wifi                 #配置无线的SSID
WS(config-network)#security mode wpa-personal     #设置无线用户验证方式
WS(config-network)#wpa versions wpa2              #设置wpa类型为wpa2
WS(config-network)#wpa key 2008%com               #设置密钥为2008%com
```

```
WS(config-wireless)#ap database 00-03-0F-81-60-D0
    #将AP注册进AC的数据库
WS(config-ap)#exit
WS(config-wireless)#ap profile 1
WS(config-ap-profile)#radio 1                         #配置无线信道 radio 1
WS(config-ap-profile-radio)#vap 0
WS(config-ap-profile-vap)#enable
WS(config-ap-profile-vap)#network 1
WS(config-ap-profile-vap)#exit
```

7. 配置NAT映射，将内网服务映射到公网

```
R1(config)#ip nat inside source static tcp 192.168.40.2 80 100.100.100.1
80  #映射WEB到公网
R1(config)#ip nat inside source static tcp 192.168.40.2 20 200.200.200.1
20   #映射FTP到公网
R1(config)#ip nat inside source static tcp 192.168.40.2 20 200.200.200.1
21   #映射FTP到公网
```

8. 验证测试

（1）查看SW1路由表

```
Codes:C-connected,S-static,I-IGRP,R-RIP,M-mobile,B-BGP
D-EIGRP,EX-EIGRP external,O-OSPF,IA-OSPF inter area
N1-OSPF NSSA external type 1,N2-OSPF NSSA external type 2
E1-OSPF external type 1,E2-OSPF external type 2,E-EGP
i-IS-IS,L1-IS-IS level-1,L2-IS-IS level-2,ia-IS-IS inter area
*-candidate default,U-per-user static route,o-ODR
P-periodic downloaded static route
Gateway of last resort is not set
O*    0.0.0.0/0[110/1]via 10.1.1.2 ,00:22:46 ,Ethernet 1/0/1
C     10.1.1.0/30 is directly connected,FastEthernet 0/24
C     10.1.1.1/32 is local host.
C     172.16.10.0/30 is directly connected,FastEthernet 0/24
C     172.16.10.1/32 is local host.
C     192.168.10.0/24 is directly connected,VLAN 10
C     192.168.10.1/32 is local host.
C     192.168.20.0/24 is directly connected,VLAN 20
```

```
C     192.168.20.1/32 is local host.
C     192.168.30.0/24 is directly connected,VLAN 30
C     192.168.30.1/32 is local host.
C     192.168.40.0/24 is directly connected,VLAN 40
C     192.168.40.1/32 is local host.
C     192.168.50.0/24 is directly connected,VLAN 50
C     192.168.50.2/32 is local host.
S     60.60.60.0/24[1/0]via 172.16.10.2
S     60.60.61.0/24[1/0]via 172.16.10.2
S     60.60.62.0/24[1/0]via 172.16.10.2
```

（2）查看R1路由表

```
Codes:C - connected,S - static,I - IGRP,R - RIP,M - mobile,B - BGP
D - EIGRP,EX - EIGRP external,O - OSPF,IA - OSPF inter area
N1 - OSPF NSSA external type 1,N2 - OSPF NSSA external type 2
E1 - OSPF external type 1,E2 - OSPF external type 2,E - EGP
i - IS - IS,L1 - IS - IS level -1,L2 - IS - IS level -2,ia - IS - IS inter area
 * - candidate default,U - per - user static route,o - ODR
P - periodic downloaded static route
Gateway of last resort is not set
S*    0.0.0.0/0[1/0]via 100.100.100.2
C     10.1.1.0/30 is directly connected,FastEthernet 0/24
C     10.1.1.2/32 is local host.
O    192.168.10.0/24[110/2]via 10.1.1.1,00:17:37,FastEthernet0/0
O    192.168.20.0/24[110/2]via 10.1.1.1,00:17:39,FastEthernet0/0
O    192.168.30.0/24[110/2]via 10.1.1.1,00:17:41,FastEthernet0/0
O    192.168.40.0/24[110/2]via 10.1.1.1,00:17:48,FastEthernet0/0
O    192.168.50.0/24[110/2]via 10.1.1.1,00:17:55,FastEthernet0/0
S     60.60.60.0/24[1/0]via 200.200.200.2
S     60.60.61.0/24[1/0]via 200.200.200.2
S     60.60.62.0/24[1/0]via 200.200.200.2
```

查看SW1和R1的路由表，从输出的结果来看，路由表各路由条目齐全。其中，在SW1上有一条缺省路由是通过R1的OSPF发布学到的。

（3）验证无线配置

```
C:\Users\Administrator>ipconfig
Windows IP Configuration
```

```
WirelessEthernet adapter 以太网:
   Connection - specific DNS Suffix  :
   IPv4 Address..........:192.168.50.10
   Subnet Mask..........:255.255.255.0
   Lease Obtained.........:Monday,September 30,2019 8:44:27 AM
   Lease Expires.........:Tuesday,October 1,2019 8:44:39 PM
   Default Gateway........:192.168.50.1
   DHCP Server..........:192.168.50.1
   DNS Servers..........:172.16.1.1
   NetBIOS over Tcpip.......:Enabled
```

使用无线设备连接 WiFi，用来获取 IP 地址。上面的输出结果显示，自动获取的地址为 192. 168. 50. 10，网关为 192. 168. 50. 1，DNS 地址为 172. 16. 1. 1。

（4）验证 NAT 配置

使用 PC1 ping R2 的回环口，并查看 nat 转换：

```
R1#show ip nat translations
Pro  Inside global        Inside local        Outside local       Outside global
icmp 100.100.100.1:612    192.168.10.2:612    50.50.50.1          50.50.50.1
```

使用 PC2 ping R3 的回环口，并查看 nat 转换：

```
R1#show ip nat translations
Pro  Inside global        Inside local        Outside local       Outside global
icmp 200.200.200.1:612    192.168.20.2:612    60.60.60.1          60.60.60.1
```

从转换条目来看，PC1 的主机都可以通过地址 100. 100. 100. 1 上网，PC2 的主机可以通过地址 200. 200. 200. 1 上网。

## 四、任务评价

| 评价项目 | 评价内容 | 参考分 | 评价标准 | 得分 |
| --- | --- | --- | --- | --- |
| 拓扑图绘制 | 选择正确的连接线<br>选择正确的端口 | 20 | 选择正确的连接线，10 分<br>选择正确的端口，10 分 | |
| IP 地址设置 | 正确配置各设备接口地址 | 20 | 正确配置各设备接口地址，20 分 | |
| 设备命令配置 | 正确配置各设备名称<br>正确配置路由<br>正确配置无线<br>正确配置 NAT 转换<br>正确配置 ACL | 20 | 正确配置各设备名称，4 分<br>正确配置路由，4 分<br>正确配置无线，4 分<br>正确配置 NAT 转换，4 分<br>正确配置 ACL，4 分 | |

续表

| 评价项目 | 评价内容 | 参考分 | 评价标准 | 得分 |
| --- | --- | --- | --- | --- |
| 验证测试 | 无线获取正确的 IP 地址<br>NAT 转换条目正确<br>ACL 效果正确<br>双出口链路通信正常<br>会进行连通性测试 | 30 | 无线获取正确的 IP 地址，6 分<br>NAT 转换条目正确，6 分<br>ACL 效果正确，6 分<br>双出口链路通信正常，6 分<br>会进行连通性测试，6 分 | |
| 职业素养 | 任务单填写齐全、整洁、无误 | 10 | 任务单填写齐全、工整，5 分<br>任务单填写无误，5 分 | |

## 五、相关知识

1. 双运营商出口方案最核心的需求就是实现需要访问哪个运营商就走哪个出口，通俗地讲，就是访问电信的网段走电信出口，访问网通的网段走网通出口

（1）方案一

使用默认路由和明细路由的配置。默认路由为主运营商，明细路由为另一个运营商。各大运营商的明细路由表在网上都可以下载到。此方案的特点是不需要出口设备支持特殊功能，普通的路由器都可以实现；明细路由表准确率高，如少部分业务可以进行测试后再手动添加到路由表里。此方案的缺点就是在流量整形方面效果并不好，可能会出现一条链路十分拥塞，而另外一条很空闲的情况。任务二使用的就是这个配置架构。

（2）方案二

最优路径选择，此功能需要专门的支持此功能的设备才能实现。原理为：内部终端需要访问某 IP，出口设备同时从两个出口对这个 IP 发起 ping，哪边回应得快就走哪个出口。本方案的优点是能准确地探知究竟哪个出口更优，缺点是在流量整形方面效果并不好。

（3）方案三

采用 SDN 架构的网络对网络出口进行控制。优点是可以很好地对出口进行优化，不会出现拥塞等情况。在配置好 SDN 的情况下，SDN 控制器会对当前网络出口实现自动化管理，对流量进行分流。缺点是成本比较高，需要将内部设备包括架构都换成支持南北向协议的网络设备。

2. 单运营商双线路方案，核心点在于如何分配这两条线路的带宽

（1）方案一

由于是一个运营商，所以可以将两条链路做链路聚合，这是比较好的解决方案。但在实际运用中，会出现和运营商上下行带宽不对等的情况，需要运营商更换设备，成本偏高，实际操作起来比较困难。

（2）方案二

采用策略路由来分流内网到外网的业务流。这个方案实际用得比较多，优点是比较容易

实现。缺点是在流量分配方面不是很灵活，可能会出现两条线路出现一条线路满载，而另一条却很空闲的情况。

（3）方案三

一些设备有自己的算法功能，设备采用算法将用户分配到不同的线路上。设备的算法可以根据五元组的全部五个要素或其中的某几个进行HASH计算，然后对流量进行分配，需要出口设备支持特定的功能。

## 六、课后练习

为××公司完成上网出口规划及映射服务器规划，具体环境如下：

为了使公司对外业务更好地开展及内网用户能够更加快速地访问互联网，××公司分别向中国电信和中国移动购买了两条千兆外网链路，现要求公司销售部、财务部、工程部上网默认走电信出口，技术部和其他用户上网走移动出口。

公司技术部内部有一台Web服务器，上面挂载了公司的主页，现要求将Web服务器分别映射到电信和移动出口，让外网用户可以访问到公司的主页。

此课后练习接任务一的课后练习，用于理解和练习不同出口环境的配置。

## ——项目总结——

在做网络综合项目时，首先需要对项目做总体规划，规划IP地址、设备选型、设备名称、端口描述等。根据项目需求选择合适的设备、传输介质，以及业务规划、VLAN、路由协议、出口等。要做好一个综合项目，需要仔细斟酌每一个细节。